我
思

敢于运用你的理智

可见者与不可见者

〔法〕梅洛-庞蒂 著
张尧均 译

长江出版传媒
崇文书局

图书在版编目（CIP）数据

可见者与不可见者 /（法）梅洛-庞蒂著 ；张尧均译 .
武汉 ：崇文书局，2025. 8. --（崇文学术译丛）.
ISBN 978-7-5403-8270-4

Ⅰ . B81-06

中国国家版本馆 CIP 数据核字第 2025AJ7193 号

本书据 Maurice Merleau-Ponty, *Le visible et l'invisible*, Gallimard, 1964 年版译出。

可见者与不可见者

KEJIANZHE YU BUKEJIANZHE

出 版 人　韩　敏
出　　品　崇文书局人文学术编辑部 · 我思
策 划 人　黄显深 (bithxs@qq.com)
责任编辑　黄显深
装帧设计　书与设计工作室
责任印制　李佳超
出版发行　长江出版传媒 | 崇文书局
地　　址　武汉市雄楚大街 268 号 C 座 11 层
电　　话　（027）87679712　　邮政编码　430070
印　　刷　武汉中科兴业印务有限公司
开　　本　880mm × 1230mm　1/32
印　　张　14.625
字　　数　329 千
版　　次　2025 年 8 月第 1 版
印　　次　2025 年 8 月第 1 次印刷
定　　价　68.00 元

（读者服务电话：027—87679738）

告读者

莫里斯·梅洛-庞蒂于1961年5月3日去世。在他的文稿中，找到了一份特别的手稿，其中包含着他早在两年前就已经开始撰写的一部著作的第一部分。该著作被题为:《可见者与不可见者》。在1959年3月之前，我们还找不到关于这个题目的任何痕迹。此前与同一个计划相关的笔记带有这样的说明:《存在与意义》或《真之谱系》，最后抑或是《真理的起源》。 9

手稿

手稿包含150页大开本纸，上面密密麻麻地写满了字，并带有大量的修改。稿纸正反面都写满了。

在第一页上，出现了1959年3月这个日期；在第83页上，出现了1959年6月1日这个日期。看来，作者在同一年的春夏之间就写了110页。随后，他于次年秋天又继续撰写其文稿，却没有顾及那已经开启了第二章的最后8页。1960年11月这个日期标在第 103 页背面上，在“探究与直观”这个标题的上方。

本书的结构

有关写作计划的提示很少，而且相互之间并不完全一致。可以肯定，作者是随着其写作的展开而修改其计划的。然而，
10 我们可以推测，这部著作应该有相当可观的篇幅；我们所拥有的文本只构成了它的第一部分，起着引言的作用[①]。

下面是我们所能找到的几份提纲：

a）1959 年 3 月，写在手稿的开头：

第一部分 存在与世界

第一章 反思与探究

第二章 前客观的存在：唯我论的世界

第三章 前客观存在：交互身体性

第四章 前客观存在：交互世界（l'entremonde）

第五章 古典存在论与现代存在论

第二部分 自然

第三部分 逻各斯

b）1960 年 5 月，在一个笔记中，第 1 页上写着：

存在与世界

---

① 参我们的“编后记”。——编者注

第一部分：

垂直的世界　　或　　探问的存在

喑哑的　　　　　　　原生的

　　　　　　　　　　野性的

第二部分将是：野性的存在与古典存在论

而在第2页上则写着：

第一章　现在之肉或“有”（il y a）

第二章　时间的痕迹，本体发生的运动

第三章　身体，自然之光与动词

第四章　交错

第五章　交互世界与存在

世界与存在

c）1960年5月，在一则笔记中：

I. 存在与世界

第一部分：垂直的世界或野性的存在

第二部分：野性的存在与古典存在论

　　自然

　　人

　　上帝

结论：基本思维——过渡到野性存在的分化。 11

　　自然——历史逻各斯

　　　　　　开化的存在

　　　　　　创生（Erzeugung）

II. 自然（Physis）与逻各斯

d）1960 年 10 月，在一则笔记中：

I. 存在与世界

第一部分：反思与探究

第二部分：垂直的世界与野性的存在

第三部分：野性的存在与古典存在论

e）1960 年 11 月，在一则笔记中：

I. 可见者与自然

1. 哲学探究

2. 可见者

3. 沉默的世界

4. 可见者与存在论（野性的存在）

II. 言语与不可见者

f）在一则没有日期但很可能写于 1960 年 11 月或 12 月的笔记中：

I. 可见者与自然

哲学探究：

探究与反思；

探究与辩证法；

探究与直观（目前正在写的部分）

可见者

自然

古典存在论与现代存在论

II. 不可见者与逻各斯

这些提示无法让我们想象这部著作在其内容和形式上可能会成为的样子。读者如果读一下我们附在文本后面出版的工作笔记，就能更好地获得关于该书的观念。但至少我们可以利用它们来更清晰地了解手稿本身的构成。

事实上，如果我们遵循文本中提到的那种分节，那我们就 12
应该只限于提及第一部分“存在与世界”和第一章“反思与探究”，而所有其他的章节划分都应该出现在同一个计划中，因为它们都不加区分地在前面加了 § 号。然而笔记（f）——它确认了前一则笔记并作了补充，而且有可能是与“探究与直观”一章同时被撰写的（作者明确指出:“目前正在写的部分”）——表明了我们不能保留这种划分。除了第一部分的标题“存在与世界”被放弃并以“可见者与自然”取而代之之外,前面带有 § 符号的零散片断也要根据其意义被重组；这样就清楚了：最后二章与前面几章不具有同样的功能。

于是我们决定遵循作者的最后几个提示来重构这个文本。首先，我们区分了三章，都将它们放在“哲学探究”的共同标题之下。第一章，“反思与探究”，共有三节，它包含了对知觉信念、科学主义和反思哲学的批判；第二章，“探究与辩证法”，分为二节，包含了对萨特思想的分析以及对辩证法与探究之间关系的澄清；第三章，“探究与直观”，主要内容是对现象学的批判。

留待确定的是题为“交缠－交错”的最后片断——笔记（f）

并没有提到它。我们或者可以将它作为“哲学探究”的最后一章，或者作为前述第二部分“可见者”的第一章。我们相信，依据内容实质的观点，这两种选择都是合理的。但在缺乏作者明确提示的情况下，内容实质的观点看来永远不可能是决定性的。在这种情况下，我们倾向于采取使我们的主观干预最少的解决办法，也就是将这一章留在其他章节之后。

文本情况

《可见者与不可见者》的手稿费时已久，正如其诸多的涂
13 抹和修改所表明的。然而我们不认为它已达到了其定稿状态。某些重复无疑会被删除，也不排除会有更加充分的重写。尤其是开头的布局使这种怀疑得以成立，因为那里有一个注释提到了一种新的陈述安排的可能性。作者写道：“可能要重写 1—13 页，将整体分组如下：1. 确定性（事物）（他人）（真理）；2. 非确定性（皮浪式难题，主题化的矛盾）；3. 既不能接受反命题，也不能陷于物质化的确定性中→向反思过渡。”

另一方面，值得注意的是，作者两次利用了保罗·克洛代尔（Paul Claudel）的同一段文字（参下文第 140 页和第 161 页）[①]，但没有将这次重复告知读者。这两段引文的功能使得一项重大的改写成为必要。

---

① 本书正文及脚注所引的本书页码，皆指法文原版页码，即本书边码。——译者注

工作笔记

我们相信，在《可见者与不可见者》的文本后面附上一定数量的工作笔记是正确的，它们阐明了文本的意义。作者习惯于在稿纸上随手写下一些想法，通常不考虑其风格，甚至不惜写下不完整的句子。这些笔记有时只有几行，有时长达数页，它们构成了在第一部分中出现的或将在这部书的续篇中出现的发展的线索。从 1958 年底开始，这些笔记就被有规律地标上日期和分类。

将这些笔记全部发表既不可能也不合适。它们的数量可能损害文本本身；另一方面，在其中有大量的笔记，或由于过于简单，或由于与本研究的主题无直接关系，都没有留用的价值。

一旦选择被表明必不可免时，就又提出了某种阐释的问题，我们担心有理解上的错误。但是，我们没有放弃，我们冒险做
出了选择，因为我们相信，通过涉及主题的多样性，反思的质量， 14
突兀却又常常严谨的思维的表达，这些笔记是能够使读者感受到这位哲学家的这项研究的。

手稿和笔记的出版

关于手稿，我们仅限于确定标点，为的是更便于阅读。与之相反，在工作笔记中的文本特色，则如其所是地予以保留，因为有必要让表达保持其最初的动姿。

只要有可能，我们就提供工作笔记所要求的参考资料或补

充作者的有关情况。

在我们必须补充或重构一个术语以便赋予一个句子以意义时，我们就将它置于方括号内，并在该页下方加注说明。

难以辨认或有疑问的词以下列方法在文本中标明：

难以辨认：[？]

有疑问：[真理？]

注释，如果是作者原注，前面就冠以阿拉伯数字序号；如果是我们加的注，就在前面加 * 号。那些我们决定采用的边注，当它们在下面的文本中不是原样地被再引用的时候，就被插入前面带 * 的注释中。为了避免任何混淆，作者的所有文字，即使是注释，都用罗马体，而我们的说明文字则用斜体。①

克洛德 · 勒福尔

① 中译本放弃了这种注释方式，而是直接在注后面标示“作者注”“编者注”和“译者注”等字样。——译者注

目　录

可见者与自然：
哲学探究

反思与探究 17

知觉信念及其模糊性[①]

我们看到事物本身，世界就是我们所看到的世界：这类说法表达了自然人和哲学家从其睁开眼睛时起就共同具有的一种信念，它们反映了隐含在我们生命中的诸沉默“意见”的一个深层基础。但这种信念的特异之处在于，如果我们试图以论题或陈述的方式说出它，如果我们询问*我们*是什么，*看到*是什么以及*事物*或*世界*是什么，我们就陷入了一个充满疑难和矛盾重重的迷宫。

圣奥古斯丁就“时间”所说的话——它是每个人都非常熟悉的，但我们中的任何人都不可能向他人解释清楚它——应该

---

① 关于此节的标题，作者注释：“信念的概念有待界定。这不是在决断意义上的信念，而是在先于任何立场意义上的信念，动物般的和 [?] 信念。”——编者注

也可以用在“世界”上。[不断地，哲学家发现自己]① 不得不去重新看待和重新定义那些最有根据的概念，去创造新的概念，用新的词语去规定它们；去进行一场真正的知性改进——在这场改进的终点，世界的明见性（它看起来是诸真理中最明晰的）
18 立足于一些似乎最具诡辩性的思想之上，在这些思想中，自然人不再能认识自己，而且这些思想重新激活了古老的恶劣情绪来对抗哲学，人们总是抱怨哲学颠倒了明晰与模糊的角色。无论哲学家打算以世界的素朴明见性的名义说话，还是想自我辩护说他没有在这种明见性中添加任何东西，他只限于从这种明见性中得出其所有的结果，这一切都不能使他获得豁免，恰恰相反：由于他想邀请人类（l’humanité）把它自己思考为一个谜，他只是更加完全地失去了它 [人类]②。

就是这样，任何人都对之无能为力。诚然，世界就是我们之所见，但与此同时，我们应该学习 [如何] 去看到它③。首先

① “不断地，哲学家发现自己……”，这是作者划去的一个完整句子的开头，我们引入这里以补足随后句子的意义。——编者注

② 无疑应该理解为：“失去了人类”，这几个字属于被作者划去的前一个句子的最后部分，我们在此将它重新置入方括号内：“……人们总是抱怨哲学颠倒了明晰与模糊的角色（且抱怨它擅自使人类在异化状态中，在最彻底的异化状态中生活：哲学家声称它比人类自己更好地理解了人类）。”——编者注

③ 方括号内的文字为译者所加，此处“所见”中的“见”与“看到”，在原文中其实是同一个词 voir。另可参看《知觉现象学》“序言”（*Phénoménologie de la perception*, Gallimard, 1945, p. XVI）中的类似表述：“真正的哲学在于重新学习去看到这个世界……”——译者注

是在这个意义上，我们应该用知识来匹配这种视看（vision）①，应该拥有这种视看，说出什么是我们，什么是看到，就像我们在对此一无所知，就像我们在这些方面什么都要学习的情况下，我们所做的那样。然而，哲学不是一部词典，它对"词语的含义"不感兴趣，它不为我们所看见的世界寻求一个语词的替代品，它不把世界转变成所说之物，它不像逻辑学家置身于陈述中、诗人置身于诗句中或音乐家置身于音乐中那样置身于被说或被写之物的秩序内。它想把事物本身，从其沉默的深处引向表达。②如果哲学家进行探究，并进而假装不知道在他那里一直运作着且不断构成着的世界和对世界的视看，那正是为了使它们说话，因为他相信它们，并从它们那里期待其全部的未来科学。探究（interrogation）在此不是否定的一个开端，不是处于存在中的 19
一个也许，对于哲学来说，这是与我们的实际视看相一致的唯一方法，是与视看中让我们思考的东西、与视看所造成的悖谬相对应的唯一方法，也是与这些具象之谜（énigmes figurées），即事物与世界——其庞杂的存在和真理中充斥着许多不相容的部分——相协调的唯一方法。

因为总而言之，说我看到了我的桌子，说我的视觉终止于这张桌子，后者以其不可逾越的密度固定并中止了我的目光；说当我坐在这张桌子面前想到了协和大桥时，我就因此不在我

① la vision 是本书的一个核心概念，译者一般都将它译作"视觉"，但有时也会把它译作"视看"。——译者注

② 参《知觉现象学》"序言"（p.X）中引自胡塞尔《笛卡尔式的沉思》一书中的类似表述："问题在于把依然暗哑的……经验引向关于其自身意义的纯粹表达。"——译者注

的思想中，而在协和大桥上了；说最终处于所有这些视觉或准视觉的视域中的，就是我所居住的世界本身，是自然的世界和历史的世界，带着它得以构成的所有人类痕迹；——所有这些说法越是肯定，这种信念就越是受到打击，只要我注意到这里涉及的都只是*我的*一种视看这个事实本身。我们在此并没有更多地想到关于梦、谵妄或各种错觉的古老观点，后者敦促我们去检查我们之所见是否是“虚假的”；在这一点上，它甚至利用了这样一种它看似要撼动的对世界的信念：我们甚至不知道什么是假，如果我们不随时将它从真中区别出来的话。这种古老的观点因此假定了世界一般（le monde en général），在己之真（le vrai en soi），它隐秘地诉诸这些来贬低我们的知觉，并胡乱地将之与我们的梦——撇开两者之间所有明显可见的差异——一道扔进我们的“内在生活”，仅仅基于这样一个理由，即我们的梦当时就如知觉一样可信——这就忘了：梦的“虚假”本身不能扩展到知觉当中，因为这种虚假只是相对于知觉才显现；而且如果我们能够谈论虚假，那我们就应该有关于真理（vérité）的经验。要有效地反对素朴性（naïveté），反对这样一种知觉观念，即知觉能在一切经验之外突然遭遇事物，就像
20 光线把事物从其预先所在的黑夜中拉出来那样，这个观点并不具有［说服力？］，它本身就借鉴了这同一种素朴性，因为只有通过将知觉和梦与一种只是在己的**存在**相对照，它才能将知觉和梦等量齐观。如果相反，就像这个观点在有效性上所表明的那样，我们必须完全抛弃这个幽灵，那么，梦与被知觉物之间内在的、描述性的差异就具有了存在论的价值；而且，通过指出知觉或真正的视看与梦之间有一种结构上的差异，或可以说

是一种实质性的差异，我们就足以回应皮浪主义（pyrrhonisme）了，因为知觉或真正的视觉给出的是一系列协调一致的开放的探索，而梦却并不是可观察的，若经检验，则近乎虚空。当然，这一点并没有结束我们通达世界的问题：相反，这只是开始，因为仍需要知道我们如何会有看到我们没有看见的东西的错觉，梦的碎片在做梦者面前如何会具有与真实世界的致密织体同等的价值，未被观察到的无意识在迷幻者那里如何能够代替已被观察到的意识。如果人们说想象的虚幻终为虚幻，永远不能等同于被知觉物的充实，永远不能产生与被知觉物同样的确定性；它与被知觉物无关；入睡的人失去了所有方位标、所有模型、所有明晰性和分节性（l'articulé）的标准，但只要有被知觉世界的一小块碎片进入到他那里，立即就会驱散他的梦魅，然而问题仍然存在，如果我们能够在不知不觉中丧失我们的方位标，那么我们就永远不能确定当我们相信自己拥有这些方位标时，我们是否真拥有它们；如果我们能够从知觉世界中撤退却对此一无所知，那么就没有任何东西能向我们证明我们曾经在这个知觉世界中，或证明可观察的东西始终是完全可观察的，是属于不同于梦的另一种织体的；如果知觉与梦之间的差异不是绝对的，人们就有理由将它们一块儿置于“我们的经验”之列；
正是在知觉本身之上，我们有必要去探寻其本体论功能的保证 21
和意义。我们将指出这条道路（它是反思哲学之路），当这条道路开启时。但它确实开始越出了皮浪主义的观点；皮浪主义的观点依其自身而言只是使我们离开了任何阐明，因为它们只是模糊地指向一个完全在己的**存在**观念，并且通过对照，含糊地将被知觉物与想象物一起置于我们的“意识状态”之列。皮浪主义深深地分享了素朴之人的各种错觉（illusions）。在黑夜中自我破碎的正是这种素朴性。在在己**存在**与“内在生活”之间，它甚至没有看到世界问题；相反，我们所要通向的则是这个问题。我们感兴趣的不是人们将世界的实存看作“不确定的”那些理由——就好像人们已经知道什么东西实存着，就好像全部问题只在于适时地运用这个概念。对我们来说重要的，恰恰在于知道世界存在的意义。在这个问题上我们不应该预先假定任何东西，因此既不假定在己存在的素朴观念，也不假定与之相关的表象存在的观念，一个为意识存在的观念，一个为人存在的观念：所有这些概念，都是需要我们借助我们的世界经验去重新思考的，如同世界存在的概念一样。我们要在任何存在论的偏见之外重述怀疑论的各种观点，正是为了知道什么是世界存在（l'être-monde），什么是事物存在（l'être-chose），什么是想象的存在和有意识的存在。

现在，既然我在知觉中有事物本身，而不是一个表象，我就只要补充说，事物处在我的目光的末端，一般地说，在我的探索的末端；无需假设有关他人身体的科学能告诉我的任何东西，我必须证明，在我面前的桌子与我的眼睛及我的身体维持着一种独特的关系：只有当它处在我的眼睛的活动视线之内时
22 我才能看见它；在它的上方有我前额的阴暗团块，在下方，有我的脸庞更加模糊的轮廓；这两者在特殊情况下都是可见的，也能够遮掩桌子，就好像我对世界的视觉本身是从世界的某个点出发自行构成的。更有甚者，我的运动和我的眼睛的活动都使世界颤动，就像人们用手指晃动石冢却不动摇其根本的坚固性一样。我的眼睫毛每闪动一下，眼帘就关闭和开启一次，但

我一刻也不会想到把这［瞬间的］消失归咎于事物本身；每当我的眼睛的活动扫视过我眼前的空间，事物就受到一次短暂的扭曲，而我还是把这种扭曲记在我的账上；当我走在街上，我的眼睛固定于［前面］房子的视野上时，我附近的整个周遭环境，却每一次都随着我的脚后跟落在沥青路上的响声而颤晃一下，随即就缩回原处。当我说有一种“主观的成分”或一种“身体的参与”在此起作用并遮盖了事物本身时，我只是很蹩脚地描述了发生的一切：这里涉及的并不是处于事物与我之间的另一层隔膜或帷幔。正如当我的双眼协同运作时，单目视像就不再出现，“显象”（apparence）的晃动也不会打碎事物的明见性。双目知觉不是由两个被超越了的单目知觉合成的，它属于另一层次。两个单目视像与用双眼知觉的事物之所是不是同一个意思。单目视像是幻影（fantômes），而［用双眼看到的］事物则是实在物，前者是前事物（pré-choses），后者才是事物：当我们转入正常的视觉时，单目视像就消失了，它们重新进入了事物之中，就像进入它们在光天化日之下的真理中那样。单目视像远不具有得以与事物相匹敌的密度：与迫近的、绝对不带其［幻象？］的真实视觉相比较，它们只是某种偏离（écart），正是因此，它们只是真实视觉的雏形或残余，真实视觉在吸收它们的同时完成了它们。单目视像不能类比于协同知觉：我们不能 23
把它们相提并论，而必须在事物与飘浮不定的前事物之间做出选择。我们可以在注视世界、唤醒世界之际实行这个转变，我们不能作为旁观者目击这个过程，这不是一种综合（synthèse），而是一种变形（métamorphose），通过这种变形，诸显象瞬时就摆脱了在缺乏一种真实知觉时所不应有的价值。这样，知觉就让我们参与到这样一种总体性的奇迹中，这种总体性超逾了人们认为是其条件或是其部分的东西，并且远远地把它们控制在其影响之下，就好像它们只存在于其临界入口处，并注定要自行消失在知觉中似的。但是，如果要像知觉所做的那样移置它们，知觉就必须将其所有的身体相关性保留在其深处：在注视时，还是要借助我的眼睛，我才到达了真正的事物；这同样的两只眼睛刚才给我的是两个单目视像：然而现在，它们却一块儿起作用了，就好像一直如此。因此，事物与我的身体之间的关系明显地是独特的：有时候，这种关系使我处于显象中，但还是这种关系，有时候使我通向事物本身；正是这种关系制造了诸显象的嘈杂，但还是这种关系，使这种嘈杂止息，并把我抛入朗朗乾坤（en plein monde）。这一切就像是，我进入世界的能力和我遁入幻影的能力是携手并行的。更有甚者，就好像通向世界的入口只是退隐的另一面，而这种向世界边缘的退隐则是我进入世界的自然能力的附属和对它的另一种表达。世界是我所知觉的那个世界，但一旦我们检视它和表达它，它的绝对接近性就不可思议地转而成为无可挽回的距离。“自然的”人手握这根链条的两端，同时认为他的知觉进入了事物，而知
24 觉又是在他的身体这一边形成的。然而，在日常使用中，这两种信念越是毫无困难地共存，在归结为论题和陈述时，它们就越是相互拆台，并使我们陷入混乱中。

如果我不只考虑我对我自己的看法，也考虑他人对他自己和对我的看法，这又将如何呢？我的身体作为我的知觉的导演，已经使我的知觉与事物本身相重合这样的错觉破碎了。在事物与我之间从此就有了各种隐匿的力量，这一诸可能幻影的生长，

我的身体只有借助注视的脆弱行为才能对之有所抑制。毫无疑问，不完全是我的身体在知觉：我只知道它能阻止我知觉，没有它的允许我就不能知觉；当知觉来临时，身体就在知觉前隐退，知觉永远不能在知觉之际把握身体。[①] 如果我的左手触摸我的右手，而我突然想用右手来把握正在触摸的左手的工作，身体的这种朝向自身的反射（réflexion）总是在最后一刻失败：当我用我的右手感觉到我的左手时，我就相应地停止了用我的左手触摸我的右手。但是，这最后一刻的失败不能剥夺我曾有过的这种预感的全部真理，即我能触摸到我正在触摸（me toucher touchant）：我的身体不知觉，但它就像是围绕着知觉的构架，而知觉是透过它才出现的；可以说，我的身体通过其全部的内在布置，通过其感觉－运动的环路，通过控制和重启运动的回路，为一种自身知觉作了准备，尽管我的身体知觉到的从来不是它自己，或者说不是我的身体知觉了它。在身体——它隐含着与他人的关系——的知识（science）之前，我的肉的经验如同知觉的矿脉那样告诉我，知觉不是随便什么地方都产 25
生的，而是涌现自一个身体的深处。其他那些“像我们一样”在看的、我们看见其正在看的，并且看到我们正在看的人呈示给我们的只是同一个悖论的放大。如果很难说我的知觉像我体验到的那样通达事物本身，那么，将通向世界的入口给予他人的知觉就更加不可能；籍由一种反作用，他们也拒绝将我拒绝给予他们的这个世界入口给予我。因为当涉及他人（或他们所

① 作者边注：ἴδιος χόσμος（私人世界）就像单目视像：它不是间置的（interposé）、孤立的，但它也不是乌有。

看见的我）时，不应该只说事物是被探索活动和知觉活动的漩流攫住并拖往体内的。尽管，对我而言，说我的知觉和它所瞄向的事物“在我的头脑里”也许没有任何意义（这只是肯定了这些事物“不在别处”），我却不能阻止自己把他人及他具有的知觉放到“他的身体之后”。更准确地说，被他人知觉的事物一分为二了：有他所知觉的事物（鬼知道它在哪里），有在他身体之外我所看到的、被我称作真实之物的事物——正如他将他所看到的桌子称作真实的事物，而将我所看到的桌子归入显象一样。这一次，真实事物和正在知觉的身体之间的关系就不再是我们刚才在我的事物与我的身体之间发现的那种含混不明的关系了。这两者，无论是离得远还是近，在任何情况下，都是并置在世界中的；也许不“在我的头脑中”的知觉，除了在我的作为世间之物的身体中外，不在任何别处；从此以后，看来不可能再停留在知觉者的内在确定上：从外在来看，知觉滑过事物而不触及它们。如果人们想从知觉本身来公正地看待知觉的视角的话，人们至多会说，我们中的每一个人都有一个私人世界，这些私人世界只对于其拥有者来说才是“世界”。它们不是
26 世界本身（le monde）。唯一的世界，亦即独一无二的世界应该是 χοὶνὸς χόσμος（共同世界），但我们的知觉并不向之敞开。

那我们的知觉通向什么呢？如何命名、如何像我从我的位置看到的那样来描述这个他人的体验呢——但它对我来说不是乌有，因为我相信他人，而且这个体验也与我自身相关，因为它作为他人对我的看法而在那儿？[1] 就是这熟悉的面孔，这笑

---

① 作者边注：然而，重申一下，正如刚才所言，单目幻觉不能与事

容，这声音的抑扬变化，我熟悉它们的风格，就像熟悉我自己
一样。在我生命的许多时刻，他人对我来说也许就化约为这样
一种富有魅力的景象。然而，尽管声音会变化，对话过程会出
现异常，抑或相反，某个回答太好地回应了我所想到却还没有
完全说出的东西——突然出现了这样一种明见性：也是在这儿，
生命在一分钟一分钟地被体验着：在这双眼睛、这些动作之后
的某处，或毋宁说在它们之前，抑或在它们周围，从不知什么
样的双重空间背景（double fond de l'espace）而来，另一个私
人世界透过我的世界的织体隐约闪现，而我也一度生活于其间；
我只是针对我提出的这个质询的回答者。当然，一丁点儿的重 27
新注意就使我相信，侵入我之中的这个他人只是由我自己的实
质（substance）造就的：*他的*颜色，*他的*痛苦，*他的*世界，正
因为是*他的*，我如何能设想它们呢，除非是根据我所看到的颜色，
我所感受过的痛苦，我所生活于其中的世界？至少，我的私人

物相匹敌，同样，我们现在也可以将诸私人世界描述为相对于**世界本身**的偏离（écart）。我如何向自己表象对他人的体验：作为我的体验的一个副本（duplication）。这种经验的奇异之处：我能依赖我所看到的东西，我看到的东西和他人看到的东西是严格对应的——一切都证明了这一点：事实上，我们确实看到了同样的事物和事物本身——而同时，我却从来不能与他人的体验相汇聚。我们只是在世界中汇聚。任何恢复“事物本身”之幻觉的企图在事实上都是回到我的帝国主义和**我的**事物之价值的企图。它因而不能使我们走出唯我论：它是唯我论的一个新的证明。

c) 结论：关于真理或“理智世界”的自然观念的极端模糊性。

科学只是延续了这种态度：自我损毁并在分析中自行崩溃的客观主义的存在论。

世界不再单属于我；现在，它是另一个人所使用的工具，是被嫁接到我的生活中的一种一般化生活（une vie généralisée）的维度。

然而，在我以为分享着他人生活的同一时刻，我却只能在它的终点、在它的外端与它相遇。我们是在世界中，通过我们的生命所关联的东西相互交流的。正是通过我眼前的这片草地，我相信自己瞥见了绿色对他人视觉的冲击，正是通过音乐，我进入了他人的音乐情感，正是事物本身为我开启了通往他人的私人世界的入口。然而，我们已经看到，事物本身对我来说始终就是*我*所看到的那个事物。他人的介入并不能解决我的知觉的内在悖论：它只是在悖论上加了那把我最隐秘的生活蔓延到他人那里的这另一个谜——这既是另一个谜也是同一个谜，因为明见无疑的是，只有通过世界我才能走出我自己。因此，“诸私人世界”确实在交流，它们中的每一个确实都是作为共同世界的一个变体而被命名。这种交流使我们成为一个唯一世界的见证者，就像我们双眼的协同作用使它们中止于一个独一的事物那样。然而，在这两种情况下，确定性——不管它是如何不可否认——仍是完全模糊的；我们可以体验到它，但我们既不能思考它，也不能表达它，也不能将它确立为论题。任何澄清的尝试都会将我们引向困境。

然而，一个为我们所共有的可感世界（monde sensible，或译“感性世界”）这种不可辩护的确定性，在我们这里就是真理的基础。一个孩子在思考之前就知觉，他通过将他的梦放入
28 事物中，将他的思想放入他人中而开始，他连同事物和他人形成了一个尚分不清各自视角的共同生活团块——哲学不能以内

在分析的要求为名简单地忽视这些发生的事实。除非思想能在我们的任何经验之下安家，能在一个前经验的层次内（在这里，它不再配享其名）安家，否则它就不能无视其明显的历史，它应该向自己提出其自身意义的发生问题。可感世界是由于内在的意义和结构才比思想世界“更古老的”，因为可感世界是可见的和相对连续的，而思想世界则是不可见的和有空缺的，乍看起来不能构成一个整体，只有依托另一个世界的标准结构才有其真理。如果我们重建我们的经验依其最本己的意义而相互依赖的方式，如果为了更好地阐明这些基本的依赖关系，我们试图在思想中中断这种关系，那我们就会看到，是一种被我们叫作思想的东西要求这种与自我的距离，这种最初的开启——对我们来说，这即是一个视觉场，一个未来和过去之场……无论如何，既然在此涉及的是对我们的自然确定性的原初看法，那么毋庸置疑：这些确定性——就其关乎精神和真理而言——是建立在可感世界这一最初的基础之上的，我们确信自己存在于真理中是与确信自己存在于世界中密不可分的。早在笛卡尔告诉我们（或早在我们自己重新发现）我们的实在就是思想之前，我们就已经在说话和理解。早在语言学告诉我们（姑且假定它教导了我们）我们的语言和任何一种语言所“依赖”的理智原则之前，我们居于其中的语言就已经以一种合理的方式教会我们如何运用语言。我们有关真实（le vrai）的经验，当它不直接归结为我们所见之物的经验时，首先是与在他人和我们之间 29
产生的紧张关系及其解决混在一块的。像事物和他人那样，真实是透过一种情感的和近乎肉欲的经验闪现的，在其中，“观念”——他人的观念和我们自己的观念——更确切地说是他人的外貌特征和我们的外貌的某些特征，它们与其说是被理解，不如说是在爱或恨中被接受或被拒绝。当然，这些动机，这些极其抽象的范畴很早就已在这种野性的思维中起作用了，正如成年的生活在童年中就已有不同寻常的预显那样；人们能说，整个人的一生就已经蕴含在那里了。儿童能很好地理解他不知如何说的东西，能很好地回答他不知如何界定的问题，对于成年人来说也没有什么两样。一次真正的对话能使我进入许多我所不知道的、我以前也不可能有的思想中，有时我觉得自己走上了一条不为我所知的道路，由他人引发的我的话语正在为我开辟道路。在此假设有一个理智的世界在维持着交流，这只是为解答提供了一个名称——而且，这只是使我们承认我们所支持的东西：正是通过借鉴世界的结构，真理和思想的世界才为我们建立起来。当我们想要明确地表达我们所具有的一种真理意识时，我们发现没有比诉诸一个共属于精神或共属于人的 τόπος νοητός（理智领域）更好的了，正如可感世界是共属于诸可感身体的那样。这里涉及的不仅仅是一种类比：包含着我们的身体和我们的精神的是同一个世界，前提是，人们不仅仅将世界理解为出现和可能出现在我们眼前的事物的总和，还要将它理解为事物之共同可能性（compossibilité）的场所，事物所遵循的不变风格，它联接了我们的不同视角，允许从一种视
30 角向另一个种视角的转变，并使我们觉得——无论是在描述风景的一个细节还是使我们在一种不可见的真理上达成一致——我们是两个能俯视（survoler）[①] 同一个真实对象的见证者，或

① survoler 及其名词 survol 有“飞越”“浏览”等意，这是梅洛-

至少能相对于它而交换我们的处境，就像我们能在严格意义的可见世界中交换我们的观察点那样。然而，还是在此，当世界的朴素确定性、理智世界的预显想要变成为论题时，它就是脆弱的，甚至比任何时刻都要脆弱，这种脆弱一如其在实践中的强大。当涉及可见者时，有一大堆事物可以支持它：超越各种证据的分歧，重建世界的统一性和协调性通常是容易的。反之，一俟超出既定的意见领域（这些意见就像玛德莱娜教堂[la Madeleine]或司法宫[le Palais de Justice]那样在我们之间是没有分化的，它们比我们的历史景观遗址更少进入我们的思维），一旦人们通达真实，也就是说，通达不可见者，他们就更像是生活在其各自的小岛上，相互之间没有转渡，如果他们有时不论在哪一件事上达成了一致，他们多半会感到惊奇的。因为毕竟，他们中的每一个都是由成为一个活果冻般的脆弱块团而开始的，他们能走上同一条本体发生之路就已经很了不起了；而更可惊异的是，尽管每个人都已退隐深处，他们却愿意被同样的社会机制和同样的语言活动所诱捕；然而，当问题在于按他们的意愿去运用这些机制，描述没有任何人见过的东西时，那么，无论是物种类型还是社会类型都不能担保他们将达成可兼容的命题。当我们想到那些由各种有可能改变这两者①的偶

庞蒂的书中经常出现的一个概念；梅洛-庞蒂喜欢把那种无视点、非处境化地看待事物的思想称作一种“pensée de survol”（飞越的思想，凌空俯视的思想），它常被用来描述反思分析的思想特征。在本书中，译者将它统一译为“俯视”或“凌空俯视”。——译者注

① 这两者指上一句中提到的“物种类型”和“社会类型”。——译者注

然性组成的群体时，就没有什么比如下这种推论更不可能的了，这种推论将真理的世界也看作一个没有裂缝、没有不相容性的世界。

31 科学预设了知觉信念而不阐明它

人们也许想说，这些不可解决的二律背反属于由直接经验（l'immédiat）、体验或有生命的人组成的混乱世界，而这个世界从定义上说就是没有真理的，因此应该忽略它们，以等待那唯一严格的知识，即科学来解释这些困扰着我们的幻象（依据它们的各种条件，从外部进行解释）。真实既不是我所看到的事物，也不是我用我的眼睛看到的另一个人，最后也不是可感世界的这种总体一致性，说到底甚至也不是我们刚刚试图描述的那个理智世界的总体一致性。真实，即*客观性*，是我通过测量，或更一般地说，通过诸变量或诸实在物（entités）——它们是由我通过参照一种事实秩序而被界定的——所允许的各种*操作*而成功地规定下来的东西。这样一些规定根本无关乎我们与事物的*接触*，它们表达了一种从体验的角度看也许没有任何意义的趋近化的努力，因为被体验者必须如其所是地来看待，不可能另外“就其自身”来考虑。这样，科学是通过排除我们与事物相遇时对事物的所有云谓（prédicats）而开始的。然而，排除只是暂时的：当科学开始染指被体验物后，它就将一点点地重新引入它起初当作主观物予以排除的东西；但科学是将这些东西作为诸关系和诸对象的特例来进行整合的——在科学看来，关系和对象规定了世界。这样一来世界就自行闭合于自身，除非通过那在我们之中进行思考和从事科学的人，通过寓居于我们中的这个不偏不倚的旁观者，我们才会变成这个**巨大客体**的部分或环节。

我们过于经常地一再返回这个幻觉的各种变化形态，以致 32
我们现在无法处理它；在此我们只需要强调，必须排除原则性的反对，因为这种反对从一开始就阻止了我们的探索：简单地说，那个能通过其无穷系列的操作构建或重建这个现存世界的 *Κοσμοθεωρός*（宇宙之神）[1]，不但远没有消除我们对于世界的素朴信念的模糊性，相反却是这种素朴信念的最独断表达，它预设了这种素朴信念，并且只依靠这种信念的支撑。在两个世纪里，物理学毫无困难地从事着它的客观化任务，因而它可以认为它只限于追随世界自身的各种关联（articulations），物理学的对象在科学之前就已在己地存在。然而今天，当物理描述的严格性本身迫使物理学把诸如观察者与被观察者之间的各种关系、只有相对于观察者的特定处境来说才有意义的各种规定都

---

① *Κοσμοθεωρό* 一词或许来自17世纪荷兰天文学家惠更斯（Christiaan Huygens, 1629-1695）的遗著 *Kosmotheoros, sive De Terris Coelestibus, earumque ornatu, conjecturae*，该书对其他星球上存在生命的可能性进行了探测。康德在其遗稿中有这样一则笔记："一个cosmotheoros自身a priori（先天地）创造了世界的所有知识要素，与此同时，作为世界的一个居民，他又基于这些要素在观念上建构了一种世界景观（Weltbeschauung）。"（参 Kant, *Opus postumum*, p.235, Cambridge University Press 1993.）因此，Kosmotheoros是这个世界的一个超然旁观者，他先天地拥有构成该世界的一切知识要素，并据此而形成了它的一个普遍性图景。——译者注

承认为有充分权利的终极物理存在时，正是Κοσμοθεωρός（宇宙之神）与其相关项（**巨大客体**）的存在论显现为前科学的成见。但尽管如此，这种存在论是如此的自然，以致物理学家继续认为自己是面对纯粹客体的**绝对精神**，并继续把那些表达了任何可观察者与处境化的具身性物理学家之关联性的陈述归入在己的真理之列。那种允许从一种关于天文空间的真实视角转向另一种视角的程式，虽然因对所有这些视角为真而超越了言说着的物理学家的实际处境，却不会超出处境而走向一种绝对的知识：因为它只有相对于各种观察并被置于一种总是处境化的认知生活中，才有物理学含义。这不是一种宇宙观，而只是允许把所有视角性的观点彼此联系起来的方法论实践。如果我们给予这个程式一种绝对**知识**的价值，如果我们比如说在其中寻找关于时间和空间的终极而穷尽的意义，那是因为科学的纯粹操
33 作在此为了它自身的利益又重新利用了我们的确信（这种确信比科学更古老也更模糊）以便通达“事物本身”，或对世界拥有一种绝对俯视的权力。

当科学进入并非自然地给予人的领域——诸天文空间或微观实在——时，它在算法的运用上越是表现出创新，它在涉及知识理论方面也就越是表现为保守。那些本不应该毫无改变地保留其**存在**观念的真理——以表达和思考的巨大困难为代价——以传统存在论的语言予以了重新表达，就好像科学需要将自己排除在它所建立的相对性之外，需要将自己置于游戏之外，就好像对**存在**的失明是科学成功地规定诸存在所必须付出的代价。例如，对尺度（échelle）的思考如果真正得到严肃对待的话，它们就不应该把所有的物理学真理都打发到“主观的”

一边（这种做法也许是要维护一种不可通达的“客观性”理念的权利），而是应该质疑这种［主、客观］区分的原则本身，让观察者与被观察者之间的联系进入关于“实在”（réel）的定义中。不过，我们看到很多物理学家时而在诸宏观显象的致密结构和密度中，时而相反地在某些微观物理领域的松散而有空隙的结构中寻找各种要么有利于决定论要么相反地有利于一种“心理的”或“非因果的”实在的证据。这种摇摆足以表明科学——一旦它想要究极地理解自身——在何种程度上是植根于前科学之中，并外在于存在意义的问题的。当物理学家谈论仅存在一亿分之一秒的粒子时，他们的第一反应始终是认为这些粒子是在与可直接观察的粒子相同的意义上实存着的，只是时 34
间更短些罢了。微观物理场被当作一个极小维度的宏观场，在其中，视域现象、无载体的属性、集合的或没有绝对位置的诸存在，原则上只是“主观显象”，某个巨人的视看会将之［归结为］[①] 诸绝对物理个体之间的互动。然而，这就设定了对尺度（échelle）的考虑不是终极的，这是重新从在己的视角思考它们，甚至在建议我们放弃这一视角的时候。这样，新物理学那些“奇特的”概念只是在如下意义上才对它来说是奇特的，即一种矛盾的观点使常识感到惊奇，也就是说，既没有深刻地启发它，也一点没有改变它的范畴。在此我们并不是说这些新物理存在的属性证明了一种新的逻辑或一种新的存在论。如果人们取数学意义上的“证明”的话，那么只有科学家才能给出这

① “归结为”一词被划掉后在上面写了“重新发现”。鉴于这处改动明显不完整，我们恢复了第一种表达。——编者注

种证明，也只有他们能评价这种证明。既然他们中的一些人拒绝了这种证明，认为它把尚待证明的东西当成了论据①，这就足以使哲学家没有权利，当然也没有义务去信赖它。哲学家所能注意的——促使他思考的——，恰恰是那些坚持一种笛卡尔式的世界表象的物理学家②将他们的“偏好”视作依靠，就像一位音乐家或一位画家谈论他们的偏好以形成某种风格一样。这使我们可以——无论此后微观物理学理论的命运如何——进一步认为，当存在论在那些保留着它的物理学家那里只是一种偏
35 好时，任何一种存在论其实都不为当前的物理学思想所必需，而关于对象的古典存在论尤其不能依靠它，也不能要求有一种原则上的特权。要么，通过物理学和科学，我们理解了一种借助算法对事实进行操作的特定方式、一种特定的知识实践，而那些拥有这种知识实践之工具的人就是唯一的裁判者，——如此一来，他们也是其据以占有事实之变量的意义的唯一裁判者；但是，他们既没有义务，甚至也没有权利去对事实进行一种想象性的改变，或以事实的名义解决“有什么”（ce qu'il y a）的问题，或去回避与世界的可能接触。要么相反，物理学想说出“实是者”（ce qui est），但这样一来，它如今已不再有理由通过对象—**存在**（Être-objet）来定义**存在**，也不再有理由将体验局限于我们的“表象”层次或“心理的”好奇心领域之中；物理学应该承认这样一种有步骤的分析是正当的，测量和操作的世界

① 如，Louis de Broglie, *Nouvelles perspectives sur la Microphysique*, Paris, Albin Michel, 1956。——作者注

② Louis de Broglie，同一著作。——作者注

就是通过这些步骤，从被当作源泉的甚至是普遍源泉的体验世界出发而被构成的。如果没有这种分析（在这种分析中，古典的对象化操作的相对权利和局限性是被承认的），一种原封不动地保留了古典科学的哲学装备并将其特有的成果投射于绝对知识领域之中的物理学，就将处于经常性的危机状态中，将像它由之而来的知觉信念一样。看到爱因斯坦将我们通过对他人的知觉以及我们的知觉视域与他人的知觉视域交叉印证所获得的同时性经验贬低为“心理的”，这是很令人吃惊的：对于他来说，赋予这种经验以存在论的价值是不成问题的，因为这种经验是关于预期的或原则上的纯粹知识，是在没有操作、没有实际测量的情况下被构成的。这就假定了实是者不是我们向之敞开的东西，而只是我们能对之进行操作的东西。爱因斯坦并不掩饰，对在科学操作与**存在**之间的相即性（adéquation）的确信在他 36
那里是先于其物理学的。他甚至幽默地强调了他那“野性地思辨的”科学与他为科学所要求的一种在己真理之间的对比。我们尚需指出物理学的理想化作用是如何超逾并遗忘知觉信念的。但目前只要看到如下这一点就够了，即物理学的理想化作用来自于知觉信念，它没有消除掉知觉信念中的矛盾，没有驱除知觉信念中的模糊，也不能使我们免除——远没有达到这一点——从知觉信念出发来展望它。

如果不是强调“客观”层次的不一致，而是面对“主观”层次——在科学的观念学（idéologie）中，主观层次是客观层次的对立面和必要的补充——，我们就能得到与上述同样的结论——也许，经由这个途径，结论会更容易让人接受。因为在这里，混乱与不一致是显而易见的；我们可以毫不夸张地说，我们的基本概念——心理现象（psychisme）和心理学的概念——与所谓的古代社会的分类同样神秘。人们以为在驱逐了“内省”后就回到了光明之中。确实应该驱逐内省：因为，在哪儿，什么时候，以什么方式曾有过一种内在视觉呢？有一种接近自我（près de soi）的生命——这完全是另一回事，而且自有其价值——，一种面向自我的开放，然而这种生命并不向共同世界之外的另一个世界开放——当然也不必然地是对其他人的封闭。对内省的批评过于通常地绕过了这种无可替代的通达他人的方法，就像他人包含在我们之中那样。相反，通过诉诸“外部”这种方法本身也不能保证可以抗拒内省的错觉，它只是为我们有关心理“视觉”的混乱观念提供了一个新的形象：它只是将视觉从内部搬到外部而已。对心理学家们借助“心理
37 现象”和其他类似的概念所理解的东西进行解释也许是有启发的。这就像一个深深的地质层，一种不可见之“物”，它位于某些活的身体背后的某个地方；对于它，人们假定只要找到一个恰当的观察点就行了。在我自身中，正是这一不可见之物在操心着要认识心理现象；而也正是在它那里，仿佛有一种一直都未能实现的使命：一物如何能认识自身呢？“心理现象”对它自己是不透明的，它只在其外部的各种复制品中才能发现自身，对此，它最终确信其外部的复制品是与它相似的，就像解剖学家相信自己在他所解剖的器官中发现了他自己眼睛的同样结构：因为有一个“人类的物种”……对心理态度和心理学家所使用的似乎是不言而喻的概念的全面解释将表明，在它之中有一些无前提的推论，一种非常古老的构造工作，这种工作还没有被解释清楚，而且其结果被原封不动地接受了，人们甚至不怀疑

它们在何种程度上是模糊的。这里起作用的一直是对事物和世界的知觉信念。知觉信念使我们确信可以通过一种绝对的俯视抵达实是者，我们把这种确信应用于人就像应用于物一样；而正是因此，我们才把人之中的不可见者思想为一物。心理学家反过来站到了绝对观察者的位置上。正如对外部对象的探索一样，对“心理”的探索也只有如此做才能发展，即首先将自己置于它所发现的相对性游戏之外，同时暗示有一个一般的心理现象（我自己的和他人的）在其面前自行展开的绝对主体。借助“主观”与“客观”的划分，早期阶段的物理学规定了它的领域，心理学也相应地规定了它自己的领域。这种划分不会阻止，相反却要求这两门学科根据同一种基本结构来设想：这最终是对象的两个领域，有待于在其内在的属性中，通过一种规 38
定了它们之在己地所是的纯粹思想去认识。但是，就像在物理学中那样，这样的一个时刻已经到来，即知识的发展本身开始质疑那个始终被设定的绝对观察者。毕竟，我所谈论并赋予他一种参照系的这位物理学家，他本身也是一个谈论着什么的物理学家。毕竟，心理学家谈论的这种心理现象也是他自己的心理现象。物理学家的这种物理学，心理学家的这种心理学表明，从此以后，对科学本身来说，对象－存在不再可能是存在本身；“客观”与“主观”被认为是在一种总体经验的内部仓促地构成的两种秩序——有必要清楚地重建这种总体性经验的背景。

我们刚刚勾勒其草图的这种理智开放就是五十年来心理学的历史，尤其是**完形**（Forme）心理学的历史。它曾想构建自己的客观性领域，它也曾以为在行为的各种形式中发现了这个领域。这里面难道就没有一种原初的制约吗，它形成了一门原初科学的对象，就像其他较不复杂的结构形成了诸自然科学的对象那样？行为或心理现象作为独立的、与物理学领域并列的领域，若客观地看，原则上是适用于同样的方法的，而且有着同样的存在论结构：两者的对象都是由它所普遍观察到的诸功能关系规定的。在心理学中，确实有一条通向客体的描述性道路，但这条道路原则上只能通向同样的功能性规定。而且，人们事实上已经能确定诸如知觉实现、对一种歧义图形（figure ambiguë）的知觉、对某一种空间层面或色彩层面的知觉等所需的条件。总之，心理学曾相信自己已找到了它的基础，并期
39 待从此以后有各种发现的积累，以便确认它的科学地位。然而今天，在格式塔心理学（Gestaltpsychologie）开创四十年后，人们重新有了一种绝望感。诚然，在许多方面，人们都明确指出了这个学派的开创性工作，人们了解了并仍在了解大量的功能性规定。然而，这里面已热情不再，人们已找不到一种接近人的科学的感觉。这是因为，——这个学派的作者们很快就已经看到——，他们建立的关系只有在实验室的人工条件下才绝对地起作用，并且是可解释的。这些关系不代表行为的*初始层*——只有从这个层次起，人们才有可能越来越接近行为的总体规定性——，它们毋宁是整合的初始形式，是简单结构化的特例，与之相对，“更复杂”的结构化在性质上其实是不同的。而且这些关系所表明的功能关系只在它们的层次上才有意义，对高级层次来说，它是没有解释力的；最终，心理现象的存在不应被定义为诸基本“因果关系”的一种交错，而应该由在这种关系中实现的诸异质的和不连续的结构化来定义。随着我们与各种更加整合性的结构打交道，我们就发现，这些条件

与其说解释了被条件所规定者，毋宁说它们是被规定者得以解放的契机。这样，在描述性与功能性之间所假定的平行性就被揭穿了。举例来说，在一个被实验装置所人工简化和缩减的场中，某个发光点的这样一种视运动（mouvement apparent）越是容易依其条件被解释，一个特定的生命个体在这一刻的具体知觉场中的总体规定性看起来就越不是暂时地不可认识，而是彻底地缺乏意义，因为该个体所呈现的结构在由孤立的和可孤立的“诸条件”所构成的**客观**世界中甚至都没有名称。当我注视一条 40
从我这里伸向地平线的道路时，我能够在这条路在某个特定距离的所谓“视宽”（即我用一只眼睛注视，并用一支举于眼前的铅笔度量所得的宽度）与这个场的其他因素（它们也是通过某种测量方法确定的）之间建立联系；并因此而确定，依照规定了古典科学对象的函项依赖图式（le schéma de dépendance fonctionnelle），视量值的“恒定”取决于这样或那样的变量。但是，如果考虑这样一个场，就像我的双眼摆脱了所有孤立的态度而自由地观看时所拥有的场那样，我就不可能再通过各种条件性规定来解释它。不是因为我摆脱了这些规定或我没有看见它们，而是因为“被规定者”本身不再属于一个似乎人们能客观地加以描述的秩序。对于那为我呈现了风景的自然目光来说，远处的路一点也没有人们可以理想地测定的“宽度”，它和近处的路一样宽，因为这是同一条路，但它又不是同一条路，因为我不能否认存在着一种透视的萎缩。远处的路与近处的路之间有同一性，却又 *μέταβασις είς ἄλλο γένος*（变成了另一种实存类型），有从显像（l’apparent）向实在物的过渡，它们是不可公度的。我甚至在此还不应该将显像理解为投置在我和实在物之间的一层隔膜：透视缩小不是一种扭曲，近处的路并非“更真实”：近处、远处和地平线在其不可描述的对比中构成了一个系统，它们在整体场中的关系就是知觉真理。我们进入了函项依赖所不能“把握”的被知觉存在的含混秩序（l'ordre ambigu）。人们只能人为地和在语言上将视觉心理学保留在这
41 一存在论的框架内：深度的“各种条件”——比如说视网膜上诸形象的不一致——就不是视觉的真正条件，因为诸形象只有相对于一个在诸相似形象的融合中寻求视觉平衡的知觉器官时才将自己定义为不一致。因此，被条件规定者在此就规定了条件。当然，一个被知觉的世界不会向这样的人显现，如果没有这些条件没有在他的身体中被提供的话：不过解释被知觉世界的并不是这些条件。被知觉世界依据其场域的规律和固有结构而存在，而不是像对象那样依据“一个接一个”的因果性的要求而存在。“心理现象”不是对象；不过，请注意，这里绝不是要根据“唯灵论”传统来指出某些实在“逃离”了科学的规定：这样的指出只能导致划出一个反科学的领域，这个反科学的领域通常是仍依照存在论的术语被设想为另一种“实在的秩序”，而这种存在论恰恰是处于问题中的。我们的目的不是要把一组“摆脱了科学”的事实（无论人们称它们为“心理现象”、“主观事实”还是“内在事实”）同客观科学所协调整合的事实对立起来，而是要指出：对象－存在，以及被设想为既与之对立又与之相关的主体－存在，并不构成二元对立的选择；被知觉的世界是低于或超出二律背反的；“客观”心理学的失败——连同“客观主义的”物理学的失败——不应被理解为“内部”对“外部”的胜利，“心理”对“物质”的胜利，而应理解为这样一种

呼求——它要求修正我们的存在论,并重新检查“主体”与“客体”的概念。阻止我们将知觉当作对象来处理的同一理由也阻止我们将它当作一个“主体”的操作，无论人们赋予它什么样的意义。如果知觉所开向的“世界”，由诸视域和诸远景构成的含混场域不是客观世界的一个区域，那它也同样不愿意被归入 42 “意识事实”或“精神活动”一边：心理的或先验的内在性并不能比“客观的”思想更好地说明一个视域或一片“远景”之所是的东西；知觉无论是在“内省”中被给予其自身，还是作为被知觉者的构造意识，从立场和原则上来说，都只能是对其自身的认识和把握——它不可能向诸视域和诸远景开放，也就是说不可能向一个一开始就为它而在的世界开放，而只有从这个世界出发它才会把自己把握为风景的诸视角依次向它展开的匿名持有者。无论是主体的观念还是客体的观念都把我们在知觉信念中所具有的与世界及与我们自身的联系转变成了认知的相即（adéquation）。这些观念不阐明这种联系，只是心照不宣地利用了它，并从它那里得出了各种结果。既然知识的发展证明这些结果是矛盾的，那我们就完全有必要重新回到联系中，以便将它弄清楚。

我们已经讨论了一般的知觉心理学，以便更好地指出心理学的危机与一些原则性的原因相关，而不是与某些特殊领域的研究的滞后相关。然而，一旦我们在其普遍性中看到了危机的根源，我们也就会在专门的研究中发现同样的原则性困难。

人们看不到，比如说，一种社会心理学在客观主义存在论的机制内是如何可能的。如果人们真的认为知觉是一种外部诸变量的函数，那么，这种图式也只能（很约略地）应用

于身体的和物理的制约条件上，而心理学则被迫进行一种过度的抽象，从而只把人看作是一组由各种物理－化学动因作
43 用于其上的神经末梢。“其他人”，一种社会的和历史的架构（constellation）只有在人们同样清楚地了解这些群体的性能时，才能作为刺激起作用，而这些群体并不具有物理的实存，它们不是根据其直接可感的属性，而是按照它们在一个社会时空中的社会构型，按照社会符码，最后，作为象征而不是作为原因作用于人的。仅仅因为人们从事社会心理学，人们就已经处于客观主义的存在论之外了，他不可能再停留于其中，除非通过对他提供给自己的“对象”实施某种有损于研究的强制。客观主义的意识形态在此直接与知识的发展背道而驰。比如说，对由西方的客观知识培养起来的人来说，巫术或神话显然没有内在的真理，巫术的效果与神话的和仪式的生活应该通过“客观的”原因来解释，剩下的则归之于**主观性**的错觉。如果社会心理学真的想要如其所是地看到我们的社会，它就不能从这种假设出发，这种假设本身就是西方心理学的一部分；在采用这种假设时，我们就预先设定了我们的结论。正如人种学家在面对所谓的古代社会时，不能预先断定（比如说）那里所体验的时间就像我们这里的一样，都准照一个不再存在的过去、一个尚未到来的将来和一个唯独充实的现在这样的三维，而应描述一种神话的时间，在这种时间中，某些“起初”的事件保持着一种持续的效能。同样，社会心理学如果想真正地了解我们的社会，它恰恰就不能先天地（a propri）排除神话时间作为我们个人的和公共的历史的组成部分这个假设。诚然，我们已经把巫术推到了主观性之中，但没有任何东西能向我们保证，在人与

人之间的联系就一定不会包括巫术和梦幻的成分。既然这里的 44
“对象”正是人的社会，“客观主义的”思想规则就不能先天地规定它，相反它们本身应该被看作是某些社会－历史组织的特殊内容，它们并不必然地给出这些组织的钥匙。当然，也没有任何理由在一开始就假设客观思想只是某些社会结构的结果或产物，没有高于其他思想的权利：这将是认定人类世界是建立在一个不可理喻的基础上的，而这种非理性主义本身也是专断的。唯一适合于社会心理学的态度是将“客观”思想看作它之所是，也就是说，看作一种方法，这种方法创立了科学，并应该毫无限制地被运用，直到可能性的尽头，但在涉及自然（更不要说历史了）时，它代表的毋宁是消除[①]的第一阶段，而不是总体解释的一种手段。社会心理学作为心理学必然会遇到哲学家的问题——另一个人是什么？一个历史事件是什么？历史事件或国家在哪里？——并且不能预先将其他人和历史置于“对象”或“刺激物”之列。它不正面处理这些问题：这是哲学的事。它用它籍以包围其“对象”并向之推进的方法，从侧面来处理这些问题。它不是把这些问题看作无用，相反，它要求有一种与之相关的存在论阐明。

心理学，由于没有在人的领域中彻底地接受真正“客观性”的规则，由于没有承认其中的函项依赖法则更多地是一种圈定
而非消除非理性的方法，所以与历史学所提供的观点相比，它 45
对它所研究的社会只会提供一种抽象而肤浅的看法；事实上这是经常发生的事。我们在前面说过，物理学家将一种不再是客

① 无疑应该理解为：对非理性的消除。——编者注

观主义的物理学置于客观主义的存在论中；我们应该补充说，心理学家也没什么两样，客观主义偏见甚至正是从心理学出发，重新缠绕在物理学家们的一般哲学概念中的。人们吃惊地看到一位物理学家[①]将他自己的科学从机械论和客观主义的古典规则中解放出来，但在碰到关于物理世界的终极实在的哲学问题时却又毫不犹豫地重新采用了第一性质和第二性质的笛卡尔式区分，就好像在物理世界内部对机械主义公设所做的批评丝毫也没有改变我们设想物理世界作用于我们身体的方式，就好像这种批评在达到我们身体的边界时就不再有效了，就好像它不曾呼吁过要更新我们的心理一生理学。矛盾的是，在涉及世界对人的作用问题上放弃机械主义解释的图式要比在涉及世界内部的物理作用上放弃这种图式更加困难，尽管这些图式在前一个问题上从来没有停止过引发各种明显的困难，而在后者那里，它们却在几个世纪里都能正当地被认为是有效的。这是因为，这种思想革命在物理学那里看来似乎能在传统的存在论框架内实现，而不像在感觉生理学那里，这种思想革命直接质疑我们关于存在、人与真理之间关系的最根深蒂固的观念。一旦人们不再将知觉看作纯物理对象对人的身体的作用，不再将被知觉
46 者看作这种作用的“内在”结果，那么有关真实与虚假、系统知识与幻觉（fantasmes）、科学与想象的一切区别看来也就荡然无存了。正是因此，生理学就不像物理学那样地积极地参与今日的方法论更新，也是因此，科学精神有时能够以古老的形

① 比如说，爱丁顿。——作者注［亚瑟·爱丁顿，尤其参 *Sur les nouveaux sentiers de la Science*, Paris, Hermann & C, 1936.——编者注］

式得以保留，而生物学家则比物理学家更加唯物主义。但他们也只有作为哲学家才这样，在他们作为生物学家的实践中则较少唯物主义。有朝一日他们确实应该完全解放他们的生物学实践，在涉及人的身体时，也应该指出，问题在于知道身体是否一个对象，与此同时，身体与外部自然是否处于函数与变量的联系中。对我们来说重要的是，从现在起，这种联系对心理—生理学来说不再是同质性的，与之一道还有所有关联在一起的概念也是这样——如感觉概念（作为一种确定的物理刺激之固有的和恒定的效果），还有注意与判断的概念（作为对感觉起补充作用的抽象活动，负责解释那不遵循感觉规律的现象）……笛卡尔主义使物理世界“观念化”了，它通过完全内在的属性，通过在一个自身纯化的思想面前的纯粹对象存在中的东西来定义这个物理世界，与此同时——无论它是否愿意——，它启发了一种关于人的身体的科学，这种科学也将人体分解为各种客观过程的交错，而且还借助感觉的概念将这种分析延伸到“心理现象”中。这两种观念化过程是相互关联的，也应该一块儿解体。我们只有通过回到知觉信念以修正这种笛卡尔式的分析，才能阻止危机的处境；当我们的知识自以为是建立在一种哲学的基础之上，但其自身的发展却破坏了这种哲学时，它就处于这种危机处境中了。

由于知觉为我们提供了对一个世界的信念，对一个由严格地关联在一起的、连续性的自然事实构成的系统的信念，所以 47
我们相信这个系统能囊括一切事物，甚至囊括那引导我们加入这一系统的知觉本身。现在，我们已不再相信自然是这样一种连续性的系统；更不用说，我们已经远不会认为，到处漂浮于其上的“心理主义的”孤岛是通过自然的连续地基隐秘地连接在一起的。因此，向我们提出的任务就是要弄明白，那不是自然的东西是否以及在何种意义上形成了一个“世界”；首先，一个“世界”是什么？最后，如果有世界，那么在可见的世界与不可见的世界之间的联系会是什么？尽管这个工作极其困难，但是如果想摆脱科学家们的哲学把我们抛入其中的那种混乱，它就仍是不可或缺的。它是不可能完全由科学家来完成的，因为科学的思想就在这个世界中活动，它更多地是预设了这个世界，而不是把它当作主题。但它对科学来说是不陌生的，它没有将我们置于世界之外。当我们赞同其他的哲学家，说知觉的刺激物不是被知觉世界的原因，它们毋宁是世界的揭示者或启动者时，我们并不是想说人们能够没有身体地进行知觉，相反，我们想说，应该重新检查将身体当作纯粹客体的定义，以便弄明白它如何可能成为我们与自然之间的活的联系；我们不是驻于一个本质世界中的，相反我们要求人们通过诉诸先于区别的世界经验来重新考察 that（如此存在）与 what（什么存在）之间、本质与实存条件之间的区别。哲学不是科学，因为科学相信能够俯视其对象，将知识与存在之间的相关性看作是既定的；而哲学却是问题的总汇，在那里，提问者自身受到问题的质询。然而一种学会了身体性地（physiquement）安置物理学家的物
48 理学，一种学会了把心理学家置身于社会－历史世界中的心理学都已没有了绝对俯视的错觉：它们不仅仅容忍，它们也要求彻底检查我们对任何科学之前的世界的归属。

知觉信念与反思

由一种已经安置在世界中的思想所发明的证据（preuve）和认识的方法，由这种思想所引进的客体和主体的概念，都不能使我们明白什么是知觉信念，这恰恰是因为它是一种信念，也就是说，一种在证据之外自知的执持（adhésion），并非必然的，交织着怀疑，在每时每刻都受到非信念（non-foi）的威胁。信仰与怀疑在此如此紧密地联系在一起，以致人们总是能在一个中发现另一个，尤其能在真理中发现非真理的萌芽：我所具有的确信，即对通过我的目光与世界相接的确信，已经向我允诺了一个幻影幢幢的假世界，如果我听任我的目光游移的话。人们说，把眼睛蒙起来，免得看到危险，这是不相信事物，而只相信内心世界（monde privé），其实，这不如说是相信为我们而存在的东西是绝对的，一个我们已经成功地看到没有危险的世界是没有危险的；因而，这就是完全地相信，我们的视觉会通达事物本身。也许，这样一种经验比任何其他经验都更好地告诉了我们世界的知觉在场是什么：不是对处于同一关系中的同一事物的肯定和否定，不是正面和负面的判断，或者说，不是像我们刚刚所说的信仰和怀疑，因为这是不可能的；世界的知觉在场在肯定和否定之前，在判断（批评性的意见、外显的活动）之前，它是我们通过我们的身体居于世界的经验，它比任何一种意见都更加古老，是完全通过我们自身而获得的真 49
理，甚至无需在看见（voir）的确信与看见真实（voir le vrai）的确信之间作出选择乃至区分，因为这两者在原则上是同一回事——，因而是信念而不是知识，因为世界在这里并不是独立于我们对它的把捉（prise）；因为它与其说是被断定的，毋宁说是被看作不言而喻的；与其说是被揭示的，毋宁说是非隐匿的、不被拒绝的。

如果哲学应该占有并理解这种向世界的原初敞开，而这种敞开并不排斥一种可能的遮蔽，那么哲学就不能满足于描述这种敞开，它应该告诉我们如何才有一种不排除世界之遮蔽的敞开，为何这种遮蔽在每一时刻都仍是可能的，尽管我们都自然地被赋予了光。知觉信念在其自身中保持着并列存在的这两种可能性，哲学家应该弄清它们为何不相互取消。如果他只停留在它们的层面，在两者之间摇摆，一会儿说我的视觉属于事物本身，一会儿说我的视觉属于我自己，或“我之中”，那么他就不可能成功。他应该放弃这两种观点，他也要避免扬此抑彼的做法；既然它们从字面意义上看就是不相容的，所以他就应该越过它们转而求助于自身，他自身才是这两种观点的持有者，因此他应该知道在内心里推动着它们的是什么；他应该不将它们当作事实状态，以便将它们重建为自己的可能性，并从自身去理解它们在真理中意味着什么，是什么把他推向知觉和各种幻觉；总之一句话，他应该反思。然而，一旦他这样做，在世界自身之外，在只存在“于我们中”者之外，在在己存在和为我们的存在之外，有一个第三维度似乎开启了，在那里，上述的不一致解决了。通过反思的转向，知觉和想象就只不过是思
50 维[①]的两种方式。从视觉和感觉那里，人们只保留了那不容置疑地激活并维持着这两种方式的东西，即关于看或感觉的纯粹

① 作者边注：理念性（理念，及真理的内在性）。

思想，而且有可能描述这种思想，并指出它是由在我对世界的探索和探索所引发的感觉回应之间的严格关联造成的。人们将想象物置于类似的分析之下，从而会发现，想象物由以造就的思想在这一精确的意义上不是关于看或感觉的思想，而毋宁是一种臆断（le parti pris），这种臆断不再运用甚至忽视各种证实标准，而将未见之物或不可能存在之物看作是“好的”。这样，知觉信念的二律背反似乎就被消除了；诚然，我们知觉到事物本身，因为事物只不过是我们所见之物，但这不是通过我们的眼睛所具有的神奇能力看到的：眼睛已不再是视觉的主体，它们已被归为所见物之列；而且，人们称之为视觉的东西从属于思维的权能之下，后者证实，事物的显像在此是根据一种规则来回应我们双眼的运动的。当知觉是充分的或实显的（actuelle）时候，它就是关于知觉的思想。如果知觉因此而达至事物本身，就应该毫无矛盾地说，它完完全全地是我们的事（fait），彻头彻尾是属于我们自己的，就像我们所有的思想那样。即使向着事物本身敞开，知觉也仍是我们的事，因为事物从此以后就是我们认为自己看到的东西——我思对象（cogitatum）或意向内容（noème）。知觉并不比想象所做的更脱离我们的思维圈，想象也是关于看的思想，只是这种思想不寻求应用、证据和充实；因此它就假定了自身，只是半吊子思想（ne se pense qu'à demi）。这样，实在就成了思维的关联物；而在同一领域内，想象物属于半吊子思想的诸思维对象的狭隘圈子：那些没有任何坚实性、没有自己位置的半客体（demi-objets）或幻影，像清晨的水汽那样在思想的太阳下消失了；在思想与其所思之间，它们只是一个非思（impensé）的薄层。反思保留了知觉信念的 51

全部：对有某物、有世界、有真理的观念和真实所予物的观念的确信。只不过，反思把这种直接走向事物本身的粗陋确信——它与错觉的事实不相容——带回到它所意谓或意指的东西，它把这种确信转变为它的真理，它在其中发现了从思想到思想的相即和默契，我所思考的东西对于思考它的我来说的透明性。我以为我一睁开眼就发现存在于那儿的原生的和先在的世界实存只不过是某个存在的象征（symbole），这个存在一俟存在就是为己的，因为它的整个存在都属于显现，因而也属于自我显现，——它就唤作精神。[①] 反思的转向在纯主体面前只留下了诸观念对象（idéats）、我思对象（cogitata）或意向内容（noèmes）；通过这种转向，人们最终走出了知觉信念的模棱两可——这种信念悖谬性地向我们保证能通达事物本身，但要通过身体的中介才能通达，因此它就只是通过将我们封闭在我们的私人事件的系列之中才使我们向世界敞开。自此以后，一切都显得清楚了；独断主义和怀疑主义的混合、知觉信念的含糊确信都受到了怀疑；我不再认为我用我的双眼看到了处于正在看它们的我之外的事物：它们只是外在于我的身体，而没有外在于我的思想，我的思想既俯视我的身体，也俯视各种事物。我也不让自己受这样一种明见性的影响，即：其他的知觉主体并不通向事物本身，他们的知觉是发生在他们自身之中的——这种明见最终影响到我自己的知觉，因为毕竟我是他们眼中的“一个他者”，我

① 作者边注：向观念性过渡作为对诸二律背反的解决。世界在量上与我的我思对象（cogitatum）和其他人的同样是观念性的我思对象合而为一（观念性的同一，在多与一之先）。

的独断主义与其他独断主义互相交流，作为怀疑主义重新回到我身上——因为确实，如果从外部来看，每一个人的知觉似乎都被关在某个隐蔽的小屋中，在他的身体“后面”，因而这种外 52
部的看恰恰被反思归入诸多没有坚实性的幻影及混乱的思想之列：人们不思考一种外在的思想，从定义上说，思想只能内在地自我思考；如果其他人是一些思想，他们在这一点上就不在我所看到的他们的身体后面，他们和我一样不在任何地方；他们和我一样是与存在共外延的，没有什么肉身化（incarnation）的问题。反思将我们从杂乱的和不可设想的经验向我们提出的虚假问题中解放出来的同时，又通过简单地把肉身化的主体转变为先验的主体、把世界的实在性转变为观念性而使这些问题合法化：我们所有人都能通达世界，同一个世界，它完全属于我们每一个人，没有分裂也没有丧失，因为它就是我们以为知觉到的*那个东西*，是我们所有思想的不可分对象；它的统一性既不是量的同一性，更不是特殊的统一性：正是这种观念的统一性，或含义的同一性使得几何学的三角形在东京和巴黎、在公元前 5 世纪和现在都是一个东西。这种统一性是自足的，它消除了所有问题，因为人们能够用来与之对抗的各种区分、知觉场和生命的多样性都在它面前化为乌有，这些都不属于观念性和意义的世界，甚至不能表述为或组织成清楚的思想，因为最终我们通过反思，在所有处境化的、受阻扰的而且是肉身化的思想的中心，认出了思想对其自身的纯粹显现，一个内在相即的世界，在这里，我们就*真*所拥有的一切都毫无困难地融为了一体……

乍看起来，这种反思运动将总是胜利者：在某种意义上，

它是令人信服的，它就是真理本身，人们看不出哲学如何能够缺少它。问题在于知道，这种反思运动是否将哲学引向了避风港，
53 它所导向的思想世界是否真的是一个自足的且终结了一切问题的领域。既然知觉信念是矛盾的，我怎么能一直待在其中呢？而如果我不待在其中，那么除了回到自我之中，并在那里寻找真理的住处外，我又能做什么呢？如果我的知觉是对世界的知觉，我就应该在与世界的交往中去发现那诱使我去看它的原因，在我的视觉中去发现我的视觉的意义，这难道不是显而易见的吗？向着世界而存在的我，如果不是从我自己那里，又该从谁那里知道什么向着世界而存在呢？如果我不知道这一点，我又如何能说我是向着世界而存在呢？甚至不用假定我从我自身中知道了一切，至少可以肯定的是，在其他众物之中，我是一种知识，这种属性确然属于我，即使我还有其他属性。我不能想象世界侵入我之中，或我侵入了世界之中：在我所是的这种知识面前，世界只有通过赋予它一个意义，并以世界的思想的形式才能呈现出来。我们所探寻的世界的秘密必然被包含在我与它的接触中。因为我经历了世界，我从我所经历的一切中获得了这种意义，否则我将无法经历世界；我只能通过探究、解释我与世界的频繁往来，从内部理解这种往来，才能寻求关于世界的任何知识。使反思哲学常常不仅仅只是一种诱惑，而且也成为一条必由之路的原因就在于：它在它所否定的东西中却是真的。它所否定的就是在己世界与我之间的外在关系，这种关系被设想为在世界之内展开的诸过程中的一种，不管人们把这个过程想象为是世界侵入我之中，还是相反我的眼光巡游在事物中。然而反思哲学正确地看到正在知觉的我与我所知觉的事

物之间的天然联系了吗？难道就因为必须明确地抛弃知觉者与被知觉者之间的外部联系，我们就应该转向内在性的反命题，即使它是完全观念性的和精神性的？就应该说正在知觉的我就是关于知觉的思想，而被知觉的世界就是思想之物吗？难道就 54
因为知觉不是从世界进入我之中的，不是向心的，它就应该是离心的，就像我所形成的思想，或者像我通过判断而提供给一种未定显像的含义？反思哲学所践行的哲学探究和由此导致的解释，具有一种风格，但这种风格并非唯一可能的风格，反思哲学在这种风格中混入了一些尚需检验的预设，而这些预设最终表明是与反思的启发相反的。反思哲学不自认为能够理解我们与世界的天然联系，除非通过拆散这种联系进而重建它，除非通过构造、编织这种联系。它以为通过分析找到了明晰，就是说，即使不是在最简单的因素中，至少也是在最基本的条件中，这些条件隐含在未加工的产物中，隐含在它作为结果所由出的前提中，隐含在它由之而来的意义之源中。[①] 这样，对反思哲学来说，重要的是，要在我们的事实处境一边，把我们重新放回到一个事物的中心（我们来自这个中心，但相对于它，我们又已经是去中心了），并由我们出发，去重新开辟一条已经勾勒出来的从这个中心到我们的道路：这是通向内在相即性的努力，

① 作者边注：返回一潜在的观念：返回一种构造痕迹的反思观念。以被构造者为其展开的内在可能性观念。能动自然（naturant）的观念，被构造者是从能动自然那里而来的被造自然（le naturé）。作为内在（intrisèque）的原发性（l'originaire）观念。因此，反思思维就是对一切的预期，它在它想要产生的整体性的担保下进行。参阅康德：如果一个世界应该是可能的……这种反思没有发现原发性。

是明确地重获一切我们之所是和我们暗中之所为的事业——这意味着我们最终作为被造自然（naturés）所是的东西，我们首先是作为能动自然（naturants）而主动地成为它的，这也意味着世界之所以是我们的天然处所，是因为我们作为精神首先是世界的摇篮。然而，在这方面，如果说反思哲学遵循了这第一种运动，如果它通过逆行而把我们安置在我们思想的内在世界
55 中，并且，在有某种剩余物的情况下，如果它剥夺这种剩余物所具有的与反思本身相关的证明的力量，把它当作混乱的、残缺的或素朴的思想，那么，反思就没有完成自己的任务，没能达到它的彻底性，而彻底性就是它的律令：因为恢复、复原和返回自身的运动，走向内在相即的步伐，为了与一个就是我们自身的能动自然（它被认为在它自己面前展开了事物和世界）相重合的努力——正因为它们是返回或重获，这些第二层次的重构或恢复的操作原则上就不能是其内在建构和创建的镜像，就像从星形广场到圣母院的道路是从圣母院到星形广场的道路的反向一样：反思重获了一切，除了作为重获之努力的反思本身；反思阐明了一切，除了它自己的角色。精神之眼也有其盲点，但因为这个盲点属于精神，所以既不能忽视它，也不能将它视作一个简单的非视（no-vision）状态，它不要求任何特别的提及，反思的行为本身对我们来说（quoad nos）即是它的诞生行为。如果反思并非不自知——这是有悖于它的定义的——那么它就不能假装它在展开精神一开始就卷起来的那同一条线，而且，当从定义上说是我在反思时，反思就不能假装它是在我之中回归自身的精神；它应该显现为走向某个主体 X 的步伐、对某个主体 X 的召唤；反思能够融入一个普遍的能动自然的这种

确信本身不可能从反思与能动自然的某种先定接触来到反思中，恰恰因为反思还是无知，它呼唤能动自然，但不与它重合——所以这种确信就只能从世界那里或者从我的思想那里来到反思中，因为我的思想形成了一个世界，因为思想的一致，思想的逃逸线，先于反思就规定了一个我尚未与之重合的虚焦点。作为把实存世界建基于一种关于世界的思想之上的努力，反思每时每刻都从世界的预先在场中获得灵感，反思依赖于这种预先的在场，它从这种预先在场中汲取它的能量。当康德用“如果 56
一个世界应是可能的”的名言来证明其**分析论**的每一个步骤时，他强调了他的指导线索是由世界的非反思形象给予他的；反思步骤的必然性取决于“世界”的假设，**分析论**负责予以揭示的关于世界的思想既不是“对我来说，有关于一个世界的经验”这一事实的基础，也不是对这一事实的次级表达；换句话说，作为思想的世界的内在可能性建立在我能看到世界这个事实上，也就是说，建立在完全另一类的可能性上，我们已经看到这另一类的可能性已近乎为不可能了。正是通过隐秘而恒常地诉诸这种不可能的可能性（ce possible-impossible），反思才可能有回到自身并寓于内在性中这样的错觉，我们的重新进入我们之中的能力正是以一种出离我们的能力来衡量的，后者既不比前者更老，也不比前者更新，它恰恰是前者的同义词。只要反思分析掩饰其本有的动力，只要它为了构造世界，必须有预先被构成的世界的概念，因而这种步骤原则上滞后于它自身，那么，整个反思分析虽说不是虚假的，却依然是素朴的。人们可能会回答说，那些伟大的反思哲学都清楚地知道这一点，比如在斯宾诺莎那里对给定的真观念的参照，或在康德那里对一种世界的前批判经验的有意识参照都表明了这一点，但是未被反思者与反思的循环在这些哲学中是确然的，人们从未被反思者开始，因为必须要有个开始，但为反思所开启的思想世界包含了为说明起初不完满的思想所需的一切，而起初的思想只是人们在爬上去之后就抽走的梯子……但如果事情是这样，就不再有反思哲学，因为不再有原初的东西和派生的东西，只有一种循环的思想，在这种思想中，条件和被条件规定者，反思和未被反思
57 者即使不是对称的，也是处于一种互反关系中的，在其中，终点就在开端之中，正如开端就在终点之中一样。我们不说不一样的东西。我们对反思提出的看法根本不是为了未被反思的和直接的东西而取消反思的资格（我们只是通过反思才认识未被反思的和直接的东西）。问题不在于将知觉信念放到反思的位置上，而是相反，要去思考一种包含着由此到彼的回返的总体处境（la situation totale）。被给定的不是一个庞杂的不透明的世界或一个相即思想的世界，而是一种回到世界的厚度中以便阐明它的反思，但这种反思在事后返还给世界的只是它自己的光。

确实，为了从知觉信念将我扔进其中的困境中走出来，我只能面对我的世界经验，面对每天早晨我一睁开眼就重新开始的与世界的这种交汇，面对在世界与我之间的这种知觉生活之流，这种生活之流从早到晚不停地冲刷着，并且让我那最秘密的思想为我而改变了一些面容和风景的外观，正如这些面容和风景反过来也以注入我的生命中的某个人的方式，时而给我带来帮助，时而给我带来威胁——同样确实的是，思想与其对象之间、我思与我思对象之间的关系不包含我们与世界交往的全

部，甚至不包含与世界交往的本质部分，我们需要把这种关系
置于我们与世界的一种更低沉的关系中，置于我们融入世界的
一种密契（initiation）之中。前一种关系是基于后一种关系之
上的，而且当反思的回归起作用时，这种密契关系总已经构成了。
我们将后一种关系称作向世界的开放。当反思的努力企图捕捉
它时，我们是缺乏它的，而我们同时又可洞察那阻止反思获得
成功的原因和我们由以到达那里的路径。我看，我感觉，可以 58
确定的是，为了使我自己明白什么是看和感觉，我应该停止伴
随看和感觉进入它们投身于其中的可见者和可感者中，而应该
在它们（即看和感觉）之下营造一个它们不占有的领域，而且
它们也是从这个领域出发，依据它们的意义和它们的本质才成
为可理解的。理解它们，就是悬置它们，因为素朴的视觉完全
占有了我，因为加到视觉上的对视觉的注意从这总体的礼物（ce
don total）中减去了某个东西，而尤其是因为，理解就是将一
种首先被囚于事物中和世界本身中的意义（sens）翻译成可支
配的含义（signification）。但是这种翻译的目的在于传达文本
（texte）；或者最好是说，可见者和对可见者的哲学阐述不是像
两组符号那样并列存在，如文本和它的外文译本。如果说可见
者是一个文本，那么它就是一个奇怪的文本，它是直接被交给
所有人的，以至于我们无需将它归结为哲学家的译文，而是能
够将译文和原文相对照；至于哲学，它既比译文更多，又比译
文更少；更多，是因为唯有它对我们说了文本想说的，更少，
是因为如果人们不拥有文本，译文就是无用的。因此，哲学家
悬置原生的视觉只是为了使之进入被表达者的层次：原生的视

觉仍是哲学家的原型（modèle）或尺度，它[①]为重新赢得它而组织起来的含义之网应该向着原生视觉开放。因此就不必将已见和已感的东西假设为非实存者（inexistant），不必用“关于看和感觉的思想”（笛卡尔语）来代替看和感觉本身，这种“关于看和感觉的思想”之所以被认为不可动摇，只是因为它对实际所是者不作任何假设，只是因为它以所思者向思想的显现为
59 掩护，在这里它确实是不可消除的。以只有内在性才可靠为借口，将知觉归结为关于知觉的思维，这是拿一种确信来对抗怀疑，而这种确信的保证金要比它必须为之而补偿给我们的损失昂贵得多：因为这是放弃去理解实际的世界，转向一种永远不会给予我们世界之“有”（il y a）的确定性。要么，怀疑只是一种分裂和模糊的状态，那么，它就没有告诉我任何东西；要么，如果说它告诉了我某种东西，那是因为它是坚决果敢、好勇斗狠、有条不紊的，这样，它就是一个行动，这样，即使它自己的实存随后向我树立为对怀疑的一种限制，树立为并非乌有的某物，这个某物也属于行动的层次，而我从此以后就被封闭在这一层次中。诸错觉的错觉就在于在这一刻认为，事实上除了我们的行动外从来就不能肯定任何事情，知觉从一开始就是一种精神的审察，而反思则只是回到自身的知觉，是从对事物的认识向一种自我认识的转向（而事物就是由自我认识构成的），是一种作为联络本身（la liaison）的粘合剂（liant）的显现。我们相信，通过下面这种说法就证实了这种笛卡尔式的“精神性”，这种空间和精神的同一性，即“远处的”对象显然

① 即哲学。——编者注

只有根据它与其他“更远的”或“较近的”对象之间的关系才是“远处的”对象，——这种精神性，这种同一性本身不属于这两种对象中的任何一种，它是精神对所有人的直接在场，它最终是用一种对世界的俯视取代了我们对世界的归属；——它只是从一种极其素朴的假设（而且恰恰是由世界向我们暗示了这种假设）中才获得了其表面的明见性，根据这种假设，当注意的目光转移，从它自身转到制约着它的东西时，我所想的始终是同一个事物：这是一种从外部经验中得到的粗糙确信。在这种外部经验中，我的确有这样的确信：在我为了更好地观察事物而靠近它们时，在我眼前的事物一直是同样的事物；但这是由于我的身体的功能，即作为改变视点的可能性，作为“看 60
的器官”或“观点”的积淀机制（science sédimentée），这种功能使我确信我正在靠近我刚才从更远处看到的那同一个事物。正是我的身体的知觉生活在这里支持并保障着知觉解释，知觉生活本身远不是对在我的身体与外部事物之间的世间关系（intra-mondaines）或客体间关系的认识，但它在任何的对象观念中都被预设了，正是它实现了向世界的最初开放：我对看到事物本身的确信不是来自于知觉探索，它不是用来规定近端视觉（la vision proximale）的一个词，相反正是它为我提供了“近端”、“最佳”观察点和“事物本身”的概念。因此，通过知觉经验了解什么叫“看清”事物——为了达到这一点，人们必须并且能够靠近事物，而这样取得的新材料（données）是对同一事物的诸规定——之后，我们将这种确定传到内部，我们将求助于一个“人中的小人”的虚构；这样，我们开始认为对知觉进行反思，就是在被知觉物与知觉仍保持其过去之所是时，揭示出真正的主体，这个主体是寓于它们之中的，并始终寓于它们之中。实际上，我应该说这里有一个被知觉物和向这一事物的开放，但反思使这一过程中立化，并将之改造成了“被反思的知觉”和“在被反思的知觉中知觉的事物”；我应该说反思的功能就像进行探索的身体的功能一样，运用了一些对我来说是模糊不清的能力，跨越了将原生的知觉与反思性检查区分开来的时间段（le cycle de durée）；在此期间，我所以能将被知觉物和知觉的恒定性保持在精神的目光下，只是因为我的心灵审查和精神态度拓展了我的感官的和身体的探索的
61 “我能”。把后者建立在前者之上，把对事实的知觉建立在如它所显现给反思的知觉本质之上，这就忘记了反思是有别于重获（reprise）的行为。换言之，我们隐约看到了不同于反思转向、比反思转向更根本的另一种活动的必然性，一种*超反思*（surréflexion）的必然性。它既考虑到自身，也考虑到它在场景中所引起的变化，因此，它没有失去关于事物和原生知觉的看法，最终也没有消除它们，没有通过一种非实存的假设来割断知觉和被知觉物之间的有机联系，而是相反地以思考它们为己任，将世界的超越性作为超越性来反思，并去言说这种超越性，但不是依据内在于给定语言的词语含义的规则，而是通过一种也许是艰难的努力去言说，即运用这些词语的含义去表达在它们之外的我们与事物的沉默接触（当这些事物还不是被言说之物时）。因而，如果说反思不该依赖它所发现的东西，不该迫使自己将它随后假装在事物中发现的东西放入事物中，那么它就应该悬置对世界的信念，而这只是为了*看到世界*，为了在世界中读出当它成为“为我们的世界”（monde pour nous）

时所要遵循的道路；它就应该在世界中寻找我们与世界的知觉联系的秘密；它就应该用词语说出这种前逻辑的、不与词语的既定含义一致的联系；它就应该深入到世界中而不是去支配世界；它就应该下降到如其所是的世界，而不是上升到对世界进行思考的一种先定可能性（这种可能性事先就把我们对世界进行控制的诸条件强加给了世界）；它就应该探究世界；它就应该进入我们的探究在世界中树立的指称之林（la forêt des références）；最后它就应该让世界说出它在其沉默中想说的……我们既不知道我们如此把自己托付于它的这种秩序和这种世界和谐（concordance）究竟是什么，因而也不知道这种事业会导致什么，甚至不知道这种事业是不是真的可能。然而，我们要 62
在它和一种反思的独断主义中作出选择，关于后者，我们太清楚它将走向何处了，因为与它在一起，哲学在其开端之际就完成了；甚至由于这个原因，哲学至今没使我们明白我们自身的晦暗性。

一种反思哲学，作为方法的怀疑，作为把向世界的开放朝着“精神活动”、朝着观念与其观念对象（idéat）的诸内在关系的还原，是对它自称要阐明的东西的三重不忠实：对可见世界不忠实，对这个可见世界的观看者不忠实，对它与其他“视看者”（visionnaires）的关系不忠实。说知觉是且一直是一种“精神审查”，这就不是用知觉给予我们的东西来定义知觉，而是用知觉中抵制非实存假设的东西来定义知觉，是一下子把肯定的东西（le positif，实定者）等同于否定之否定，是要求无辜者给出自己无罪的证据，是把我们与**存在**的接触事先还原为我们借以来拒斥错觉的各种论述活动，是把真实还原为似真，把实在还原为或然。经常有人指出[1]：最似真的、最符合经验背景的想象并未使我们朝“实在”前进一点，而是直接就被我们归于想象物之列，相反，某个完全出乎意料和不被预见的噪音却一下子就被知觉为真实的，尽管它与背景的联系是那样地弱。这一简单的事实确立了这样一种观念，即“实在物”与“想象物”涉及的是两种“秩序”，两个“舞台”，或两个“剧院”（即空间的剧院和幽灵的剧院），它们在区分活动之前就已扎根于我们之中，而这种区分只有在模棱两可的情况下、在我们所经历的东西开始脱离任何标准的控制而确立自身时才起作用。尽管有时
63 候控制是必要的，而且会导向各种修正了素朴经验的对实在的判断，但这并不证明这一类的判断是这种区分的原因，或构成了这种区分，因而也不能打消我们为了它本身而去理解它。如果我们这样做，那就不应该通过其一致性来定义实在物，通过其不一致性或空缺来定义想象物：实在物因其是实在的，所以才是一致的和可能的，而不是因为其是一致的，所以才是实在的；想象物因其是想象物，所以才是不一致的或不可能的，而不是因其是不一致的，所以才是想象物。被知觉物的最微小颗粒一下子就被纳入了“被知觉者”中，而最似真的幻象只游离在世界的表面；我们需要理解的正是整个世界在一个映象（reflet）中的在场，是它在最丰富、最系统的妄想中的不可挽回的缺席；而且，这两者的差别不是数量多少的差别。确实，这种差别导致错误或产生错觉；有时，人们就由此得出结论说，这种差别不是自然的差别，实在物说到底只是最小的非可能性或最大的

① 尤其是萨特《想象》（*L'Imagination*）。——作者注

或然性。这是通过虚假来思考真实，通过否定的东西来思考肯定的东西，这是对“错觉消失”（la dés-illusion）经验的蹩脚描述，正是在这种经验中，我们开始了解“实在物”的脆弱性。因为当一种错觉消失，当一种显像突然绽现时，总是为了一种新显象的利益而把前者的存在论功能据为己有。我以为在沙滩上看到了一块被海水打磨光滑的木头，而它其实是一块粘土质岩石。前一个显象的绽现和消散并未授权我从此以后可以将“实在物”定义为单纯的或然之物，因为这种绽现和消散只不过是新的显现的另一个名称，这个新的显现因此应该出现在我们对错觉消失的分析中。这种错觉消失之所以是一种明见性的丧失，是因为它是另一种明见性的获得。如果我出于谨慎而终于要说这另一种明见性“就其自身而言”是可怀疑的，或只是或然的（就 64
其自身而言，也就是说，对我而言，刚才，当我本可以更靠近它一些或看得更清楚些时），当我这样说时，并不妨碍它呈现为在所有争议之外的“实在”，而不是显现为“很可能的”或或然的；如果随后它自己突然绽现的话，那么这也只是出于一种新的“实在性”的推动。因此，我所能给这些幻灭（désillusions）或失望下的结论是，也许“实在性”并不确定地属于任何特殊的知觉；在这个意义上，它始终是处在更远处的，然而，这并不允许我中断或忽视那使显象先后与实在物统一起来的联系，这种与某一显象的联系，如果不首先与随后的显象建立联系，就不能够被中断，因而不存在无 Erscheinung（显现）的 Schein（显象），任何 Schein（显象）都是一种 Erscheinung（显现）的对应物，“实在物”的意义不可能还原为“或然物”的意义，而是相反，“或然物”使人想起了一种只是被延期到来的“实在物”的确定经验。面对一个知觉显象，我们不仅知道它能在随后“突然消失”，还知道它之消失只是由于完全被另一个知觉显像所替代，以致它没有留下任何痕迹，我们只是徒然地在这块粘土质岩石上寻找刚才曾是的那一块被海水打磨光滑的木头。每一个知觉都是易变的且仅仅是或然的；如果可以这样说的话，它只是一种意见；但不可变的是，每个知觉（哪怕是虚假的）所证实的是，每个经验都归属于同一个世界，以同一世界之诸可能性的名义，它们都具有显示这个世界的同等能力。如果一个知觉完全占据了另一个知觉的位置——以至于人们在错觉过后就再也找不到其踪迹——，这恰恰是因为它们不是对一个不可认识之**存在**的连续假设，而是对同一个熟悉的**存在**的各种视角，我们知道不可能排除一个视角却不包括另一个视角，而且无论如何，
65 **存在**自身是处于争议之外的。这就是为什么，这种知觉的脆弱性本身（由它的突然消失且被另一个知觉替代可证）绝不允许我们在这些知觉中抹去“实在性”的所有标记，而是迫使我们把这种标记给予所有的知觉，迫使我们承认所有知觉都是同一个世界的变异，最后，不是将它们都看作是完全虚假的，而看作是“完全真实”的，不是将它们看作世界规定中的反复失败，而看作是对此规定的渐进接近。每一个知觉都包含有被另一个知觉替代的可能性，因此也包含着对事物的某种否认，但这也就是说：每一个知觉都是一种接近的终极（terme），是一系列“错觉”的终极，而这些错觉不仅仅是**为己存在**和“纯思”（rien que pensé）这一限定意义上的单纯“思想”，而且是有可能存在的诸可能性，是作为“有”（il y a）的这个唯一世界的幅射……在这个意义上，这些错觉绝不会像从来没有出现过那样回到虚

无或主观性中，而毋宁像胡塞尔很好地说过的那样，它们是被“新的”实在“划去”或“删除”的。反思哲学将错误当作一种残缺的或部分的真理来对待，这没有错，它的错误毋宁在于，它使人以为，部分似乎只是整体的实际缺席，而整体则无需进行说明，这最终取消了显象固有的坚实性，事先把它融入了**存在**中，将它作为部分而剥夺了其真理持有者的身份，使之消失在一种内在的相即中，在这里，**存在**与存在的诸理由是合一的。通往相即的步伐——错觉消失的事实证明了这一点——并不是回到一种相即**思想**的在己之中（这将会不可思议地盲视自身），——此外也不是建立在符号和相符（concordances）的数量基础之上的或然性的盲目扩展——，它是对一种在人们知其“如何”和“为何”之前就已在那儿的整体性的前拥有，这种整体性的实现绝不是我们所想象的实现的样子，然而这种整体性满足了我们内心中的一种隐秘期待，因为我们永不放弃地相信它。 66

人们可能会回答说，如果为了拯救作为前客观主题的“世界”中的原初之物，人们拒绝将它看作是一个精神行为的内在关联项，那么，自然之光，我对世界的知觉开放就只能来自一个我只是记录其结果的预先规定，来自一种我受制于其法则（就像我受制于我的所有器官的法则一样）的目的性，而且，这种被动性一旦进入了我之中，当我通达思想层次（就像必然发生的那样），并要解释我如何思考我的知觉时，它就会侵蚀我之中的一切：要么我在这个层面上重建我在被知觉物层面上放弃了的自主性（不过这样一来，我们就不明白这个主动的思想者如何能重新把握一种完全现成地给予他的知觉的诸原因）；要么，像在马勒伯朗士那里那样，被动性也占领了思想层次，这个层次如同知觉一样，失去了自身的任何有效性，而必须等待一种不需要它的参与却又在它之中起作用的因果性的启示（lumière）——就像知觉只有通过诸心身联合法则的运行才能获得自己的启示一样——，从而，思想对其自身的把握和理智之光就变成了存在中一种不可理解的神秘，对这个存在来说，真实处于一种自然倾向的终端，符合他的精神据以活动的先定系统；真实不是*真理*，不是自我与自我的相符，不是光明……当然，可以肯定的是，任何将一种被动性与一种主动性联系在一起的尝试都将导致：要么把被动性扩展至全体，——这等于使我们脱离**存在**，因为缺乏一种自我与自我的接触，在所有的认知活动中，我都听命于我的思想的组织（而这个组织的前提对我来说是遮蔽着的），听命于一种像事实那样给予我的心智构
67 造；要么在整体中恢复主动性。各种反思哲学的缺陷尤其在这，它们不会将自己贯彻到底，在规定了思想的先决条件之后，又补充说它们不会将规律强加给事物，而是要展示一种事物自身的秩序，这种秩序与我们思想的秩序相反，它只会接受外在的规则。但我们不是要用一种在己的事物秩序来对抗一种内在之光，内在之光不会进入在己的事物秩序中。问题不在于把在一个超越者面前的被动性与一种内在思想的主动性结合起来。问题在于重新思考主动和被动这些彼此连带的观念，就好像这些观念不再将我们置于如下两种哲学的二律背反中：一种哲学说明了存在与真理，却不考虑世界，另一种哲学考虑了世界，却使我们远离存在和真理。反思哲学用“被思的存在”（l’être-pensé）取代了“世界”。我们不能在承认这种缺陷的同时，又不顾一切地以我们思想的外在规定这些站不住脚的结果来为反思

哲学辩护，因为只有从反思哲学的观点来看这种二元选择才成立，而我们要质疑的正是这种反思分析。我们所建议的，不是像反思哲学所做的那样在已经开始之后又中止反思哲学——这其实是不可能的；总之，一种全面反思的哲学在我们看来能走得更远，尽管这只有通过勾勒出在我们的经验中抵制着它的东西才有可能——，我们的建议是，采取另一个起点。

为了消除这一点上的所有歧义，让我们再说一遍，我们指责反思哲学的不仅仅是它将世界变成了意向内容（noème），而且也歪曲了反思"主体"的存在，将他设想为"思维"，最终使他与其他"主体"在其共同所属的世界中的关系成为不可设想的。反思哲学从这样一个原则出发，即：如果一个知觉应该能成为我的知觉的话，那么从一开始它就应该是我的"诸表象"之一，68
换言之，我作为"思维"，必然是实现诸侧面（对象就在这些侧面之下呈现出来）之联结，并把它们综合为一个对象的人。反思或向内在的回归都不会改变知觉，因为它只限于给出那从一开始就构成为知觉之骨架或关节的东西，而被知觉者，只要它不是乌有，就是反思所列举和阐明的那种联结活动的全体。人们可以勉强这样说，反思的目光从对象转回到自我，因为作为思维，我就是那使得从对象的这一点到那一点有了一种距离及一般意义上的某种关系的东西。反思哲学一下子就把实际世界变形成了一个先验场，它[这样做]只是把我重新置于一种我从未能拥有过的风景的起源处，因为我在自己也不知道的情况下就构成了它。它只是使我意识到我曾经一直处于其中的那种漫不经心的状态，使我为一个在我之后的维度、一个我的视觉事实上从那里得以形成的深度赋予其名。通过反思，失落在其知觉中的我通过重新发现其知觉是思维而重新发现了自身。它曾相信，它为了知觉而离开了自身，消散在知觉中；它现在察觉到，如果它离开了自身，知觉也将不复存在，而且各种距离和事物的展开只是它与其自身的亲密接触的“外表”（dehors），世界的展开只是一种思维向其自身的内卷，这种思维无论想到什么，都只是因为它首先想到自身。

人们一旦置于这种思想中，反思就是一种不可战胜的哲学立场，对它之运作的任何阻挡，任何抵抗，从一开始就不是被看作一种来自事物的敌对，而是被看作一种简单的非思（non pensée）状态，一种在思想行为的连续织体中的裂缝，这个裂缝是不可解释的，但对它也没有什么可说的，因为照字面说来，
69 它就是乌有。然而，我们应该进入反思中吗？在它的起始行为中隐藏着一种玩双重游戏的决定，这种双重游戏一旦被揭穿，就会剥夺其表面的明见性；哲学谎言是一次性完成的，人们先得为这种随后就变得不可战胜的方法付出代价。对反思分析来说重要的是从一个事实处境出发。如果它没有一下子就为自己提供真观念（l’idée vrai），我的思想与我的所思之间的内在相即性，或正在进行中的对世界的思考，那它就应该中断任何对“我认为我思考”（je pense que je pense）的“我思”（je pense），中断对“我认为我思考我思”（je pense que je pense que je pense）的“我认为我思考”，依此类推……对诸可能性条件的探索原则上是晚于一种现实经验的，由此可以推出，即使人们随后严格地规定了这种经验的“必要条件”（ce sans quoi），它也绝不能消除 post festum（事后）被发现这一原始污点，也不能成为实际奠基这种经验的条件。所以我们不应该说这种必要

条件先于经验（即使在先验的意义上说），而应该说它必定能够伴随经验，也就是说它翻译或表达了经验的本质特征，但并不指示这种经验可由之得出的一种先决可能性。因而，反思哲学绝不能安顿于它所揭示的精神中，以便从那里将世界看作其关联项。正因为它是反思，返-回，重-获或重-建，它就不能自诩它与已在世界的景观中起作用的构造原则简单地重合了，就不能从这种景观出发，去走这种构造原则曾反向地走过的那条路本身。然而这却又是它本应该做的，如果它是真正地返回的话——这就是说，如果它的终点也是起点的话——这一要求不是随意的，因为如果没有这一要求，拒绝任何渐进式综合的逆行式分析就会放弃向我们揭示诸始源的打算，就会只是一种哲学寂静主义的技艺。反思因而就处于这样一个奇怪的处境中： 70
既要求又排斥一种构造的反向步伐。它在如下这一点上要求这种步伐：如果没有这种离心运动，它就应该承认自己是回溯性的建构；它又在另一点上排斥这种步伐：它在原则上晚于它试图去阐明的关于世界的经验或关于真实的经验，因而它就使自己处于观念化和“事后”（不是“世界已经形成”的那个“事后”）的层次中。这正是胡塞尔在说一切先验还原都是本质还原时直接阐明的东西，也就是说，所有从内在、从始源出发来理解世界景观的努力，都要求我们摆脱我们的知觉和我们的世界知觉的实际展开，要求我们满足于这些知觉的本质，要求我们不再与我们生命的具体之流融合在一起，以便重新勾勒出反思在其上所敞开的整体步伐和世界的主要关节（articulations）。反思不是与自其始源到其最终分支的生命之流融为一体，而是通过把事物、知觉、世界与对世界的知觉置于一种系统的变更之下，从它们那里剥离出抵制着这种变更的各种理智性的内核，并以一种不与经验相违和的方式从一个内核走向另一个内核，但这种方式给予我们的只是经验的普遍轮廓，因此原则上没有触及既存世界的发生和反思观念化的发生这一双重问题；最后它提出并要求有一种超反思作为其基础，在这种超反思中，终极的问题将得到严肃的对待。说实话，我们甚至不能肯定借助本质进行的反思能够完成其预备的任务并坚持其知性训练的角色；没有任何东西向我们保证所有经验都能在诸本质不变项中得到表达，也没有任何东西向我们保证某些存在（如时间的存
71 在）原则上不会逃避这种规定（fixation），并从一开始（即使它们能被我们思考）就不要求对事实、事实性（facticité）维度和超反思进行考察，而这种考察至少对这些存在来说，将不是哲学最深刻意义上的高级阶段，而就是哲学本身。然而，如果时间躲开了这种反思，空间就也会被卷入这种脱离运动之中，因为时间通过其所有的纤维（fibres）而与现在相系，并透过现在而与同时性相系；或许还应该用“事实性”而非“本质”的术语来描述一种在空间和时间中被处境化的主体性。逐渐地，整个经验，包括本质自身、本质主体和作为本质（comme éidétique）的反思，都被要求重新加以思考。诸本质不变项的确定不再具有把我们封闭在对 what（什么存在）的思考中的合法功能，而是要阐明在它们（即诸本质不变项）与实际功能之间的差距（l’écart），并邀请我们将经验本身从其顽固的沉默中带出来……通过承认任何反思都是本质性的，并因此而使我们的未被反思的存在和世界之未被反思的存在问题继续持存下去，胡塞尔只是使人接受了反思态度通常予以逃避的问题，即在其

起始处境和其终点之间的不一致。

通过将被还原至其理智图式的世界与精神（一切明晰之
源）相照面，一贯的反思使所有涉及世界与精神之联系的问题
消失了，这种联系从此以后就成为纯粹的关联项：精神是思
维者，世界是被思者，我们既不能设想一方对另一方的侵越
（empiétement），也不能设想一方和另一方的混融，既没有从
此到彼的过渡，也没有两者之间的接触——一个之于另一个，
就像被联系者之于联系者，或者像被造的自然之于能动的自然
那样，它们过于完美地共外延（coextensif）了，以至于一方永
远不能先于另一方，它们过于截然地相异了，以至于一方永远
不包含另一方。哲学因此剥夺了从世界到精神或从精神到世界 72
的任何跨越（enjambement）的意义。世界能够先于我对世界
的意识而存在是没有问题的：每一个虽没有我但我可以对之进
行思考的世界，通过 [我对之加以思考] 这一事实本身就成了
为我的世界；我猜测那个起源于他人目光的私人世界，在我将
自己也看作是它的准观众时，就不那么私人了，这一切不是很
明显吗？当人们说世界是在己的，或者说世界在我和他人对它
的知觉把握之外，他们所说的只不过是“世界”的含义，这种
含义对所有人来说都是同样的，且独立于我们的幻觉之外，就
像三角形的属性在所有地方和所有时代都是同样的那样，不是
在它们被认识时才开始为真。世界先在于我们的知觉，其他人
对世界诸侧面的知觉先在于我后来才有的对世界的知觉，我的
世界先在于刚刚诞生者的世界，所有这些“世界”构成了一个
唯一的世界，但只在如下这一点上才是唯一的，即事物和世界
连同其内在的属性都成了思想的对象，都属于真实、价值和含

义的层次，而不是事件的层次。当人们承认世界的观念性时，知道“世界是否对所有的主体来说都是唯一的”这个问题就毫无意义了；询问我的世界和其他人的世界是否在数量上和性质上都是同样的也不再有意义，因为作为理智的结构，这个世界始终超出于作为事件的我的思想之外，而且也超出于其他人的思想之外；因此，它没有被我们所拥有的关于它的知识所分裂，也没有成为“我们中的每一个人都是唯一的”这个意义上的唯一。就它们所意指的一切而言，我对世界的知觉和另一个人对世界的知觉是同样的，尽管我们的生命是不可公度的，因为含义、意义（作为内在的相即，自我和自我的关系，既是纯粹的
73 内在性又是完全的开放），不会像受制于一种视角那样降临到我们之中——就此而言，我们从来就不是我们自己的光，因此我们的所有真理就作为真理而相互结合在一起，并从原则上形成了唯一的一个系统。这样，借助于思维和思维对象的原则性关联，一种不知困难和问题，也没有矛盾和颠覆的哲学就被构建起来了：一劳永逸地，我用思维者和所思内容之间的纯关联，将我的生命的真理（这种真理也是世界的真理和其他生命的真理）掌握在我自身之中。一劳永逸地，对象－存在作为对我来说唯一富有意义的东西被置于我面前，而其他人之于其身体的固属性（inhérence）和我的自我之于我的身体的固属性则都作为混乱而被抛弃了，——一劳永逸地，自我－存在在我的思维与其自身的相即中被给予了我，而且在这方面也是一样，不必严肃地看待精神和身体之混合的问题。我永远地受制于使思维对象为一种思维而在的离心运动；问题不在于我离开这个立场，并且探究**存在**在被我思考或被另一个人思考（这是同一回事）

之前可能是什么，我们的目光在其中相互交叉、我们的知觉在其中相互印证的交互世界（intermonde）可能是什么：没有原生的世界，只有一个被构造的世界，没有交互世界，只有一种“世界”的含义……在这里也一样，如果反思的态度不把它在反思的主题中肯定下来的东西当作假设和反思来揭穿的话，它将是不可战胜的。因为在反思之前，我相信我通过自己的身体处于一个实际的世界之中，处于其他人之中，而那些人也通过他们的身体处于世界中，我相信我看到他们知觉到了我所知觉的同一个世界，我相信我是那些正在看自己的世界的人们之中的一个，那么，我是在哪里找到——如果不是在这种素朴的密契
（initiation）中和在这些混杂的知觉中的话——这种我想要通过 74
反思[1]来接近的最初视野的意义的呢？如果不是因为在我被发现自己是赋予景观以意义的人之前，也就是说——既然反思哲学把我的存在与我对之的思考等同起来——，在我成为这样一个人之前，这个景观对我来说就已有意义的话，那么，我怎么能求助于作为意义之普遍源泉（这是有待反思的）的自我呢？最后，我通过反思进入一种普遍精神——这一点远不能揭示我向来之所是——，这是由我的生命与其他生命的交错、我的身体和可见物的交错引致的，是由我的知觉场与其他人的知觉场的交叉，由我的绵延和其他人的绵延的混合引致的。如果我假装通过反思在普遍精神中找到了那始终在维持着我的经验的前提的话，我能这样做只是由于我忘记了开端时的这种非知（non-savoir），这种非知既不是乌有，也不是反思的真理，但也是应

① 作者边注：指出反思取消了交互主体性。

该予以说明的。我之所以能从世界和其他人那里唤回自身，并走上反思之路，只是因为我首先是在我之外，在世界中，在他人身旁；每时每刻，都是这种经验在滋养着我的反思。这就是哲学应该阐释的总体处境。只有通过承认反思的两极性，通过承认（如黑格尔所说）回到自我也是走出自我，哲学才能进行这种阐释。[①]

---

① 作者边注：也许就胡塞尔意义上的反思再写单独的一节（在最后）。它是这样一种反思：它最终不把自己安置在一个主动的构造者（Auffassungsihalt-Auffassung[立义内容－立义]）中，但在所有反思的起源处都发现了一种面向厚实自我的在场，**滞留**的 Noch im Griff（依然在握），又通过它，发现了 Urimpression（原印象）和激活着它们的绝对流。它假设了从**自然**向内在统一体的还原。然而 Tönen（色调）不是内在的——除非人们是在绽出（extase）的意义上理解内在！——它利用了流的结构本身。

也许可作如下的区分：1. 反思，与自我（康德式的，联结者）的接触－可能性的条件；2. 思辨的反思，目光（胡塞尔）。心理内在性的主题化，内在时间的主题化；3. 对绝对流的反思。

探究与辩证法 75

知觉信念与否定性

通过悬置知觉信念以便揭示支持着它的那些动机，哲学以为这就超越了知觉信念的各种矛盾。这种操作看来是不可避免的，而且也是绝对合法的，既然总的说来，它旨在说出我们的生命所暗含（sous-entend）的东西。然而，在下面这一点上，它却显现出它的虚假性，即，它改变了需要去理解的知觉信念，它使知觉信念成了其他诸信仰中的一种，使之像别的信仰一样建立在各种理由之上——我们之所以认为有一个世界的那些理由。然而，显而易见，在知觉的情形中，结论先于各种理由，理由在那里只是为了当结论动摇时去取代它或援救它。我们之所以寻找理由，是因为我们不再能成功地看见，或因为另外一些事情（如错觉）唆使我们拒绝知觉明见性本身。但是，坚持说知觉是与我们（在它变得动摇时）籍以赋予它以某种价值的那些理由混杂在一起的，这就假定了知觉信念总是对怀疑的抵抗，肯定总是否定之否定。作为诉诸“内在”（l'intérieur）的

反思步伐，从世界那里后撤，把对世界的信念归入已被说出之
76 物或 statements（陈述）之列；而我们明显地觉得，这种“解释”是无法复原的改变，它建立在自身之上，建立在它打算为我们提供其内容并使之成为尺度的知觉信念之上：这是因为我首先相信世界、相信事物，因为我相信秩序，相信我的诸思想的结合（connexion）。因此我们就被引导着在反思本身之下，也可以说是在反思着的哲学家面前去寻找哲学家在其自身中、在其思想中、在世界的这一边所寻找的相信理由。

对反思的这种批判不仅仅适用于它的各种基本形式，适用于一种心理学的反思——这种反思离开事物以便回到事物籍以被给予我们的“意识状态”，回到我们的处于其形式实在中的“思想”（就像处于一种意识流之中的事件那样）——；甚至一种反复进行的、更加意识到自身的反思——它反过来将诸意识状态看作是在一个绝对主体面前被构成的诸统一体，将绝对主体从其完全固属于诸心理事件中解放出来，将我们的思想界定为与其“客观实在”、观念对象（idéat）或含义相关的纯联系——，甚至这种纯化的反思也不是没有受到反思之恶的损害，这种反思之恶把对世界的开放改造成自我对自我的认可，把世界的建制（institution）改造成世界的观念性，把知觉信念改造成一个没有参与世界的主体的行为或态度。如果我们想避免这种不可挽回的原初谎言，那么我们就要借助并透过反思，来重新设想**存在**－主体和**存在**本身，要把我们的注意集中在处于反思空间边缘的世界视域上。正是这个世界视域秘密地引导着我们的构造，并蕴含着我们宣称要籍以重构世界的反思方法的真理——这是最初的肯定性，我们的怀疑的任何否定都不可能与之相提

并论。

因此，人们会说，在反思之前，为了使反思成为可能，应该有一种与世界的素朴往来，人们返回其中的那个**自我**要晚于那个外化的或绽-出（ek-stase）于**存在**中的**自我**。人们会说，世界、事物、实是者，都属于自身，与我们的“思想”没有共同的尺度。如果我们探寻“事物”对我们来说意味着什么，我们就会发现它是那栖息于自身中的东西，它恰恰就是它所是的那个东西，整个儿在活动中（tout en acte），没有任何潜在和潜能；它就其定义而言就是“超越的”，在外的，完全陌异于任何内在性。如果说它刚被某个人知觉到，尤其是被我知觉到，这也不构成它作为事物的意义；相反，事物就在那儿，作为纯粹的在己处于漠然状态中，处于同一性的黑夜中。如果我们真的想找到向**存在**开放的前反思区域，我们就会被引向这种对**存在**的描述。而为了使这种开放发生，为了使我们决定性地走出我们的思想，为了使没有任何东西置于我们与存在之间，就应该相应地清空哲学塞入**存在**－主体中的所有幻觉。如果我应该绽-出于世界和事物中，就不应该有任何东西将我留在自身中而远离它们，不应该有任何“表象”、任何“思想”、任何“形象”，甚至不应该有“主体”、“精神”或“自我”这样的称号——哲学家正是凭籍这种称号想要把我与事物绝对地区别开来，但这种称号反过来又变得欺骗性的，因为它像所有的名称一样，最终又重新落入了肯定之中，它将一个实在性的幽灵重新引入到自我之中，并使我相信我是个思维之物（res cogitans）——一种极其特殊、不可把握、不可见的事物，但它终究还是事物。确保我通达事物本身的唯一方式，就是要完全纯化我的主体性观念： 77

甚至没有“主体性”或“自我”，意识中没有“居住者”，我应该把意识从次级的统觉中完全解放出来，后者将意识当成了身78 体的反面，一种“心理现象”的属性；我应该将意识揭示为“乌有”、“空无”，它能够接纳世界的充实（la plénitude），或不如说，为了承担其虚空，它需要世界的充实。

正是通过对作为绝对充实和绝对肯定的**存在**的这种直观，通过纯化掉我们混入虚无中的所有存在这样一种虚无观，萨特想说明我们对于事物的原初通达，这种原初的通达总是隐含在反思哲学中，而在实在论那里，则总是被理解为事物对我们的一种作用——这是不可思议的。从我将自己设想为否定性、将世界设想为肯定性的那个时刻起，就不再有相互作用了，我完全从我自身出发来到一个质实的（massif）世界面前；在它与我之间，不再有交汇点，也不再有反弹点，因为它是**存在**，而我则是乌有。我们是并继续是既严格地对立，又严格地混融的，恰恰是因为我们不属于同一个层次。我以我自身为中心而绝对地陌异于事物的存在——，恰恰因此，我注定是为它们而在，为它们而造的。在这里，人们就存在所说的话与就虚无所说的话合而为一，这是同一种思想的正面和反面；对如其所是地在我们眼前的存在的明晰视觉——作为那安静地、顽固地是其自身，驻守于自身，绝对非我的事物存在——是作为缺席和逃避的自我概念的补充项甚至同义词。对存在的直观是与对虚无的某种负直观（négintuition）（在人们谈及负熵的意义上）、与把我们还原成任何诸如意识状态、思想、自我或“主体”[1]之类的

① 我是完全陌异于存在的，正是这一点使我向作为“绝对充实

东西的不可能性相互依存的。在这里，一切都取决于人们借以
思考否定者（le négatif）的那种严格性。如果将否定者作为“思
想对象”来看待，或试图说出它之所是，就不是把它思考为否 79
定的，而是使它成为一种更加微妙或更加纤细的存在种类，是
将它重新整合到存在中。①思考否定者的唯一方法是认为它不
在，而保护其“否定的纯粹性”的唯一方法是不将它当作一个
不同的实体与存在并列（因为这立刻会让它受到肯定性的污染），
而是将它当作存在的唯一边缘（bord）用眼角去瞟它，这一边
缘被包含在存在中就像是存在所缺乏的东西（如果绝对的完满
也会缺少某种东西的话）——更确切地说，它召唤存在以便不
成为乌有，并因此而被存在召唤为存在的唯一补充（如果存在
可以设想的话），这同时又是存在的缺乏，但这是一种把自己构
成为缺乏的缺乏，因此是一种裂缝：这种裂缝恰恰在它把自己
填满的地方又挖空了自己（fissure qui se creuse dans l'exacte
mesure où elle se comble）。设若在我眼前的这一个（ceci），
它似乎用它的实块（masse）阻塞了我之所是的这个空无。实
际上，这只杯子、这张桌子、这个房间，只有在没有任何东西
将我与它们分开时，只有当我在它们中而不是在我中、在我的
表象或我的思想中时，只有当我只是乌有时，它们才能够可感
地呈现给我。然而，人们说，因为我有这一个在我面前，所以

和完全肯定的”存在开放。《存在与虚无》，第 51 页，[Paris, NRF, 1943]。——作者注

① 对于人们可能用来反对虚无观念的一切论据，萨特都接受：这些论据证明虚无就是不在，而这恰恰是它存在的唯一方式。——作者注

我不是绝对的乌有，我是一个被规定的乌有：我不是这只杯子，不是这张桌子，不是这个房间；我的空无不是随便什么空无，而且至少在这个程度上，我的虚无是被充满的或被取消的。事实上，我的现在的这种虚假的肯定性（pseudo-positivité）只不过是一种更加深刻的否定或加倍的否定。它之所以有其实际现在的重量，之所以用力地占据了我的生命场，只是因为它是新的，它在总体世界的背景中［绽现？］，然而这也意味着它将要消融在这一世界背景中：再过一会儿，当我说到它的时候，它可能已经消失，让位给另一个这一个，它将融入世界的剩余部分中。
80 它之所以能规定我的空无，只是因为它是转瞬即逝的，不断地受到另一个这一个的威胁。我称作它的力量和它的在场的东西，就是这种威胁的极其微弱的暂缓，就是整体的暂时退却。它对我的“压力”，只是剩余部分的不太确定的缺席，只是对过去的诸这一个（les *ceci*）“所曾是”的和将来的诸这一个“所将是”的这些其他否定的否定，一种将很快地在非实显性（l’inactuel）中与诸这一个相汇合、并将重新开始的否定。这样，填充裂隙，实际上是挖掘裂隙，因为人们扔入裂隙中的现在并不否认那些在其时间中所“曾是”或“将是”的否定，而且只是在暴露给同样迫近的命运时才移开它们。现在的充实性本身在考察中显现为我们的构造性空无的一种次能力（une seconde puissance de notre vide constitutif）。一种实际的或原发的否定应该在其自身中带有它所否定的东西，应该主动地成为对它自身的否定：“在缺乏……的存在不是它所缺乏者这一情况下，我们在存在中领会到一种否定。但如果这种否定（连同否定一般 [négation en général] 的所有可能性）不应该消失在纯粹的外在性中的话，那么它的基础就在于缺乏……的存在要成为它所缺乏者这样一种必然性中。这样，否定的基础就是否定之否定。然而，这个否定－基础与缺乏一样，不是一种给予，它是这种缺乏的一个重要环节：它是有待成为……，仅仅是作为有待取消的缺乏，缺乏才能成为为己的内在缺乏……”[①] 总之，虚无是在同样的运动中挖空自己和充填自己的。一种真正地思考否定的哲学——也就是说，把否定思考为彻头彻尾都不在的东西——也是一种关于**存在**的哲学。[②] 我们超越了一元论和二元论，因为二元论被推得如此之远，以至于这两个对立项不再处于竞争状态，而是 81
彼此依靠，相互共存。由于虚无就是那不在者，“……认识消失于存在中：它既不是存在的一个属性，一种功能，也不是存在的一个偶性，然而有的只是存在……；在这本书的结尾，我们甚至可以把为己和在己的这种联系看作一个准总体永远游移不定的轮廓，我们可把这个准总体称作**存在**。从这个总体的观点来看，**为己**的涌现不仅仅对**为己**来说是绝对事件，这也是到达**在己**的某物，是**在己**唯一可能的历险：事实上，一切都显得好像是：**为己**通过其虚无化运动本身而把自己构成为‘对……的意识’，也就是说，通过它的超越本身而避开了这种**在己**的法则，在在己中，肯定被所肯定者拥塞（l’affirmation est empâtée par l’affirmé）。**为己**通过其自我否定成为对**在己**的肯定。这种意向的肯定是要作为内在否定的反面的……但这样一来，在**存在**的

---

①《存在与虚无》，第 248—249 页，同前。——作者注

② 作者边注：虚无的命运和存在的命运是同一种命运，如果人们清楚地思考虚无的话。

准总体中，肯定到达了**在己**；要被肯定就是**在己**的历险。对在己来说，这种肯定（只能作为对自身的肯定由**在己**来实施，而又不破坏其在己存在）是通过为己来实现的；这种肯定作为**在己**的一个被动绽-出，让在己保持原状，却在在己中和从在己那里得到自我实现。所发生的一切就像是有一种**为己的激情**，这种激情为了‘世界’肯定到达**在己**而自我消失。”[1] 从一种关于绝对否定性的哲学来看——它同时是一种关于绝对肯定性的哲学——所有古典哲学的问题都消失了，因为它们是一些“混合”
82 或“联合”的问题，而在实是者与不实是者之间，混合和联合都是不可能的，然而基于使混合不可能的这同一个理由，却使这两者中的任何一个都不能在没有另一个的情况下被思考。这样，观念论和实在论之间的二律背反就消失了：确实，作为虚无化的“认识”只受它奠基于其上的事物本身的支撑；认识不会影响存在，它不会给存在“增加任何东西”，也不会“剥夺其任何东西”[2]，它是其表面的“虚无的闪光”[3]——与此同时，认识，依然作为虚无化的活动（因为虚无绝对不为存在所知）把这种否定的但却是原初的规定性给予存在，使之成为“是其所是的**存在**”，被承认或被确认的存在，是唯一具有一种意义的存在：“这个存在从四面八方‘包围我’，没有任何东西（rien）能使我与之脱离，然而正是这个乌有（rien）使我与存在分离，而这个乌有因为是虚无，所以是不可逾越的……；**为己**直接面

① 《存在与虚无》，第 268—269 页，同前。——作者注

② 同上书，第 232 页。——作者注

③ 同上书，第 268 页。——作者注

向存在在场，同时又在它自身与存在之间钻进了无限的距离。”[①] 同样真实的是，事物永远不同于任何“思想对象”或任何“意识状态”，它是超越的，而认识事物的意识则是通过它向自己的在场、通过它的内在性、通过在它之中显现与存在的严格同一来定义的：意识是内在性，因为它就是虚无化、空无、透明；它向超越的事物开放，因为这个单独面向事物的空无只是乌有，因为实存着的意识总是充满着性质，陷入它所虚无化的存在之中，对这个存在，它可以说没有任何的运动能力，因为它属于另一层次。我对我自己的领悟作为生命的一种原则可能性与我的生命同外延（coextensive），或者更确切地说，这种可能性就是我，我就是这种可能性，通过它，我又是所有其他的可能 83
性；但这是一种虚无化的可能性，只要我没有通过反思来关注它，它就没有改变我的肉身化存在的绝对现实性（就像任何存在的绝对现实性那样），没有改变我生命的不透明性。我思作为我的存在的经验是前反思的我思，它不将我的存在当作客体设立在我面前；借助位置（position），在任何反思之前，我透过我的处境触到了自己；正是从我的处境出发我回到了自身，我不知道自己是虚无，我只相信事物。正因为——在最固属于我的东西中——我是乌有（rien），所以乌有从来就没有与我自己相脱离，但乌有也没有使我注意到我自己[②]，我是在事物中处于

---

①《存在与虚无》，第 269—270 页。——作者注

② 此处也可以译为：“……所以从来就没有任何东西（rien）使我脱离我自身，但也没有任何东西使我注意到我自己”。——作者注

绽出状态的。如果否定者被承认为它之所是[1]，如果我们对它实施负直观，在未被反思者与反思之间，在知觉信念与面向思维着的我的思想的内在之间就不再有选择：作为乌有和居于世界中是一回事；在自我的知识与世界的知识之间，不再有甚至是观念性的在先之争；尤其是，世界不再建立在“我思”之上，就像被联系者建立在联系者之上；我只是有距离地——在那儿，在我推到我面前的这个身体、这个人、这些思想（它们只是我的最近的远处）中——是我之所“是”；反过来，这个不是我的世界，我像依附于自己那样紧紧与之相拥，从某种意义上说，世界只是我的身体的延伸[2]；我有充分的理由说我是世界。观念论和反思的痉挛都消失了，因为认识的关系依托于“存在的关系”，因为对我来说，存在，不是停留在同一性中，而是将可识
84 别者、所有者（ce qu’il y a）带到我的面前，对之我没有添加任何东西，除了“如其所是的”小小对偶物（l’infime doublet）之外；而且，这个从原生存在到被确认的存在或到其真理的过渡也仍然是从外在存在——因其外在者的性质本身——的深处发出要求的，与此同时，我所是的彻底否定则要求否定自身。

如果我们现在考察知觉信念的另一种确信，即进入其他人所知觉到的特定世界，这里的问题是这种确信如何体现在一种真正否定主义的哲学之中。我之所见者不是在私人世界意义上

① 也许应该说“为了它之所是”。——作者注

② 正如柏格森在《两个来源》中所说：“我的身体径直通达群星。”——作者注［《道德与宗教的两个来源》，Paris, Alcan, 1932, p.277：“因为如果我们的身体是我们的意识所适合的物质，那么它与我们的意识就是共外延的。它包含了我们所知觉的一切，它可径直通达群星。”——编者注］

的属我之物。桌子从此就是桌子；即使是与我的身体位置相联系，我对桌子所具有的那些透视性视景亦只是存在的一部分，而不属于我自身；即使是与我的心理生理构造相联系的桌子的外观——它的特殊颜色，如果我是色盲而它被漆成红色的话——也仍然是世界体系的一部分。在我的知觉中，属于我的就是它的各种空隙（lacunes），但如果在这些空隙后面的事物本身不将它们标作空隙的话，这些空隙就不会是空隙；这样，为了构成知觉的“主观”面，最后剩下的就只有对事物的二次重复（le redoublement secondaire）——当我们说我们如其所是地看到事物时，我们就表达了这种二次重复。假设现在我面前有另一个人在“注视”我称之为“桌子”的东西，在我的场中的桌子（它不是我的思想之一，而是桌子本身）与这个身体、这道目光之间，一种联系结成了，这种联系不是唯我论分析所给出的两种联系中的任何一种：另一个人对事物的注视既不是一种会自行消除而向事物本身开放的否定，也不是处于同一性黑夜之中的事物，正通过我给予它的空间而把自己置于完全的光亮下，或者其充实性由于我在它周围营造的空无而正在自我消减。因为他人投向事物的目光对我这个外部见证者来说不是乌有；不管它说到底会是什么，它都不是乌有，像我对我自己来说是乌有那样；它没有我所拥有的这种将事物推至其真理或意义并“如其所是地”把握它们的能力。其他人对世界所具有的知觉总是留给我一种盲人触诊（une palpation aveugle）的印象，当他们就世界所说的某些东西与我们的话相似时，我们会感到惊讶，正像当一个幼儿开始“理解”时我们会惊讶一样……而相应地，处于他人目光末端的事物不会要求那种目光，把它作为对其存

85

在的确认，作为那使之成为真实之物或被承认之物的东西。他人注视的总是我的事物，他人与这些事物之间的接触不会将它们归到一个属于他们的世界中去。他人对世界的知觉不能与我自己对世界的知觉竞争；我的情况不能同化为他人的情况，我从内部体验我的知觉；从内部，我的知觉有一种无可比拟的本体发生的能力。我所具有的这种通达事物因而超越我的诸私人意识状态的能力，由于它是从内部来体验的知觉即我的知觉所特有的，因而，恰恰在我以为摆脱了唯我论的时候，又将我带回到了唯我论（这次是先验的唯我论）中。这种本体发生的能力成了我的特殊性和差异性。然而，正由于这个原因，陌生旁观者的介入不会使我和事物的关系保持不变。他的介入将一个行为或私人生活的地下世界（le sous-univers）渗入了“如其所是的”世界，这种介入考验着我对于存在的忠诚，它质疑了我所僭称的代表所有人思考事物的权力，它以我的慷慨为把柄（elle prend au mot ma générosité），要求我遵守我在承认我是乌有且被存在所超越时所说的诺言。其他人投向事物的目光，是要求其应得之份的存在，它命令我承认我与他经由事物所结成的关系。我仍然是本体发生的唯一见证，其他人不能在为我
86 存在的明见性中添加任何东西。在他们介入之前，我已经知道存在没有任何东西取决于我的意识状态；然而我之所是的乌有与我所看到的存在仍然构成了一个封闭的领域。他人投向事物的目光则是一种再次的开放。在这种我之所是的开放中，这是一种与唯我论领域相反的探究，是在我之所是的乌有和存在之间的差异（écart）的可能性。我仍是唯一的自我（ipse）；他人，只要他不说话，就仍是我的世界的居民，但他又不容置疑地提

醒我：自我（ipse）是一个乌有，这个匿名者并不为它自己构造景观，他对X来说，对所有那些被推定为要参与其中的人来说，却构成了景观。他们进入舞台只有一个条件：他们能够作为否定性的其他焦点自行呈现给我。确实，我们看不到他们如何能够满足这个条件，因为他们是在我面前、在存在旁边的。然而，即使我们不能清楚地看到他们如何能够显现在世界中，即使我的视角的特权表现为绝对的特权，我的知觉表现为不可改变的，我也只能临时性地具有这种特权：它不是专留给我的"主观"系列的特权，为了使我所体验的世界也可以被其他人参与，我可以说做了取决于我的一切，因为我只有作为不会从世界中剥夺任何东西的乌有时才是独特的，因为我把我的身体、我的表象、我的思想置于世界的场中，因为一切被人们称作我的东西原则上都是向陌生的目光敞开的——只要它[①]愿意显现。

它会显现吗？它不能在事物中显现。不论普通的意见为何，我都不是在他们的身体中，也不是在任何地方看到他人的。他人的目光不是从空间的一个点上发出的。他人通过某种蘖生或分身的方式诞生自我的身边，就像《创世记》所说的那样，第一个他人是由亚当身体中的某一块东西做成的。然而如何设想乌有的东西能够分身呢？人们如何从一个"乌有"中辨认出另 87
一个乌有来？这个问题只是表明我们已差不多忘了我们的原则，我们已开始忘记：虚无就是不在，我们是通过负直观才把握虚无，并将它作为存在的反面。如果能够有好多个存在，那么就会有同样多的虚无。问题不在于知道如何从一个虚无中辨认出另一

① 这里的"它"指的是"陌生的目光"。——译者注

个虚无，因为在身份（l'identité）的意义上说我是乌有，就是在积极意义上说我是我的身体，我的处境；采用其真正的术语（termes）来说，问题就在于知道是否能有不止一个身体，不止一个处境。而一旦用这种术语来提问，问题就立刻得到了解决：确实，我在我的处境中从来就找不到有其他处境实际存在的证据（以及这些处境的拥有者——他们也使存在存在——和像我一样的存在），但如果我的处境能够证明这一点，那么，它就将证明比它所应证明的更多，因为他人的实存来自我的实存。人们所能够问的就是，我的处境——这个离我的构造性虚无最近的存在区域——对于我来说不是我的目光所俯视的一切之内的一个客体；如笛卡尔所说，有某种特殊的权利，通过这个权利，我把它称为我的处境[①]；这个处境是我首先要接受的存在区域，通过这个区域我接受剩下的一切；我和它之间有某种特殊的联系；它限制了我的目光的普遍性，以至于我对存在的看法无法与存在共外延，在我所见之处以外的地方是为他人的所见标示出来的，如果他们到达了那里的话。然而，这一切已经包含在处境的特定概念和对虚无的负直观之中了：如果我是乌有，如果为了达到世界我特别地依赖于存在的一部分，而由于这个部分并没有因此就停止为外在的，并没有因此就不再受制于贯穿
88 世界的行动，并且由于我没有被告知有这些行动，因此就存在着一些我要将其后果作为原生事实来承担的行动；我的处境对我自己的眼睛来说是不透明的，它呈现一些超出我的方面，而

① 这里的“我的处境”指的就是“我的身体”，参笛卡尔《第一哲学沉思集》，第 83 页，庞景仁译，商务印书馆，2012 年。——译者注

投向这些方面的外在目光（如果它有可能的话）就会有更多的光明。我的总体之所是超出了我的为我之所是，我虚无的普遍性只是基于我这一方面的推断，既然它只有通过我的处境才生效，一种包含了我的处境的外部目光也就将包含我的虚无。如果我能够完整地思考我的非存在之非存在，我将承认，为了真的成为非存在，这种非存在就要为了我在总体上或事实中之所是而放弃自己。这样一来，一切都准备好了，但不是为了一种他人的经验（我们已经看到他人的经验不是确定地可能的），不是为了一种关于他人的证明（这会由于必须使他人从我出发而违背它的目标），而是为了一种我在存在内部的被动性的经验，不是由于这种存在单独就能闭合于我的虚无之上，而是由于它至少包括了我的虚无事实上所标榜的所有属性。既然仅仅由于它们是我的处境我就不可避免地要认同这些属性，既然存在存在而虚无不存在，我就在这个意义上被暴露，被威胁。这种可能性的实现，事实上被羞愧经验所证实，或者被在我的处境中我被还原为可见者之所是［这一事实］所证实。不存在他人的肯定经验，但有一种关于我的总体存在被卷入我自身的可见部分之中的经验。面对反思，我们——他人和我——不可能共同拥有一个在量上是同一的世界，我们只能在我们思想的共同含义和在观念性的未分状态中汇合。相反地，如果我们彻底遵循负直观的推论，我们就会明白我们的先验存在和我们的经验存在是怎样互为正反面的。我们就会明白，通过这一迂回，我们
是可见者，我们不是一切我们之所是的充分原因，世界不仅仅 89
是我们的私人的本体发生的界限，而且是当我们用目光（它以它的方式构成了世界的一部分）扫视它时先已维持着我们的东

西。在我*知道*我自己这个强意义上来说，我不*知道*他人，因此我就不能自诩与他人一道参与进了一种理想地同一的关于世界的思想中；然而，我对世界的知觉感觉到有一个外在，在我的可见存在的表面，我感觉到我的雄辩消失了，我成了肉（chair），我感到在我之所是的这个惰性存在的末端，有其他的东西，或毋宁说有并不是事物的另一个人。因此他不驻守于任何地方，他到处都围绕着我，带着梦幻或神秘存在的遍在性特征：因为他不完全是*自我*（ipse）——只有我是——，但他也没有陷入我称作存在的织体之中，他囊括了这个织体；这是一种来自无处（nulle part）的目光，因此它包裹了我，从四面八方包围了我和我的本体发生的能力。我清楚地知道我是*乌有*，而这个乌有是为了存在而自行消失的。我仍然需要从他人那里获悉这种牺牲本身不足以与存在的充实匹敌，我根本的否定是不完整的，只要它本身没有从外部被否定，没有被一道陌生的目光置入存在之列……然而同时，由于虚无中没有等级之别，所以他人的介入不可能就我的虚无（我对之是完全地一无所知的）告知我任何东西。唯我论的存在已经在己地是绝对的他者，并由于他人的出现而为己地成了绝对他者。我已经在**在己**的暗夜中拥有为构造出他人的私人世界（作为自我不可通达的彼岸）所需的一切。他人投于我之上的目光的经验只是延伸了我的内在信念，即我是乌有，只作为世界的附庸而活，居住在一个身体和一种处境中。因此，总体来看，一种关于负直观的严格哲学解释了
90 诸私人世界而又没有将我们封闭在其中：严格地说，没有交互世界，每个人都居住在他自己的世界中，只根据他自己的视点来看，只从他自己的处境出发进入存在；但由于他是乌有，他

与其处境和其身体的关系是一种存在关系，他的处境、他的身体、他的思想就不构成为他和世界之间的屏障，相反，它们都是一种与**存在**的关系（une relation à l'Être）的载体，在这种关系中，第三方的见证者可以介入进来。他们的位置事先在我的私人世界的空隙处被标示出来（我清楚地知道，这是我的私人世界的空隙），因为我之所是的“乌有”为了完全实现自我需要存在的总体，因为很显然，我的处境、我的身体、我的思想只是这个总体的一部分。当一种意识哲学或反思哲学只有通过将对世界唯一性的知觉信念还原为世界同一性的意识，将这种知觉信念的简单丧失变为错觉，才能证明这种知觉信念时，一种否定性的哲学则完全认可知觉信念的宣称，即通过我们的各种视角，向我们敞开了一个数量上为一、共属于所有人的世界，因为作为根本否定的 solus ipse（独一自我），是预先向一个超出了其所有视角的背景世界（arrière-monde）开放的，因为那个“无与伦比的魔鬼”（monstre incomparable）心里确信，他的观点是和所有人都不一致的，如果他遇到什么人，他已经做好了建立一个家庭的准备，因为他有超越自我的行动。对于反思哲学来说，要理解一个构造的意识如何能够设立另一个与其相等的——因而也是构造性的——意识是一件无法克服的困难，因为前者应该立刻过渡到被构成者的行列。困难在于它们二者都被看作是离心的行为，精神综合，在这种情况下，我们看不到它们如何能够回溯到其源头。相反，对于一种关于否定者（le négatif）的哲学来说，依附于一个事实处境或将这种处境看作 91
它与**存在**的联系，这是自我（ipse）的定义本身。这个外在既在其特殊性中肯定了这个自我，使它在他人眼里作为部分的存在变得可见，同时还将它和**存在**的整体重新连接。对反思哲学来说是一块绊脚石的东西，从否定性的观点来看，就成了一种解决的原则。确实，一切都归结于严肃地思考否定者。

关于否定者的思想最终满足了我们开始时所说的知觉信念的第三个要求。我们说过，在任何哲学之前，知觉信念就已经相信它在同一个混杂的总体打交道，在这个混杂的总体中，一切事物，包括身体和精神，都是在一起的；它把这个混杂的总体叫作*世界*。在这里，反思仍然只有在摧毁了我们对之有经验的东西时才能达至它的严格：它用一系列平行的意识来取代世界的混杂，这些意识中的每一个都遵循它自己的法则——如果它的法则像其他法则那样已经由同一个钟表匠调校好了的话——或者每一个意识都遵循一种内在于所有意识的普遍思想的法则。从一种否定主义哲学的观点来看，诸意识的同步性（synchronisme）是由它们共属于一个**存在**而被给出的，任何意识都没有这个**存在**的密码，但它们都遵循这个**存在**的法则；或者我们最好不再说有一种同步化（synchronisation）：而是每一个意识都感到自己是与其他意识相混杂的，有一个相遇的地层，它就是**存在**本身，因为我们中的每一个都通过其处境而内属于其中。“只有**存在**”：每个人都感到自己被赋予了一个身体，被赋予了一种处境，而通过身体和处境又被赋予了存在；他对自身所知的一切在他感受到他人那令人惊愕的力量的瞬间就都转移到他人那里去了。于是，每个人便都意识到自己和他人都是*被记录*在这个世界中的；他之所感，他之所历，他人之所感和所历，甚至他的梦和他们的梦，他的错觉和他们的错觉，这些都不是孤岛，不是孤立的存在碎片：通过我们的构造性虚无的基本要求，所有这些都属于*存在*，都有持存性、秩序、意义， 92
有理解它们的方法。即使我现在所体验的东西显现为虚假的，对我的错觉的批评也不会简单地将它抛到世界之外，而是相反会向我指出它在世界中的位置，其相对的合法性及其*真理*。如果虚无注定是指向**存在**的，那么我作为虚无的在场就是总体性和一致性的一种要求，它假设到处涉及的是同一个存在……一切部分的东西都要被重新整合，一切否定事实上都是规定，而自我存在，他人存在和在己存在都是一个唯一存在的片断。否定主义如果是严格的、绝对的，它就是一种肯定主义。使这一个得以在我的生命中发言或使这个生命得以在世界中发言的运动本身，只是否定的顶点，这种否定自己毁灭自己。一个真正被看作虚无的虚无如果想因此而摆脱存在的任何污染，并拒绝通过与存在并列而构成一个整体，它就会在同时要求成为一切，它就会在其整个的要求中维持存在，并通过一种从支持到反对的倒转而融入到存在中去。当我们超越了最初的步伐，超越了存在和虚无的根本区别，超越了抽象的和表面的分析，我们就会在事物的中心发现这些对立达到了这样一个相互排斥的地步，以至于它们中的任何一方离开了另一方就只是一种抽象，存在的力量依赖于作为其同谋的虚无之虚弱，**在己**的晦暗则是为了一般的**为己**之明晰（如果不是为了“我的意识”之明晰的话）。著名的存在论问题“为何有某物而非乌有”将随着如下的替代而消失：不存在某物而*毋宁是乌有*（il n’y a pas quelque chose *plutôt que rien*），乌有不会取代某物或存在：虚无并不实存（inexiste）（在否定的意义上）而存在存在；这两者之间的精确

93 调适不再给问题留下位置。当人们没有想到否定者时，一切都是晦暗的；当人们把否定者思考为否定者时，一切都是明晰的。因为这样一来，人们称之为否定的东西就和人们称之为肯定的东西显现为同谋，甚至处于某种等值之中。它们“在一种类似于寂静的喧嚣中”①相遇；世界就像从飞机上看到的海上的泡沫带，它似乎是静止的，但由于它扩展成了一条线，人们就突然明白，从近处看的话，它是流动的活水；人们也明白，从足够高的地方看，存在的广度从来不会超过虚无的广度，世界的喧嚣也不会超过其静默。

在某种意义上，关于否定者的思想给我们带来了我们一直在寻找的东西，终结了我们的探索，并把哲学置于死地。我们说过哲学需要在反思前与存在有一种接触，这种接触使哲学本身成为可能。对虚无的“负直观”是将反思和自发性置于某种等值关系中的哲学态度。如果我真的理解了虚无不存在，而且这种不存在恰是它的存在方式，那么，我就同时理解问题不在于将虚无融入存在，虚无将始终处于存在的另一边；作为否定性，我始终在一切事物的后面，通过我作为见证者的身份被从事物中切割出来，我总是能够悬置我对世界的依附，以便对世界作一种思考，——然而这种对世界的思考是乌有；在这种向我自身的回归中，我找不到以世界为其结果的一组前提，相反世界才是前提，而我对世界所持的意识则是结果；我的各种意向本身是空无的，它们只是我的空无靠近存在的逃离，这种

① 瓦雷里《海滨墓园》（*Le Cimitière mariti*）。——译者注

逃离把它的方向和意义归于存在；我们的重建或重构依托于世界最初的明见性，世界本身向我指出了它的各种关联。我在"自身中"发现的始终是对这种原初在场的参照，而回到自身就是走出自身。对于那些从其纯粹性上来思考否定者的人 94
来说，并不存在两种运动：陷溺于世界和反思的重获；并不存在两种态度：一种是自然的，对事物的注意，一种是哲学的，对事物含义的注意，每一种态度都在其边缘保留着转变成另一种态度的可能性；有一种对存在的知觉和对虚无的无知觉（imperception），这两者彼此是共外延的，且构成为一。一种绝对的否定主义（即从其原发性上来思考否定者）和一种绝对的肯定主义（即从其充实性和充分性上来思考存在）完全是同义的，它们之间没有最微小的差异（écart）。说虚无不在和说只有存在是同一回事，换言之，人们在存在着的事物中是找不到作为事物之一的虚无的，因此，虚无就必须依靠事物，虚无是那使事物不再单为自己而在的东西，是使事物成为一个整体，成为一个唯一**存在**的东西……有一种观点认为，**存在**和**虚无**是绝对对立的，另一种观点认为，**存在**本身（按其定义是被看作与自身同一的）卓绝地包含着与虚无的联系（它的存在被承认，它的否定被否定），这种联系被建立，断裂，又被重建……这两种观点其实是同一种观点；作为绝对对立的**存在**与**虚无**是不可辨别的。正是**虚无**的绝对非实存（inexistence）使它需要**存在**，因此它是不可见的，除非在"非存在之湖"、诸相对的和局部的非存在、世界中的凸起或腔隙等显象下。正因为**存在**与**虚无**，是与否不能像两种成分那样混合在一起，所以，当我们看存在时，虚无也立即在那里，而不是在边缘，像围绕着我们

视觉场的非视区域那样，而是在我们所见的整个广延上，就像那安置存在并把它作为场景展示于我们面前的东西。关于否定
95 者的严格思想是无懈可击的，因为它也是关于绝对肯定性的思想，因此已包含着人们能用来反对它的一切。它既不会显示其缺乏，也不会无所措手。

然而这难道不是因为它是不可把握的吗？它以存在和虚无的绝对对立开始，而以指出虚无以某种方式内在于存在（这是唯一的世界）而告终。应该在什么时候相信它呢？是在开始时还是在结束时？我们将这样回答：这两者是同一回事，没有区别。然而在狭义上的**存在**与广义上的**存在**之间还是有一点区别：人们从前者开始，它在其所有的范围内都是绝对排斥虚无的，而且如果虚无要被命名，它也需要这个存在；后者则是人们最终所通向的地方，它在某种程度上包含着虚无，为了完全地成为存在，为了成为“如其所是的”**存在**，它呼唤着虚无。这两种运动（即虚无呼唤存在的运动和存在呼唤虚无的运动）并不融合：它们是交叉的。依据前一种运动，存在是否定之否定，它有一个虚无的底层结构，它是知识的一个属性；依据后一种运动，虚无最终是重复的肯定（position），是肯定的肯定，它有一个存在的底层结构，知识是存在的一个属性。在第一种联系中，存在是从虚无的观点被思考的。在第二种联系中，虚无是从存在的观点被思考的。但在这两种情况下，即使人们达到了一种同一化，在第一种运动中，这种同一化也是为了虚无而产生的，而在第二种活动中，这种同一化则是为存在而产生的。这两种联系不是同一的。让我们依次加以考察。

我们可以首先从纯粹的否定者出发进行思考。我们指出，

对存在进行探究的我是乌有。我们依据这个陈述界定了属于我的一种反本质（anti-nature）：我是没有本质的，我是一个乌有。这种概念或语词的划定只是分析的第一个环节，但它对接下来 96 的分析是必不可少的，它支配着随后的分析，它引出了各种结论本身，完全相反的结论，关于否定者的思想将要达到的就是这些完全相反的结论；它通过预先将这些结论置于一种单义真理的层次中（在这里，对立的双方相互排斥，而不是相互渗透）而共同规定了它们的意义。通过设定虚无不在，非存在是其存在方式，虚无自始至终是非存在，这种思想注定要将存在定义为绝对的充实和接近（proximité），它设定存在存在。由于对存在进行探究者是一个乌有，一切就必定是完全地处于他之外的，在远处的，我们不能在这种原则性的远离中想象更远或更近。那个探究者由于一劳永逸地被定义为乌有，就被安置到了无限中，他从那儿看到所有事物都是处于绝对的等距之中的：在这一不在者面前，它们都无任何差别地属于存在，属于绝对的完满和肯定。因为否定者是奠基者，被奠基的存在就是绝对的肯定性。人们甚至不能说在这里有推论：对虚无的负直观已经是对存在的直接在场。哲学家被认可的权力，即命名他之所是的这个虚无、与存在中的这个裂隙相融合的权力，已经是定义存在的同一性原则的一种变异。从纯粹的否定者出发进行思考时，我们就已经决定依据同一性进行思考，我们就已经是在同一性中了，因为这个什么也不能将它限制于其次序中、必将径直通达其自身之极端的否定者，将也是并彻底地是对其自身的否定，它因此以一种纯存在的临现（avènement）的形式宣告自己。在关于否定者的思想中有一个陷阱：如果我们说否定者存在，我们就摧毁了它的否定性，但如果严格地坚持说它不存在，我们就将再次把它提升至某种肯定性，我们将赋予它某种存在，既然它完完全全绝对地是一个乌有。否定者成为某种性质恰恰是因为我们将它固定在其否认和逃逸的能力中。一种
97 否定主义的思想等同于一种肯定主义的思想，在这种倒转中保持不变的是：在思考虚无之空无或存在之绝对完满时，不论如何它都忽视了各层面的厚度、深度、多样性，诸背景世界（les arrières-mondes）。当它从虚无出发，开始将存在设定为绝对的充实和肯定，甚至宣称只有存在存在，存在在某种意义上呼唤和包含虚无时，它没有重新引入它在方法论上一开始就排除掉的因素，它没有走近具体，它没有追随整体的诸关节，它只是用一种反抽象化来补偿一种抽象化。应该承认这个纯粹的否定者呼唤纯粹的存在，但是人们这样远不是为哲学找到了一种立场（在这种立场中，自我意识不会损害事物的超越性），人们损害了这两者，人们累积了困难，因为很明显，纯粹的否定只是原则性的，实存的**为己**则受困于一个身体之中，这个身体如果不在内部，那也不在外部，而是介于为己与它自身之间的——而纯粹存在同样是找不到的，因为所谓的事物很快就被揭示为是显象，而且，这些交替出现和互相对立的形象不能被理解为是唯一存在的形象，它们缺乏存在的层次，缺乏深度的组织；因为为了成为肯定的和充实的，这个存在应该是平面的，并因此仍是其所是，超出了我们被局限于其中的那种暧昧。只是在显象层面，我们才通过对**存在**和**虚无**的分析，把内在的意识和存在的超越协调起来：超越的并不是存在，而是我通过某种放弃将它置于手臂的末端；厚实的并不是世界，而是我足够敏捷

地使它存在于那里。事实上，当我们在此从虚无过渡到存在，又进而过渡到在虚无（它“如其所是地”认识存在）中对存在的绽-出时，并没有什么前进或综合，并没有改变最初的反题： 98
我们只是将最初的分析（它在字面上仍是有价值的，并始终推动着对**存在**的整体观点）推到了其极限。**存在**对虚无的呼唤*实际上*是虚无对**存在**的呼唤，是自否定（autonégation）。虚无和存在始终是绝对的他者，恰恰是它们的孤立把它们统一在一起；它们不是真正地统一，它们只是在思想面前更快地交替出现。[①]
由于**为己**的空无被充满了，由于人不是直接地向一切呈现，而是特别地向一个身体、一个处境呈现，并只有通过身体和处境才向世界呈现，因此，我们承认在为己中有一种非反思存在的厚度，反思活动是第二位的；我们谈论一种*前反思的我思*，然而，这个词的歧义性传达的是一种思维的歧义性，即：思维或者能保持它自身，或者能在**在己**的黑夜中自我否定，而不能在它自身中发现惰性：前反思的*我思*，这是在我们之中比引出它的*我思*和反思更加属于我们自身的某种东西吗？抑或这是一种在我们的深处先于自身，在我们说出它之前就自我宣告的*我思*（因为我们就是思维）？如果我是乌有，那么第一种假设就可排除，而第二种假设在涉及理解“我的生命如何能对它自己是不透明的”时将我的空虚还给了我。探究的进展本身不能改

① 作者边注并在括号里：我依次说“虚无不存在”和“存在存在”是同一种思想，——而且虚无和存在不是统一的。把这两种说法联系起来：它们不是统一的，恰恰是因为它们是处于两个矛盾项（＝双重性）中的同一个东西。

变我们就**存在**和**虚无**所形成的观念，只要人们从存在的含义和虚无的无意义（non-sens）出发进行思考，这种探究就只是揭示了其未被注意的各种意蕴：即使解释在表面上颠倒了各种视角，这种颠倒也不是实际的，一切都是在这种实在（entité）与这种否定（négatité）之间发生；存在，即使人们说它在某种
99 程度上被归并到虚无之中，它也仍然是纯粹**在己**，是绝对的肯定性；只是因此它才认识这种冒险；这个纯粹的**在己**从一开始就注定是要被承认的，因为它显现为对否定者的自否定。不存在一种对自我性（ipséité）和对被改变或被逾越了的存在的原初理解，从赞成到反对的倒转是最初反题的另一种形式，这个反题不停止在自身中，而是进行自我更新。因此，关于纯粹否定者或纯粹肯定者的思想是一种凌空俯视的思想，它操弄本质或对本质进行纯粹的否定，操弄有固定含义并且处于其掌握中的术语。萨特确实说过，*在他的书的结尾*，将会过渡到一种具有更广意义的**存在**中去，它将包括**存在**和虚无。然而，这并不是因为最初的对立被超越了，相反，这种对立仍在其全部的严格性中被保留着；正是这种对立使它的倒转变得合理，并在这种失败中赢得了胜利。为了存在能够存在而自我牺牲的**为己**之激情仍然是由它自身进行的自我否定。不言而喻的是，这本书从头到尾谈论的都是同一个虚无和同一个存在，而唯一的旁观者则是这一发展过程的见证者，他本身不在这个运动中，在这个意义上，这个运动是虚幻的。一种否定主义的或肯定主义的思想重新发现了反思哲学的这个假设，即：反思的任何结果都不能回溯性地损害进行着反思的人，也不能改变我们就他所形成的观念。如果人们从纯粹的否定者出发，也不会是两样：由

于它从来都不会承认它自身中有任何东西，即使人们发现它需要**存在**，它也只是在把存在作为一种不会改变它自己的有距离的环境来才需要。它将把存在当作纯粹景观或当作它将要成为的那个东西置于自己周围，它将把存在提升至真理或含义，而它自己却仍像过去一样是虚无，它对**存在**的忠诚将肯定它是虚无。

否定主义的（或肯定主义的）思想在虚无和存在之间建立了一种实质的一致，既稳固又脆弱：稳固，是因为存在和虚无最终是不可区别的，脆弱，是因为它们到最后仍然是绝对对立的。正如心理学家们所说，它们之间的联系是不稳定的。每当要理解虚无如何把存在接收到自身中去时，就会看到这种不稳定；因此，就不仅仅（像我们刚才所说的）在涉及理解我的肉身化时这种不稳定会表现出来，而且在涉及理解我如何能够接受他人对我的看法时，或最后理解我们对世界的共同归属时，这种不稳定性也会表现出来。人们总是试图通过**为己**之否定的纯粹性去理解他如何从同类那里认识自己：因为我不是任何事物，因为我有这个空洞，甚至当我要去存在，要使之在世界中存在时也是这样，我就重又担负起我的身体、我的处境和他人的目光——我看到它落在我之所是的这个外在之上。对我来说，没有他人的活动和在场，只有在我这方面我就自己认识到的一种被动性和外化的经验，因为作为乌有，我有待于成为我的处境。因此，说到底，联系仍然处于作为虚无的我和作为人的我之间，而且我和其他人没有关系，我至多与一个中性的非我，与一种从我的虚无中弥散出去的否定相关。我被他人的目光从我自身中拖离出去，但他对我的影响力恰恰是通过我对我的身体、我 100

的处境的认同程度来衡量的，只是因为我自我外化，他才有外化的力量。从哲学上说，并没有关于他人的经验。与他人的相遇要被思考，不需要对我就自己所形成的观念作任何改变。相遇［只是］现实化了那基于我自身就已经可能的东西。它带来的只是事实的力量：这种我已经准备好的对我的身体和我的处境的认同（我持有这种认同的原则，但只是原则，因为人们为自己设定的被动性不是现实的），——它在此突然
101 地实现了。萨特说，与他人的关系（明显地？）是一个事实，没有这个事实，则我将不复为我，他人将不复为他人；他人事实上实存着，并且事实上只为我而实存。然而，如同“存在存在”没有在“虚无不存在”上增加任何东西，承认**存在**的绝对充实性和肯定性也丝毫不会改变对虚无的负直观一样，一下子就将我定格的他人的目光也不会给我的世界增加任何新的维度，它只是向我证实了我从内部就已知道的“［我］内含于存在中”；我仅仅知道围绕着我的世界有一个一般的外在，就像我通过知觉知道它所照亮的诸事物在它之前就已生活于同一性的黑夜中那样。他人是陷入**存在**中的诸经验形式之一……当然，这个分析有它的道理：在我确实是乌有的整个范围内，他人只能这样向我显现，即作为某道目光来自于其中而只有我感受到它对我的身体的冲击的外世界（l’ultra monde）；在我是一种思维、一个意识的整个范围内，我只有通过它才被迫进入世界，其他的意识、其他的思维永远只能是我的意识、我的思维的副本或弟妹。我永远只经历我的生命，他人永远只是其他的我自己。但这种唯我论，诸现象的这一侧面，与他人关系的这种结构就是全部甚或本质了吗？

它只是其中的一个经验变体①——与他人的不稳定的或可变的关系——此外，分析还将在其中发现正常的、标准的形式，它在特殊情况下从属于扭曲的形式——这种扭曲形式将他人变成一种匿名的、没有面孔的顽念（hantise），变成一个他人 102
一般。

让我们甚至假设他人是我感到落在我身上的、将我定格的这道目光的拥有者 X：说这道目光是由我从内部准备的，说作为虚无的我通过担负起我的身体、我的处境、我的外部而暴露在这道目光之下，说归根结底他人是我之陷入**存在**的极限情况，这些都不能使我在对现象的阐明中前进一步。因为只要嵌入**存在**之中的是我，那么嵌入者和被嵌入者之间就保留着其距离。然而他人的目光——正是在这里，它为我带来了新的东西——却将我整个儿（作为存在和虚无）包含。这是——在与他人的关系中——不取决于任何内在可能性的东西，也是不得不说这种关系是一个纯粹事实的原因。然而，尽管这种关系构成了我的事实性（facticité）的一部分，尽管它是不能从**为己**推导出来的一种相遇，它仍然呈示了一种为我的意义；使我陷入惊愕的不是一次无名之灾，而是某个他人的入场。我不仅仅觉得自己呆滞了，我是被一道目光惊呆的，如果注视我的（比如说）是个动物，我所经历的就只是这种经验的微弱回响。因此在他人

① 这一句的开头所接的前一句明显地被不完全地修改过。被删改的原话是："然而问题在于知道：否定主义的或肯定主义的思想是否揭示了诸现象的这一侧面，与他人关系的这种结构，是否理解了它们的全部甚或本质。我们认为它在原则上只是把握了其中的一个经验变体。"——编者注

的目光中就必定有某种东西向我显示这是他人的目光，这种目光的意义远远没有被它在注视我身体的某一点时所留下的灼热感穷尽。应该有某种东西告诉我说：我是整个儿（作为存在与虚无）被牵扯进了这种掌控着我的知觉中，他人知觉到了我的灵魂和身体。因此，通过把与他人关系的标准形式变成模棱两可的关系，通过把我所遭受的对象化过程置于第一层面，人们不可避免地要通过一种外在的自我性来承认自我性的肯定知觉：模棱两可的关系诉诸这种外在的自我性，就像诉诸其条件。换
103 句话说，关于否定者的思想确实可以在一种否定之否定上面建立任何肯定，在一种离心关系上建立任何向心关系：这样一个时刻到来了——无论涉及一般存在还是他人的存在——在此刻，否定之否定凝结在这一个的简单性中：那里有某物，这里有某人；这些事件是比**为己**的基础更基础的东西，从此以后，**为己**的否定权力就来自这些事件的最高肯定性，我的知识只认可存在已在其自身中所是的东西，只是“如其所是”地与之汇合，同样，不是我的羞愧构成了他人实存的所有意义，而是他人的实存是我的羞愧的真相（vérité）。最后，如果我们不仅仅考虑我与唯我主义的**存在**及与他人的关系，也考虑与我们所有人都瞄向的、被其他人（他们也相互知觉并知觉着同一个世界——我知觉的也是这同一个世界）所充斥的**存在**之间的关系，那么，否定主义思想将再一次面临着二元选择：或者仍然坚持我是虚无、存在是纯粹肯定性的定义——在这种情况下，我们面前就没有一个包括我在内的作为自然、人类和历史之整体的世界；诸否定只是在存在表面的闪光，而存在的坚硬内核只在人们抹掉了它的所有可能性、所有过去、所有运动、所有出于我而非

出于它的想象的或虚幻的属性之后才会出现。[或者，][1]如果我们不打算将存在驱逐到这个纯粹肯定性的极限（那儿只是乌有），不打算将构成了我们经验的所有内容的东西都归于**为己**，那么，根据否定性的运动本身，当它对其自身的否定进行到底时，就应该将大量否定属性、过渡、生成和可能性并入存在。和往常一样，同样的否定主义思想在这两个形象之间游移不定，既没有能力牺牲它们中的任何一个，也没有能力将它们统一在一起。否定主义思想就是双重性（l'ambivalence）本身，也即是 104
存在与虚无的绝对矛盾和同一，它是柏拉图所说的"腹语者的"（ventriloque）思想[2]，这种思想总是在假设中肯定或否定它在论题中否定或肯定的东西，它作为俯视的思想总是否认虚无内在于存在和存在内在于虚无。

一种反思哲学，如果它不想漠视自身，就被引导着去探究那先于它的东西，探究在任何反思之前我们在自身之内和自身之外与存在的接触。然而，原则上它只能把这种接触设想为一种反思前的反思，因为它是在诸如"主体"、"意识"、"自我意识"、"精神"之类的概念的统治下发展起来的，而所有这些概念即使以很纯粹的形式出现，都包含着 res cogitans（思维之物）的观念，包含着思想的实定存在的观念，由此导致反思的结果内在于未被反思者中。于是我们就问自己，一种关于否定者的哲学如果不减损我们的反思能力，是否就不能将那未被反

① 此处括号内容为译者所加。——译者注

② 参柏拉图《智者》252c。——译者注

思者的原生存在归还给我们：一种只是乌有的主体既处于存在的直接在场或与世界的接触中，又如人所愿地接近其自己，因为在它那里的任何不透明性都不会使它与其自己相分离。然而，对存在和虚无的这种分析给我们留下了一个麻烦。它原则上将存在和虚无绝对地对立起来，它把它们定义为互相排斥的，然而，如果它们是绝对对立的，那么它们就不能通过任何共属于它们的东西来定义；一个刚被否定，另一个就已在那里；它们中的任何一个都只是对另一个的排斥，总之，没有任何东西能阻止它们交换各自的角色：在它们之间唯一持存的只是裂口；从一方到另一方，不管它们作何选择，它们还是共同构成了一个唯一的思想世界，因为它们中的每一个都只是在另一个面前的隐退。为了思考总体存在（完整地存在者，亦即毫无所缺者，
105 存在整体之所是），应该在它之外存在，作为一个非存在的边缘，但这个被排除在整体之外的边缘阻止了整体成为整体；真正的总体也应该包含这个边缘，——但这是完全不可能的，因为它是一个非存在的边缘。这样，如果存在和虚无是绝对对立的，那它们就一块儿建立在某个神话般的**超存在**（Sur-être）中，因为需要它的力量就是它们的绝对排斥。这就是我们穿过的循环，它将绝对对立引向只是对立的另一种形象的同一——要么我们在它们的对立中、在存在者（ce qui est）和不存在者（ce qui n’est pas）之间思考它们，要么相反，我们把它们等同起来，使存在或者成为否定的重迭，或者相反地成为一种如此完美的肯定性，以至于它卓绝地包含了虚无给予它的承认；从这些关系的一种到另一种，之间没有进步、转变、不可逆的次序；将我们从一种关系引向另一种关系的不是那被思考者的运动，

而是我们的注意或我们的所作选择从一个起点或另一个起点的移位。但对双重性的这种指责是无力反对这样一种关于存在和虚无的分析的，后者是依据我们与存在相接触的基本结构而做的描述：如果这种接触真的是双重性的，那就应该是我们去适应它，逻辑上的困难是不能反对这种描述的。事实上，对存在（在一切方面都毫无限制的存在者）和虚无（在任何方面都不存在者）的定义，这种借助思想对一个直接的存在和一个直接的虚无的占有，这种直观和负直观，都是一种经验的抽象画，正应该在经验的地层上来讨论它们。它们很好地表达了我们与存在的接触吗？它们表达了这种接触的全部吗？它们当然表达了视觉的经验：视觉是全景画；通过眼睛之洞，从我那不可见的隐蔽处出发，我支配世界，在其所在之处与之汇合。有某种 106
视觉的疯狂，它使我经由视觉走向世界本身，然而同时，全然明见的是，这个世界的各部分没有我的话就不能共存：在己的桌子与离它一米远的床毫不相干——世界是对世界的视看（vision）而不可能是其他的东西。存在在其整个广延内都被镶接在一个不是存在而是非存在的对存在的视看上。对那个真的与这道目光相合，并真的站在观看者位置上的人来说，这一点是无可置疑的。但这是全部的真理吗？通过说有作为肯定的**在己**和作为否定而不实存的**为己**，就能够表述这种真理吗？这种表述显然是抽象的：按字面意思来理解，它将使视看的经验成为不可能，因为如果存在是完全的在己，它就只有在同一性的黑夜中才是其自身，我的目光将它从同一性的黑夜中拖出来，就摧毁了作为存在的它；而如果**为己**是纯粹的否定，它甚至就不是**为己**，如果不是在其自身中所有的某种东西需要被知道，那么为己就不知道自身。我从未拥有如其所是的存在，我只拥有内化了的、被还原到其场景意义的存在。更有甚者，我也没有拥有虚无（它完全献身于存在，而且的确始终缺乏存在）：然而这种重复的失败不会将其纯粹性还给非存在。那么我拥有什么呢？我拥有一个被存在填满的虚无和一个被虚无掏空的存在。如果这不是两项中的一项被另一项摧毁，不是我被世界摧毁和世界被我摧毁，那么存在的虚无化和虚无陷入存在中就不应该是外在的关系，不应该是两种各不相同的活动。这就是人们在将视觉思考为虚无化时试图获得的东西。这样来理解，视觉就使**在己**本身进入到了被看世界的状态，也使**为己**进入到了陷于存在中，被处境化、肉身化的**为己**的状态。作为运作着的
107 虚无，我的视觉既在世界中无处不在地在场，因为它是无惰性、没有不透明的[1]，又无可避免地不同于它之所见，视觉与其所见被使视觉得以成为视觉的虚空所分离。[2]然而，在这里，在对经验的分析中，我们又重新发现了我们前面在存在与虚无的辩

---

① 作者边注：世界之为我存在的层次揭示了：1. 在己存在的一种**深度**；2. 为己存在的一种**晦暗**。

② 在文本中此处插入了下面这几行字：

1. 说一个非存在的套筒将我从存在中分离出来，这是真的。但这个非存在的套筒不是**我**；视觉不是认知，视觉的我不是虚无。

2. 萨特所说的坚硬的“存在内核”。并没有内核与那将会是我（诸否定，存在表面的闪光）的［非？］在一起，围绕着它。存在是超越的，恰恰意味着：它是自行结晶化的诸显象，它是充实的和**空无的**，它是具有视域的**格式塔**，是层面的复杂性（duplicité），它自身是 Verborgenheit（**遮蔽性**）——正是它在自我知觉，就像正是它在我之中说话一样。

证性时所确认的东西：如果我们确实坚持它们之间的对立——
如果看就是不存在，被看者则是存在——，我们就会明白，视
觉是向着世界直接在场的，但我们看不到我之所是的乌有如何
能同时使我与存在相分离。如果情况就是这样，如果存在对视
觉是超越的，那么这是因为人们不再将视觉当作非存在了，而
且也不再将存在当作纯粹的**在己**了。要么，对存在和虚无的分
析是一种观念论，不能为我们提供我们所寻求的原生的或前反
思的存在，要么，如果它是另一回事，那是因为它超越和改变
了最初的定义：这样一来，我就不再是纯粹的否定者，看也不
再简单地是虚无化，在我所看见的东西和正在看的我之间，关
系不再是直接的或正面的对立，事物吸引了我的目光，我的目
光抚摸事物，它与事物的周遭和轮廓相贴合，在目光与事物之
间，我们洞见了一种共谋。至于存在，我不再能将它定义为在
诸否定属性（这是我的视觉给予它的）之下的肯定性硬核：如
果人们把否定的属性都去掉，那就不再剩下什么可看的东西了， 108
也没有任何东西允许我将它们归到**为己**之列，而且为己本身就
陷于**存在**之中。曾经被我当作外在名称的各种否定、透视变形
和可能性，我现在应该将它们重新整合到**存在**中去，**存在**因此
是在深度中分层显现的，在自我揭蔽的同时又自我隐匿，是深
渊而非充实。对**存在**和**虚无**的分析在事物本身之上铺设了一层
不可触摸的薄膜：它们的*为我存在*——它让我们在事物本身之
中看这些事物。然而，当在我这方面，出现了我的视觉陷于其
中的肉身存在的层面时，在事物方面则是一系列非常丰富的视
角，它们不被当作乌有，它们迫使我说事物本身始终在更远的
地方。视觉不是从**为己**到**在己**的直接联系，我们被邀请去重新

定义看者和被看的世界。对**存在**和**虚无**的分析，就是这样一位看者，他忘记了他有一个身体，忘记了他之所见始终在其所见之下，他试图通过把自己置于纯粹视觉之中而开辟通向纯粹存在和纯粹虚无的道路，他使自己成为幻视的（visionnaire），不过他又被遣返回其作为看者的不透明性和存在的深度中。如果我们成功地描述了如何通达事物本身之中，这也只有通过这种永不消失的不透明性和深度才能做到：不存在完全可观察的事物，也不存在对事物无缝隙的和整全的审察；我们并不等到看清了事物才说它存在在那里；相反，正是它所拥有的事物的外观立刻使我们相信有可能观察事物。在可感者的颗粒中，我们发现了一系列交叉印证的保障，这些交叉印证不构成事物的个体性（l'eccéité），而是来自于这种个体性。反过来，想象物不是一个绝对的不可观察者：它在物体（le corps）中发现了使它自己肉身化的类似物。这种区别和其他区别一样，需要被重新考察，不能被还原到完满和虚空之间的区别上。

109 对于一种被安置于纯粹视觉，即全景式的俯视中的哲学而言，不可能遭遇到他人：因为是目光在统治；目光只能统治物，如果它落到人身上，就会把他们转变成只由发条驱动的木偶。在巴黎圣母院的高塔上，我就不可能（即使我想这样）感觉自己与那些被隔绝在墙内、在那里专心致志地从事着不可思议工作的人有着同样的步调。高处吸引着那些想像鹰一样鸟瞰世界的人。视觉只有落在近处才不再是唯我主义的，当他人将这道光束（我曾在其中捕获到他）转过来对准我时，他就锁定了我在其双眼的灵活运动中曾预感到的那种肉身依附，他就无限地放大了我在我的至高视觉中心曾猜测到的这个盲点，而通过从所有边界侵入我的场，他就把我拉入我已经为他准备好的监狱之中，并且只要他在那里，就使我不可能再感到孤独。无论如何，在唯我论中和在外化中一样，我们该如何才能在我们目光的末端发现一个精神，一种不可见者呢？或者，如果他人也是一个纯粹视觉，那么我们如何才能看到他的视觉？那就应该成为他。他人只有通过破门而入的行为（就像一种痛苦或一种灾难）才进入看者的世界；他不是出现在看者面前，出现在景观中，而是从侧面，作为彻底的质疑突现出来。既然他只是纯粹视觉，看者就不可能遇到另一个人，后者只是被看到的事物；如果他走出自己，那只是通过把视觉转回向自身；如果他发现了他人，那也只是把他视作被看到的自身存在。没有我对他人的知觉；突然间，我作为看者的无所不在性被戳穿，我感到自己被看，而他人就是在那边的那个X，我必须对之加以思考，以便理解我突然感到自己拥有的这个可见的身体。表面看来，这种将他人作为陌生者引入的方法是唯一能理解和说明其异在性的方法。如果有一个他人，那么按定义我不能进入他之 110
中，不能与之重合，不能体验他的生命本身：我只体验我的生命。如果有一个他人，他在我的眼里从来就不是一个**为己**（在“我是为我的**为己**”这一给定的精确意义上来说）。即使我们之间的关系让我承认甚至使我体会到“他也”会思考，“他也”有一片私人的风景，我也不像我是我自己的思想那样是他这种思想，我也不像拥有自己的私人风景那样拥有他的这种私人风景；我对此所说的话总是来自于我就我自己所知的一切：我承认，如果我住在这个身体中，我就将拥有堪与我现在的孤独相比的另一种孤独，并总是随那个身体而进行视角的变移。然而，这个

“如果我住在……”不是一种假设，而是一种虚构或一个神话。他人的生命，就像他所体验到它的那样，不是为谈论着一种潜在的或可能的经验的这个我而在的：这是一种被禁止的经验，是一种不可能，如果他人真的是他人，就必定是这样的。如果他人真的是他人，也就是说在“我是为我的为己”这样严格意义上的**为己**，他就应该永远不是在我眼里的这种为己，这另一个**为己**就应该永远不落在我的目光下，就应该没有对他人的知觉，他人就应该是我的否定或我的毁灭。所有其他的解释，在将我们（他和我）置于同一个思想世界的借口下，都摧毁了他人的异在性，因此也就标志着一种伪装的唯我论的胜利。反过来，在使他人对我来说不仅仅是不可通达的而且是不可见的时，我就保障了他的异在性，我就摆脱了唯我论。然而我们的麻烦还没有到头，这里的迷宫比我们想象的要难得多：因为，如果我们把我们刚才所讲的形成为一个论题，——亦即：他人可以是为我的存在，因此只能是我的被看的存在，他人是这片我必
111 须在存在中用虚线勾画出的非我区域的陌生所有者，因为我感到自己被看见了——，这种有关他人之为己存在的不可知论看似保障了他人的异在性，却突然作为对这种异在性的最坏的侵犯而出现。因为陈述这个论题的人意味着：它适用于所有聆听他的人：他不仅在谈论他自己、他的视角，不仅为他自己而谈，他也为所有人而谈；他说，（一般的）**为己**是孤独的……或者，为他的存在是**为己**的死亡或诸如此类的东西，——却没有确定这里涉及的是他所体验的为己存在，还是像那些聆听者所体验到的那种为己存在，是他所经历的为他存在，还是像其他人所经历的那种为他存在。他给予自己的这种独特性——**为己**、**为**

他——表明他想以所有人的名义讲话，表明他在其描述中暗示着一种为所有人说话的权力，而他的描述却在质疑这种权力。因此我只在表面上使我自己局限于我的经验中，局限于我的为我存在和我的为他存在中，我也只在表面上尊重他人的为己存在和他的为我存在的彻底独特性。仅仅由于我在我的唯我论之墙上打开了一个缺口（他人的目光透过这个缺口进来），我面临的就不再是一种二分法——**为己**和**为他**“的”二分法——，而是一个四项体系：我的为我存在、我的为他存在、他人的为他存在、他人的为我存在。我曾想在我的世界视域中设置的空无（以便在那里安置我的羞愧的制造者，以及他就我所形成的不可思议的形象）不是一个空无（不管我怎么设想），不是我对我自己和我的世界的简单的或直接的否定：只是因为我给这个空无划定了界限——尽管是以虚线的方式——它就在我的世界中被勾勒出来，我的世界和他人的世界就有了交叉。我们没有一般的**为己**以及它所维持的一般的**在己**，也没有一般的**为他**，也就是说，使所有的**为己**得以通过一种陌生的目光而被融入到一般 112
在己之中的可能性，换言之，我们没有潜在地可增至n个范例的我的为我存在和我的为他存在，——我们需要面对我的为我存在，面对这同一个作为景观提供给他人的为我存在，面对作为一个为己存在之载体的他人的目光（它回击了我的目光，并能使我的目光呆滞），最后，面对他人的这同一个为己存在（它被我投向他的目光所瞄向，并以某种方式被触及，被知觉）。当然，问题不在于我和他人之间有一种互逆的关系，因为我是独自地成为我的，因为我对我自己来说是唯一的人性原本，视觉哲学有理由强调我－他关系之不可避免的不对称性。然而，不管表面如何，正是这种视觉哲学独断地把自己置于所有的处境之中，同时却声称所有处境都是不可进入的，并把它们看作是绝对的相互否定：我甚至不能径直走到这种否定的绝对尽头，否定在此是一种独断主义，它秘密地包含着诸对立项的绝对断定。从他人到我，从我到他人之间应该存在着通道，这正是为了使我和他人不被独断地判定为原则上等值的世界，也正是为了使**为己**的特权为己地被承认（le privilège du Pour Soi pour soi soit reconnu）。通过将关于他人的经验建立在我在他人面前的客体化经验之上，视觉哲学相信它已在他人与我之间建立了一种联系，这种联系既是一种存在联系，因为正是在我的存在本身中，我被他人对我的看法所触及；也是一种纯粹否定的联系，因为我所经历的这种客体化严格说来对我而言是不可理
113 解的。在这里，我们再次发现应该进行选择：要么[①]，这种联系真正地是一种存在联系，那么，他人在我的眼里就应该有一种**为己**的价值，他所占有的我的外部将使同样作为纯粹**为己**的我处于他的支配之下，我将亲眼目睹我的构造性虚无陷溺于我的处境中；总之，他人和我不是两个并列的**为己**，每一个都在自身方面受到致命的损害——另一个人的在场，他在我们自己的**在己**世界中依次碾压我们——，我们中的一些人对另一些人[②]

---

① 在此后的文字中没有阐述另一个“要么”。对二元选择中前一项的反思决定着后一项的结果。实际上，正像随即就出现的那样，说他人没有在我的在己世界中摧毁我，同说他不是对我之所是的**为己**的不可解释的否定是同一回事。此外，作者在下面的注释中又回到了这后一种观念。——编者注

② 一些人对另一些人而不仅仅是一个人对另一个人。他人问题总是

来说就成了一个彼此特别敏感（sensibles l'un à l'autre）的为

被各种关于否定者的哲学以一般他人（*l'*autre）的问题形式提出，就好像一切困难都在于从一个过渡到*另*一个似的。下面这一点是颇有意味的，即*一般他人*（l'autre）不是*另一个人*（un autre），他是一般的非我，是宣判我有罪或无罪的法官，我甚至没有想到把他与其他的法官对立。然而，即使我们能够证明（比如说像西蒙娜·德·波伏娃的《女宾》[*L'Invitée*] 中所作的那样）一个三重奏分解成了三对，并且证明，假设在所有抽象的相互关系之外有各种成功的结对，也不可能有同样意义上的成功的三重奏，因为它在结对的困难之外又加上了在这三种可能的结对之间达成一致（三重奏就是通过这种一致构成的）的困难，——事实仍然是，他人问题永远不能还原为一般他人的问题，更不用说最严格意义上的结对总是有第三方的见证者。也许甚至应该颠倒各种关于否定者的哲学的习惯顺序，说一般他人的问题是各种他人问题的一个特例，因为与某个人的关系总是通过与诸第三方的关系而变得间接的，这些第三方在他们之间拥有各种关系，既支配着*这一个人*的关系，也支配着*那一个人*的关系，这一点是如此深远，以致我们可以追溯到生命之初，因为俄狄浦斯式的处境仍然是三角的关系。然而，这里涉及的不仅仅是心理学问题，而且还是哲学问题——不单是与他人关系的内容，而且还有它的形式和它的本质：如果说通达他人就是进入一个众他人的星群（constellation）（那里无疑有许多大大小小的星星），那就很难坚持说他人就只是对我自己的绝对否定（la négation absolue），因为绝对否定只有一个，它将所有其他与之竞争的否定都吸收在自身中。即使我们有一个*主要的他人*，并从中派生出我们生命中的许多次要他人，他不是唯一的他人这一事实也迫使我们不将他当作绝对否定，而是当作典型的否定，也就是说，最终不把他当作那个质疑我的生命的人，而是当作那构成我的生命的人，不是当作我在那里外化的另一个世界，而是当作从来就不只是属于我的一个生命的优先变体。即使我们中的所有人都有他自己的他人原型，然而，他是可分享的、他是他人的一种密码或象征这一事实也迫使我们不是将他人问题视作进入另一个虚无化的问题，而是视作加入到

114 **己**系统，以致一个知道另一个，不仅是就他这一方面受到损害而言，更一般地说，是他作为一个本身也应回避的证人，因为他也是嫌疑人，因为他并不比我更是那落在纯存在之上的纯目光，因为他的看法和我的看法都预先被嵌入了一个由诸局部视角构成的系统，并指向我们共存于其中、诸视角相互交叉印证的同一个世界。他人要真正成为他人，靠以下这些是不够的，也不是必须的：他是一个祸害，是一种是非完全颠倒的持续威胁，是一个自身凌驾于任何争执之上的法官，没有地点，没有亲戚，没有面孔，像幽灵似的，并且只看一眼就能将我碾压到我自身世界的尘埃之中；必需和足够的是：他具有使我偏离中心，并用他的中心对抗我的中心的能力，而他能够这样，只是因为我们不是安置在两个不可比较的**在己**世界中的两个虚无化，而是朝向同一**存在**的两个入口，其中每一个入口都只对我们中的某一个人来说是可通达的，但也向另一方显示为原则上可通行的，因为它们两者都属于同一个**存在**。必需和足够的是，我所看见的他人的身体，我所听到的他人的话语，它们都作为我的场中的直接呈现而给予我，它们以自己的方式向我呈现我永远不会呈现的东西，对我来说，这种东西始终是不可见的，我永远不会成为它的直接见证者，因此它是一种缺席，但又不是随便什么东西的缺席，而是相关于一些维度的特定缺席和特定差异，这些维度从一开始对我们来说就是共有的，它们预先就将
115 他人判定为我的镜像，就像我是他的镜像一样，而且使我们对

（initiation）诸他人的一个象征和一个典型中去的问题，而为己存在和为他存在则都是这个象征和典型的反思变异，而不是其本质形式。——作者注

某个人或对我们自己并不具有两个并列的形象，而只有一个使我们两个都卷入其中的唯一的形象，还使我对我自己的意识和我关于他人的神话不是两个矛盾体，而是一个是另一个的反面。当人们说他人是我的被看存在（être-vu）的负责人X时，人们想说的也许就是这个意思。然而这样一来，就应该补充说，他人之所以能这样，只是因为我看到他在注视我，他之所以能注视我这个不可见者，只是因为我们都属于同一个为己存在和为他存在的系统，我们是同一句法结构（syntaxe）的诸环节，我们位列同一个世界，我们归属于同一**存在**。然而，对于作为纯粹视觉的人来说，这些都没有意义：他确实有通向事物本身的信念，但是，在看的行为中他感到了惊讶，因为他突然也成了事物中的一个，而且没有从一种看法到另一种看法的过渡。作为纯粹看者，他由于一种本体论的灾难，由于一个对他来说是不可能的事件而突然成了被看之物。或者，如果说他能理解事物，那只有通过回到视觉所宣称的无所不在之上，通过放弃成为一切，也就是说，放弃成为乌有，通过学习在视看本身中认识对事物的某种触摸，在俯瞰本身中认识一种内在性。确实，我们的世界主要地、在本质上是视觉的，人们不会用气味或声音来构成一个世界。但是，视觉的特权不是ex nihilo（无中生有地）向一个纯粹存在无限地开放：视觉也有一个场，一个范围；只是在很远的距离上，它提供给我们的事物才是纯粹事物，才是与其自身同一的、完全实定的事物，如星星，而且这个**在己**的视域只有作为开放的、不可穷尽的邻近事物区域的背景才是可见的。

无论涉及的是我与事物的诸联系还是我与他人的诸联系

116 （这两个问题合而为一，因为诸**为己**的孤立状态只有通过它们向“同样”事物的开放才会被跨越），问题都在于知道我们的生命归根结底是否发生在一个在我们后面的完全个别的和完全普遍的虚无和一个在我们面前的完全个别的和完全普遍的存在之间——对我们来说，有一个不可理解的和不可能的任务，就是以思想和行动的方式，将我们从存在那里获得的一切，即一切我们之所是都还给**存在**——或者，是否我与**存在**的全部联系，甚至是在视觉中和言语中的联系，都不是与世界之肉的一种肉欲性的联系（un rapport charnel）——在世界之肉中，“纯粹”存在就只隐约地出现在地平线（horizon）上，出现在远距离处，而这个距离不是乌有，不是由我展开的，而是某个东西，它因此本身就属于存在，在“纯粹”存在和我之间，它是它的为我存在和它的为他存在的厚度；而且，它最终使配得上存在之名的不是“纯粹”存在的视域，而是引入其中的诸视角系统；它使整体的存在不在我面前，而在我的诸视景（vues）的交叉处，在我的诸视景与他人的诸视景的交叉处，在我的诸行为的交叉处，在我的诸行为与他人的诸行为的交叉处；它使可感的世界和历史的世界总是一些“交互世界”（intermondes），因为它们是——在我们的视景之外——那使我们的各种视景变得休戚相关的东西，是那使他人的各种视景变得彼此休戚相关的东西，它们是只要我们活着就必须面对的机构，是记录了我们之所见所为，以便使我们的所见所为在那里变成事物、世界和历史的登记册。我们的生命远不是向纯粹**存在**或**宏大客体**（l’Objet）的炫目之光开放，它有一团气（在这个词的天文学意义上说）：它不断地被人们称之为可感世界和历史世界的这些雾团所包裹，它是肉体生命的人（l'on）[①] 和人性生命的人，是现在与过去，作为身体和精神的混杂体，它是面容、言语、行为的混杂（promiscuité），以及在所有这些之间的这种一致——我们不能以这种一致来否认那些混杂之物，因为它们 117
都是同一个某物的差异和极端差异（écarts）。面对这种不可解脱的牵扯（implication，蕴涵），人们可能以两种方式出错，要么以它能被我的身体所遭之不测（les accidents）和死亡撕裂为借口，要么简单地以它能被我的自由打断为借口，从而否定它；然而这并不意味着当这种牵扯发生时，它只不过是诸部分过程之和，如果没有这些部分过程，它就不存在了。在这里，诸原则的原则是：人们不能用死亡的权力来评判生命的权力，也不能武断地把生命定义为抵制死亡的各种力量之和，就好像对存在的必要和充分的定义就是要抑制非存在。人与人在世界中的牵扯，人们彼此之间的牵扯，尽管它只能借助于各种知觉和行动才能实现，却是横贯性地相关于现实之物的空间和时间之多样性。不过，这不应将我们引向相反的错误，也就是将这种牵扯的秩序看作一种先验的、非时间的秩序，看作一个诸先天（a priori）条件的系统：这将会是再一次假设生命只是被取消的死亡，因为人们相信自己被迫借助于一个外在的原则来解释生命中超越其诸必要条件之简单总和的一切。向一个自然的和历史

① 不定代词 on 被用于指匿名的、前人称的主体。"我们应该设想一个原初的人（on），他有其本真性，此外他还永不停息地维持着成人的各种各样的最大激情，他的每个知觉都在我们这里更新着经验。"（Merleau-Ponty, *Signes*, Paris, 1960, p. 221）。——译者注

的世界的开放不是一种错觉，也不是一个先天，而是我们在**存在**中的牵扯。萨特在解释这一点时说，**为己**必然地被一个想象的**在己为己**所萦绕。我们仅仅说，**在己为己**不止是一个想象物。想象物是没有稳定性、不可观察的，当人们转入视觉时它就消散了。这样，在哲学意识面前，**在己为己**就自行消散，以便让位于存在着的存**在**，和不存在的**虚无**，让位于关于一个**虚无**的严格之思（这个**虚无**需要**存在**，它通过对自身的否定以达到存
118 在，并由此实现了对内在于**存在**中的自我的沉默肯定）。萨特的**在己为己**的真理是对纯粹**存在**的直观和对**虚无**的负直观。对我们来说，相反地应该承认它之中的神话的坚固性，也就是说一种起作用的想象物的坚固性，这种想象物是我们的建制的一部分，它对于**存在**本身的定义来说也是不可缺少的。除了这一点外，我们说的其实是同一回事，萨特自己也明确指出了那斡旋于**存在**与**虚无**之间的东西。

一种将乌有之为乌有（又由此将存在之为存在）作为其研究原则的否定性哲学在其纯粹性中思考这些不可见者，同时承认关于虚无的知识是一种知识的虚无，承认虚无只在被整合到存在中的混杂形式下才是可通达的。这种否定性哲学不可分地既是逻辑又是经验：在它那里，存在与虚无的辩证法只是对经验的一种准备；反过来，经验，如这种哲学所描述的，则是由存在的纯粹实在性（entité）和虚无的纯粹否定性维持并构成的。纯粹的否定者在否定其自身的同时为肯定者（le positif）而牺牲了自己，而毫无保留地自我肯定的纯粹肯定者则认可了这种牺牲——这种含义的运动只不过是追随那被付诸实施的非矛盾

原则达到其结果的存在之存在和虚无之非实存，它给出了一个哲学家与之吻合的纯粹视觉图式。如果我将我和我对世界的视景融为一体，如果我在行为中无任何反思后撤地考虑我对世界的视景，那它确实就集中在虚无的某一点上，在这个点上，存在本身，如其所是的在己存在成了被看的存在。对具体的描述和逻辑的分析来说共同的是——更进一步：在一种关于否定者的哲学中，把存在与虚无的绝对区别与对陷于存在中的虚无的描述等同起来的东西是——它们是直接性思想的两种形式：一 119
方面，人们寻找处于纯粹状态的存在和虚无，人们想要尽可能地接近它们，人们瞄向在其充实性中的存在本身和在其空洞性中的虚无本身，人们挤压含混的经验，直至从中挤出实在性和否定性，人们把经验夹在这两者之间，就像夹在钳子中间那样，人们在可见者之外完全信赖我们在“存在”和“虚无”的名下所思考的东西，人们践行一种指向经验之外的各种含义的“本质主义”思想，由此建构我们与世界的各种联系。同时，人们置身于我们作为看者的状态中，并与这种状态相吻合，他们自行实施所谓的视看，他们不说任何不是来自从内部体验到的视觉本身的东西。含义的澄清和生命的实践合而为一，因为不言而喻的是：生活或思想一直就是（就像人们想说的那样）自我认同或者虚无化。如果一种关于否定者的哲学既是对本质的固定又与体验相吻合，这并不是偶然的，不合逻辑的或折衷主义的，而是因为自发性就在于以非存在的方式存在，反思的批判则在于以存在的方式不存在，还因为这两种联系构成了一个循环——我们就是这个循环。我们说，在这种普遍的双重性（ambivalence）中，关于否定者的哲学是难以把握的，而事实上，人们用来反对它的一切，它都全部接受。虚无不存在吗？虚无的观念是一种伪观念吗？存在是超越的吗，抑或“人的实在”是通向存在的入口？不是人拥有存在而是存在拥有人吗？它是第一个承认这些的，这些就是它自己的原则。只不过，在这种哲学中，这些原则是与相反的原则一致的：正因为 nichtiges Nichts（无化着的虚无）是不存在的，“有”（il y a）就被保留给一种没有混杂的、实定的和完满的存在。正因为没
120 有虚无的观念，虚无才在存在存在之际自由地虚无化。正因为超越是**存在**的入口和对**我**的逃逸，这种离心的和不可触摸的力量（我们就是这种力量）才支配**存在**的所有显现；而且正是从**我**开始，通过绽-出或异化，“有”才得以产生。存在拥有人，但这是因为人献身于它。因此就有了否定者哲学留下的这样一种麻烦：它比人们此前所做的更敏锐地描述了我们的事实处境，——然而，人们保留了这样一个印象：这种处境是被俯视的，它确实是被俯视的：人们越是将经验描述为存在和虚无的一种混杂，它们之间的绝对区别就越是被肯定，思想越是依附于经验，它就越是与经验保持距离。这就是关于否定者的思想的魔力。然而这也意味着它不能通过它所肯定的东西——它肯定一切——，而只有通过（恰恰在它想要成为一切的意志中）它所抛在一边的东西来加以勾勒或辨认：亦即哲学家的处境（这个哲学家说话恍若不同于他所谈论的东西），因为处境使他所说的话具有了某种不属于其显在内容的潜在内容，因为处境暗含着在他所确定的诸本质与适合于处境的体验之间的差异（écart），暗含着在经历世界的活动与他得以在其中表达这种活动的诸实在、诸否定（les entités et négatités）之间的差异。如果人们

考虑这一剩余，就不再有在体验与非矛盾的原则之间的同一性，思想——恰恰是作为思想——就不再自诩能传达一切体验：它保留了体验中的一切，除了它的厚实和重量外。体验不再能在我们从它那里引出的观念化中认出自己。在俯视式的思想或本质确定与内在于世界或视觉的生活之间，一种差异重新出现了，它禁止思想提前投射到经验中，并邀请思想更切近地重新描述经验。对于一种意识到自己是知识，是对一种先在经验的再次确定的哲学来说，“*存在存在，虚无不存在*”的说法就是对总体 121
处境的一种观念化，一种接近；它除了我们所说的*东西*以外，还包括我们从中得到我们所说东西的那种沉默的经验。而且，如同我们被邀请到视觉（作为面向存在的直接在场）后面去重新发现存在之肉和看者之肉，我们也应该去重新发现这样一个共同所在，在其中，仅仅是 *λέκτα*（意谓、被说出的东西）[1] 的存在和虚无彼此靠着对方而工作。我们的出发点将不是“*存在存在，虚无不存在*”，甚至不是，“*有的只是存在*”（这是一种总体化思想的表述，一种俯视思想的表述），而是：有存在，有世界，有*某物*；在希腊语谈论 *τὸ λέγειν*（言说）的强意义上，有一致（cohésion），有意义。人们不从虚无出发，ex nihilo（无中生有地）使存在涌现，人们从一种存在论的地层出发，在那里，

① *λέκτα* 和后面的 *τὸ λέγειν* 都源于古希腊语动词 *λέγε*（说），其中 *λέκτα* 是该词的被动分词中性复数形式，而 *τὸ λέγειν* 则是该词的动名词形式。*λέκτα* 后来也成为斯多葛哲学中的一个概念，主要指命题陈述的逻辑内容或意义。斯多葛哲学区分了命题的语言陈述与其意义内涵，前者是物质性的，可感的，后者（即 *λέκτα*）则是非物质的，心智的。梅洛-庞蒂在后面第 311 页又提到了这个概念。——译者注

人们从来不说根基是乌有。首要的不是在虚无基础上的充实而肯定的存在，而是一个显象场，在其中的每一个显象如果单独来看，也许会突然出现，或随后被消除（这是虚无的部分），但对于这每一个显象，我只知道它将会被另一个显象（它将是前一个显象的真理）所取代，因为有世界，因为有某物，这个世界、这个某物不需要为了存在而首先取消乌有。关于虚无，说它不在，说它是纯粹否定都说得过重：这是在其否定性中确定它，是将它当作某种本质，是将词语的肯定性引入它之中，而它却只能作为那无名字、无地方、无性质者才有价值。原则上，一种否定者的哲学既不能从“纯粹”否定出发，也不能将纯粹否定当作其自身否定的施动者。通过颠倒反思哲学——它将整个实定者放入内部，而把外部当作简单的否定者——的立场，通过相反地将精神定义为只依赖其与外部存在的接触而存活的纯粹否定者，这种否定者哲学错过了目标：尽管现在是由于相反的理由，
122 它还是再一次使得这种*向存在的开放*——即知觉信念——变得不可能。由于没有在观念与观念的观念之间，在反思者与被反思者之间设置一种距离，反思哲学不能说明这种向存在的开放。现在缺乏的仍然是这种距离，因为这位作为乌有的思考者，既不能通过任何东西将他与那素朴地知觉着的人相分离，也不能通过任何东西将他与知觉者所知觉的东西相分离。对一种关于思想和我们的内在思想的哲学来说，没有向存在的开放——但是对一种关于虚无和存在的哲学来说，同样没有向存在的开放，因为在这一情况下和在另一情况下一样，存在并不真正地在远处，在一定距离之外。思想过于封闭于自身，而虚无又过于外在于自身，以致人们不能够谈论向存在的开放；在这种关系下，

内在和超越是无法明确区分的。有人也许会说，那就让它这样吧。那么就让我们从向存在的开放出发吧。不过，为了真的有开放，我们不应该从形而上学的完满中走出来吗？向存在开放者和看者不应该是存在中的绝对空隙吗？最终，他不应该是纯粹的否定者吗？否则的话，我们不就像庸俗相对主义那样被从这个显象带到另一个显象，却既没有绝对显象或意识，也没有在己存在曾经发生吗？没有绝对的否定性，我们不就处在一个飘浮的、却没有任何人意识到它们的物理或心理形象的世界中了吗？这种反对假设了成问题的东西，亦即人们只能思考各种（物理的、生理的、心理的）存在或绝对异在于作为事物的实存的诸“意识”，它宣告了向一种思想的反思二分法的回归，这种思想与其说超越了这些二分法，不如说是把它们提前融入了自发的生命之中。

所以，当我们达到对陷于存在中的虚无的描述时，就不认为**存在**与**虚无**的二分法继续有效了；于是我们觉得这种二分法是对这些描述的一种抽象的介绍，从介绍到描述，有一种运动、 123
进展和逾越。通过说应该用*辩证法*取代对存在的直观和对虚无的负直观，我们难道不能简单地表达这个意思吗？从最表层到最深层，辩证思想就是承认相互影响或互动作用的思想——它因而承认 A 项和 B 项之间的总体联系不能仅用一个命题来表达，这种总体联系中还包含着许多其他不可重叠甚至是对立的命题，这些命题界定了如此多逻辑上不可并存、实际上却统一在它之中的观点；更有甚者，这些命题中的每一个都走向其对立面或其自身之反面，并且是通过其自身的运动走向其对立面或其自身之反面的。因此，**存在**（通过其每一个视角的特定要求，并从定义了它的那种排他性的观点来看）就变成了一个有多个入口的系统，所以它不能外在地同时性地被沉思，而应该被实际地穿越；在这种转变中，过去的阶段并不像我走过的路段那样被简单地经过，相反，它们呼唤或要求当前的阶段，恰恰因此，它们有了新的令人困惑的面貌，它们因此继续在当前的阶段中存在，这也意味着回头去看时，它们已被当前的阶段所改变；因此这里涉及的不是一种遵循预定道路发展的思想，而是一种自己开辟其道路的思想，它在前进中找到自己，它通过开辟道路而证明道路是可行的，——这种思想完全服从于其内容，从其内容中得到激励，不会将它自己设想为一个外在过程的反映或复本，它是从他者出发而产生的联系；因此，它不是外在的见证者，更不是纯粹的施动者，它被卷入了运动当中，而不是俯视这个运动；尤其是，它不将自己表述为一系
124 列应该被如其所是地看待的陈述，每一个陈述要想是真的，都应该在运动的整体中被带回到它所属的阶段，并且只有当人们不仅考虑它明确地说的东西，也考虑它在整体中的位置（这构成了其潜在的内容）时，它才有其圆满的意义；这样，说话者（及其隐含之意）总是规定了其所言之意义，哲学家总是被卷入他所提出的问题之中，如果人们在评价每一陈述时不考虑进行陈述的哲学家的在场的话，就没有真理可言；在显在内容和潜在内容之间，可能不仅仅有差异，而且有矛盾，然而，这双重的意义都属于陈述——就像当我们想要考察一个在己之物时，我们就为此而集中关注它，我们开始以它为我们而在的那样来规定它；因此，对于辩证思想来说，**在己**的观念和**为我们**的观念在其自身之外各有其真理，都不属于总体的或圆满的思

想之列，后者是通过一种无限的解释才得到规定的。因此，总的说来，辩证思想是这样一种思想，它承认——或者在内在于存在的各种联系中，或者在存在与我的各种联系中——每一项只有通过走向对立的项才是自己，只有通过运动才成为它之所是；它承认，对每一项来说，过渡到他者那里或成为自身，走出自身或返回自身是一回事，向心运动和离心运动是唯一的一个运动，因为每一项都是其自身的中介，是一种生成的要求，甚至是产生另一项的自我摧毁的要求。如果辩证思想就是这样的，那么我们在**存在**与**虚无**的二分法中试图运用的不正是辩证思想吗？我们的讨论不正在于指出这两个项（不论人们是在世界内的相对意义上，还是在作为思想者和所思者之标记的绝对意义上来看待它们）的关系包含了许多具有双重意义的联 125
系，它们既不可并存又相互需要（互补的联系，就像今天的物理学家所说的那样）？而且这个复杂的总体就是人们由之出发的抽象二分法的真理？无论如何，透过其所有的变化，辩证法不就是各种关系的颠倒，通过颠倒而形成的连带性和一种理智的运动（它不是诸如“*存在存在，虚无不存在*”之类的立场或陈述的总和，而是将这些立场或陈述分布到多个平面上，将它们整合到一个深度存在中去）吗？尤其在涉及思想与**存在**的关系时，辩证法不就是对俯视式思想，完全外在的存在以及反思性的拒绝吗？它不就是在**存在**中工作并与**存在**接触的思想——这种思想开启了一个面向存在的显现空间，它的所有始动步伐（initiatives）（即使只是作为被扬弃的错误）都被铭刻、记录或沉淀在存在中并获得其有意义的历史形式（即使这种历史形式在兜圈子或者走之字步）——吗？总而言之，我们寻找的恰恰是这样一种思想：它不是双重性的，“腹语的”，而是能够使双重的甚至多重的意义既差异化，又整合进一个唯一的世界中，正如赫拉克利特已经让我们看到，对立的方向在循环的运动中是相重合的。最后，这种思想能够进行这种整合，是因为循环运动既不是诸对立运动的简单总和，也不是加于它们之上的第三种运动，而是它们的共同意义，这两个可见的组成运动作为一个唯一的运动，成为总体，即景观：因为辩证法是**被看存在**（l'Être-vu）的思想，这个**存在**不是简单的肯定性，**在己**，不是被思想**设定的存在**（Être-posé），而是**自身**显示，揭蔽，处于自行生成的过程中……

辩证法确实是所有这些，在这个意义上，它就是我们所寻
126 找的。然而，如果我们至今尚未说出这个词，那是因为在哲学史上，它从来就不纯粹是所有这些，因为辩证法是不稳定的（在化学家给予这个词的意义上说），它甚至在本质上和定义上就是不稳定的，以至于一直没能够在不改变它的性质的情况下对它形成论题，而且，如果人们想保持它的精神，也许甚至不应该命名它。它所指涉的、我们刚才试图指出的存在类型也许实际上不可能得到实证的规定。这种存在充溢于可感世界中，但前提是要将可感世界从各种本体论添加给它的东西中剥离出来。作为一种处境的思想，一种与存在接触的思想，辩证法的任务之一就是动摇那些虚假的明见性，揭露那些脱离了存在之经验的空洞的含义，并在它自身也变成那些空洞含义之一时进行自我批评。然而，一旦它以论题、以单义的含义被陈述，一旦它脱离了其前谓词的语境，它就有变成那样的危险。进行自我批评对它来说是本质性的——当它变成了人们所谓的一种哲

学时忘记这一点也是本质性的。这样一来，它用以描述存在运动的那些表述本身就可能歪曲这种运动。要接受自我中介化这一深刻的观念，这样一种运动——通过这种运动，每一项为了成为自身而停止是其自身，为了自我实现而自我破裂、自我敞开、自我否定。然而，只有当中介化的项和被中介化的项——它们是同一个（le même）——不是同一性（identité）意义上的同一个时，这种深刻的观念才能是纯粹的：因为那样一来，在缺乏任何差异的情况下，就不会有中介、运动、变化，人们将继续保持在完满的肯定性中。但如果中介化项是被中介化项的简单或绝对的否定，也不会有自我的中介化：绝对否定将简单地消除被中介化项，并通过转而反对自身而自我消灭，以至于仍然没有中介，而只有向着肯定性的纯粹而简单的后退。因 127
此，可以排除的是，中介来自肯定项，就好像中介曾是其属性之一，但中介同样不能从一个外部否定性的深渊来到肯定项中，这个深渊不可能占有肯定项，并使它完好无损。然而，辩证法正是通过这第二种方式而表现出来的——当它不再是解读那个我们与之有接触的存在、那个处于显现之中的存在、那个处境的存在的一种方式时，当它想要一劳永逸、毫无遗漏地表达自己，把自己陈述为理论，形成其自己的总体时。这样，为了达到终点，否定被带到了绝对，成了对自身的否定；与此同时，存在重新堕回纯粹的肯定者，否定在存在之外作为绝对的主体性而集中于自身，辩证运动成为诸对立项的纯同一性，即双重性（ambivalence）。正是因此，在黑格尔那里，被定义为深渊或绝对主体性的**上帝**，自己否定自己，以便使世界存在，也就是说，以便有一种关于它却不属于它的看法（vue），据这种看法，它是作为后于存在者出现的；换言之，**上帝**使自己成为人——由此黑格尔的哲学就具有一种神学和人类学的双重性。在萨特那里也是一样，**存在**与**虚无**的绝对对立导致向肯定者的回返，导致**为己**的牺牲——除非他严格地坚持否定者的意识是存在的边缘；在他那里，否定的否定不是思辨活动，不是**上帝**的展开，结果是**在己为己**（En-soi-Pour-soi）对他来说仍然是**为己**的自然错觉。然而，有如下的保留，辩证法的同一种变形，在双重性中的同一种反复都出现在两者那里，而且基于同样的理由，即思想不再伴随或不再成为辩证的运动，它把这种辩证运动转变为含义、论题或已被说出的东西，因此，它重新掉入
128 **虚无**和**存在**的双重形象中——**虚无**为了**存在**能够存在而自我牺牲，而**存在**基于其首要性的地位，也容忍了被**虚无**所认出。在辩证法中有一个陷阱：由于它是内容的运动本身（就像它通过自动构建所实现的那样），或者说是在呼求与回答、问题与解决之间重溯和追随各种联系的艺术，由于辩证法原则上是修饰语，一旦人们将它当作箴言，一旦人们谈论它而不是实践它，它就变成了一种存在的力量，一种解释性原则。曾经是**存在**之存在方式的东西成了一个邪恶的精灵。当哲学家发现真正的哲学可能受到哲学的嘲弄时，他就会说：啊，辩证法！在这里，辩证法几乎成了某个人，就像事物的反讽一样，这是投到世界上的一个魔咒，它把我们的期待变成嘲笑，是一种在我们的背后扰乱我们的诡诈力量，更糟的是，它有自己的秩序和合理性；因此，这不仅仅是一种无意义的危险，而且更糟：它确信事物有我们能够认识的那种意义之外的另一种意义。我们已经走在一条坏的辩证法之路上了，它反对自己的原则，强加一种外部法则和

框架于内容之上，并为了它的利益而恢复了前辩证的思维。从原则上说，辩证思想排除任何外推法，因为它指出，在存在中始终有存在的补充，数量的差异转变为性质的差异；意识，作为对局部的、抽象的外部的意识，总是被事件所欺骗：然而这种逃离生命和历史以解决问题的方法不同于外部意识所采取的方法（有时更好，有时不那么好），它被理解为一个矢量，一种辩证运动的极向（polarité），一种占优势的力量，这种力量总是作用于同一方向（sens），以过程之名跨越过程，并因此而认可了对不可避免者的规定。当辩证运动的方向脱离了具体的框 129
架（constellation）而被定义时，事情就是这样的。坏的辩证法几乎是与辩证法同时开始的，只有好的辩证法才是那对自己作自我批评且作为孤立的陈述而自我扬弃的辩证法；只有好的辩证法才是超级辩证法（l'hyperdialectique）。坏的辩证法是那种不愿为救其灵魂而放弃其灵魂的辩证法，它想直接就是辩证的，它自我许可，最终为了逃避自身的双重意义而沦为犬儒主义和形式主义。我们称之为超级辩证法的则相反地是一种能够达至真理的思想，因为它毫无保留地面对关系的多样性和人们称作含混性（ambiguïté）的东西。坏的辩证法是那种以为用一种正题的思想（une pensée thétique），用陈述的集合，用正题、反题和合题就能重新构成存在的辩证法；好的辩证法则是那种意识到任何论题都是观念化，而**存在**却并非由观念化或所说之物构成（像旧逻辑所以为的那样），而是由诸关联性的组合构成的辩证法，而在这些组合中，含义总是作为倾向才存在，内容的惰性从不允许将一个项定义为肯定的，将另一个项定义为否定的，更不能将第三个项定义为否定经由自身的绝对取消。值得注意的要旨在于：我们谈论的非合题的辩证法完全不是怀疑主义、庸俗的相对主义或难以形容者的统治。我们抛弃的或否定的不是进行重新聚集的扬弃（dépassement）的观念，而是导致一个新的肯定者，一种新的立场的观念。在思想和历史中，就像在生活中一样，我们只认识具体的、局部的、充满残余的、携带着缺陷的扬弃；无论如何都没有这样一种扬弃，它既保留了此前阶段所获得的一切，又在其中机械地加入了更多的东西，
130 还允许把辩证的诸阶段归入一个从较少真实到较多真实，从不太有根据到比较有根据的等级秩序中。但是，在辩证之路的一个特定阶段是可能有进步的，尤其有非长期性的解决。换言之，我们排除于辩证之外的，是纯粹否定者的观念，我们所寻找的，是存在的一种辩证定义，它既不可能是为己存在，也不可能是在己存在——这是仓促的、脆弱的、易变的定义，正像黑格尔正确地说过的那样，这种定义重新把我们从一个定义带到另一个定义——也不是达至双重性极点的**在己为己**，（这个定义）① 它应该在反思的断裂之前，在存在的周围，在它的视域中，既不在我们之外，也不在我们之中，而是在这两种运动的交叉处，在“有”某物之处，重新发现存在。

知觉信念与探究

对否定性的这些评论已经能使我们面对世界确定我们的问题的意义，因为最困难的是在这个问题之所是、在它可能之

① 我们重新将该词放入括号里，以消除含混性。——编者注

所是、在它之确切和本己的意义上、在它之所问上不出错。我们已经知道问题不在于要知道世界是否真的存在，或世界是否只是一个安排得很好的梦：这个问题掩盖了另一些问题，它假设梦和形象是被人所知的，被人很好地所知的，它只能以一种所谓的心理实定性的名义来探究世界，它将一种可能的非实存的影子投在世界上，但它没有阐明它用来代替世界的那种心智实存——它事实上是将心智实存设想为一种变弱的或降级的真实实存；如果如此被理解的怀疑通过某种论证被消除了，那么那将被归结为我们的梦的“真实”实存就将是这个真实实存本 131
身，晦暗而不可理解——我们曾从这种实存出发，一切又将重新开始。我们不问世界是否实存，我们问对世界来说“实存着”（exister）意味着什么。然而，尽管这样地被改变了，这个问题仍不是彻底的。因为人们还是能在一种隐匿了其真实动力的表面意义上来理解它。当我们问对事物和世界来说“实存着”是什么时，人们可能会认为涉及的仅仅是定义一个词。毕竟，问题都发生在语言中。即使我们觉得一种断言性的思想（une pensée affirmative）能够摆脱词语，建立在自己的内在相即性上，否定，尤其是探究——它们不陈述事物的任何内在固有属性——却只能通过语言工具来维持自己。人们因此就可以尝试将关于世界的哲学问题置于语言事实之列，至于答案，则似乎只能到词语的含义中去寻找了，因为问题是在词语中得到回答的。然而我们前面的反思已经告诉我们，这只是逃避问题：关于世界存在的意义这个问题是如此难以通过词语的一个定义——这可以从对语言及其能力、语言功能的实际条件的研究中得出——来解决，以致它反而又重新出现在语言研究中，但语言只是世界的一种特殊形式；人们只有通过假定语言自身具有明见性，“世界”或“事物”这些词的含义原则上不会出现任何困难，语词的合理运用规则在一种单一含义中是清晰可知的，才能将哲学还原到语言分析那里。然而，恰恰是语言学家们告诉我们事情并非如此，单一含义只是词语含义的一部分，在此之外，总是有一种含义的光晕显现在对词语的新的和未曾
132 预料的使用方式中，有一种语言对于语言的操作，即使没有其他的刺激，这种操作也可能将语言抛入一种新的历史中，使词语本身的含义成为一个谜。语言远未掌握世界存在的秘密，语言本身就是一个世界，就是一个存在——一个具有第二潜能（la seconde puissance）的世界和存在，因为语言不是对空无说话，它谈及存在或谈及世界，因而它加增了它们的谜，而不是让谜消失。对世界的哲学探究因此就不在于从世界本身转向我们就世界所说的话，因为它是在语言内部反复进行的。进行哲学思考（philosopher）不是以词语的名义对事物提出怀疑，就好像被说之物的世界比原生之物的世界更清楚，就好像实际世界是语言的一个区域，知觉是一种含糊残缺的言说，词语的含义则是一个完全可靠的实定性领域似的。然而，这个观点不仅仅是反对一种语言的实证主义：它针对一切在纯粹含义中寻找意义之源的企图，甚至是在还没有作出语言陈述的时候。对世界的哲学探究不在于（比如说）为了一种“人类现象”层次的利益，也就是说，为了诸显象的融贯体系的利益（像我们人类所能够建构的那样，即在我们之所是的这种事实状况下，依据我们的心理物理结构和那使我们与一个“对象”的关系成为可能的联系类型），而对在己世界或在己事物提出质疑。不论这种

对象的构建是根据科学的方法和借助算法的途径被理解，还是人们把 constructa（建构物）与具体物相对照（因为科学毕竟想成为一种 scientia intuitiva[直观的科学]，成为世界本身的理智），抑或最后人们更一般地想要阐明各种类型的行为和态度：
情感的、实践的和价值的——意识就是通过这些行为和态度而 133
使自己指向诸客体或准客体，使它们互相指涉，并实现从一种态度向另一种态度的转变——，在所有这些情况下，被提出的问题仍不是彻底的和最终的，因为人们相对于晦暗的事物和世界，为自己提供了一个意识和被构成含义的操作场——人们假设世界和事物是这个场的终端产物。而且，对于这个场就像对于语言场那样（它事实上预设了语言场），哲学家应该问自己，它是否封闭的、自足的，它作为 artefact（人工制品）是否不向自然存在的一种原初视角开放，即使在涉及被证实的存在、被认定的存在和被转变为客体的存在时假设它是决定性的，它是否就没有一个原生存在和原生精神的视域，而被建构的客体和含义尽管都来自于这个视域，却没有说明这个视域。

这样，在面对被知觉世界时我们所具有的惊讶感的意义就明确了。这不是皮浪式的怀疑，甚至不是诉诸肯定思想的一个内在领域，而被知觉世界只是这种肯定思想的影子：影子是在我们之中而不是在我们之外；通过悬置世界的明见性，通过在我们对于世界的思想或意识中，在思想的操作和论题中寻找帮助，我们将找不到任何超越的或仅仅与之匹敌的东西，可解释我们眼前的世界的坚实性、我们在世界中的生命的一致性。通过对赞成和反对进行颠倒，我们不仅得以把否定思想平反为一种原初的思维方式，而且还否定地形成了——好像非如此就没有表象——因果性原则，最终还将对于斯宾诺莎来说是肯定性本身的思想构想为否定性思想。那么现在，是否应该通过下面这个说法完成这种颠倒，或超越这种颠倒呢？这个说法即：我
134 不可能是为我存在的，除非在我自己的中心我根本上什么都不是，但这个中心的虚空应该被存在，被一种处境、一个世界所承担，这个虚空只有作为它们的各种视角所指向的焦点才是可以被认识的，而且在这个意义上，就有着存在对于思想的优先性。这样，当笛卡尔指出关于看的思想比被看之物或视觉更可靠——思想，正因为它只是绝对显现，所以是绝对地无可质疑的，正因为它处于存在与虚无之间，所以它在怀疑面前比实定的和完满的事物更加坚固——时，本来开放的循环就关上了。确实，笛卡尔和笛卡尔主义最终将这个只处于半途之中的能思之物推到了**存在**的一边：因为它毕竟不是乌有，因为虚无是没有属性的，所以它就成了一个无限**存在**、一种精神肯定性的征兆和踪迹。但是，从世界撤离，向内在之人回归，反思的不（le non réflexif），却仍然被*我思*安置在了哲学中，并且，当某一天思想不再相信能在自身中把握一个自因**存在**的自发发生时，它们必定会在哲学中产生其所有的结果：这样，不可见的或没有属性的否定性就只能被世界本身所承担，只能是**存在**中的一个空隙。在否定性和**存在**之间，甚至不再有对怀疑进行悬置的位置，处于活动中的否定性就将是实存本身，或至少是世界之“有”，哲学将不再是问题，以便成为对这个双面活动的意识，成为对这个也是“是”的“否”，也是“否”的“是”的意识。长期的演变将肯定者从世界移到了意识这一边（意识成了世界的关联

项及其联系原则），同时也使哲学作好了准备，以便将非存在建立为存在的枢纽，这种演变将通过对**在己**的平反和**在己**的至上性而突然地在观念论的极端处得以完成。

这就是最终向我们显示为不可能的东西。在我们看来，这 135
种最终的变化（avatar）更多地是过度补偿了观念论而不是超越了它，我面向**在己**的直接在场（从乌有到实是者的无限距离在同时既建立又消解了这种在场）与其说是一个解决，不如说是从实在论到观念论的一种往复来回。哲学不是与世界的断裂，不是与世界的重合，但也不是断裂和重合的交替。这种由《存在与虚无》的哲学表达得如此清楚的双重联系也许仍然是不可理解的，因为这依然是一种意识——一个完全显现的存在——在负责承载存在。在我们看来，任务在于严格地描述我们与世界的联系，这种联系不是虚无对存在的开放，而仅仅是开放；正是通过这个开放，我们才能理解存在和虚无，而不是通过存在与虚无我们才能理解这个开放。从《存在与虚无》的观点来看，向存在开放意味着我在它本身中访问存在：如果它仍然在远处，那是因为虚无，在我之中观看的匿名者，把一个空无的区域推到了自己面前，在这个空无区域中，存在不只是存在，还是被看见的。因此是我的构造性虚无既造成了与存在的距离，也造成了存在的接近，即不同于事物本身的视角，它将我的场域的边界（limites）构成为边界；它在这样做的同时跨越了这些边界和这种距离；它只有通过首先使平面图显现出来才使诸视角出现，它将走向一切，因为它是乌有——从此时起，不再有某物，不再有开放，因为不再有相对于这些边界的目光的运作，不再有使人说我们向着世界开放的视觉的惰性。这种视觉

光圈通过与将要被看到的一切相调协而给出了我对世界的视点，
136 它当然不是固定的：没有任何东西会阻挡我们通过目光的运动跨越边界，但这种自由仍是秘密地受约束的；我们只能移动我们的目光，也就是说把它的边界移到别处。但必定是始终都有边界；赢得了这一边，就得失去那一边。一种间接而阴沉的必然性压在我的视看上。这不是一种永远不可跨越的客观界限的必然性：我的场域的周遭轮廓不是一些划出的线，我的场域不是从黑暗中切割下来的；毋宁说，当我靠近事物时，事物就分开了，我的目光就分化了，而由于没有看者和分环勾连的事物，视觉也就停止了。甚至不必谈论我的运动能力，我也并不因此就被封闭在可见世界的一个区域之内。然而我仍然是受束缚的，就像动物园中那些既没有笼子也没有栅栏的动物，其自由被某道过于宽阔以致它们不能一跃而过的鸿沟给温柔地终结了。对世界的开放假设了世界是并仍然是地平线，这不是因为我的视觉把它推到了视觉自身之外，而是因为以某种方式，看者属于世界并在世界之中。哲学因此不会试图去分析我们与世界的关系，不会试图去拆解这种关系，就好像它是通过组装而产生的；然而，哲学也不会通过对**存在**的一种直接而总体的观察（对这种观察再没有什么可说的了）来结束自己。哲学在阐释我们和世界的关系时，不能自诩在这种关系中重新找到了有可能是我们放入其中的东西，它不可能通过（以暗含的形式）将我们以后能对事物和世界所思、所说的一切压缩进事物和世界中来重建它们。哲学仍然是个问题，它探究世界和事物，它重构、重复或模仿世界和事物在我们面前的结晶化。由于这种结晶化一方面是现成地给予我们的，另一方面又永远不会结束，我们就能由此看到世界是如何自行形成的。它是在某种结构性规律的支配下自行形成的：事件让一些相当普遍的力量显现，如目光或言语这样的力量，它们以一种可辨认的风格，依据“如果……那么……”的联系，依据一种行动的逻辑而运作，而如果我们想摆脱思想的现成概念、主体和客体给我们造成的麻烦，并最终知道世界是什么、存在是什么，那我们就必须界定这种行动逻辑的哲学地位。哲学不会将我们与世界的关系分解为一些实在的因素，或甚至是一些理想的参照（它们会把世界变成一个理想的对象），而是从中识别各种关联，并在其中唤醒那些前有（prépossession）、重演（récapitulation）和交换（enjambement）的有序联系，这些联系仿佛沉睡在我们的本体风景（paysage ontologique）中，仿佛只以痕迹的形式持存在那儿，但却继续在那里起作用，继续构成新的东西。 137

因此，哲学家的提问方式不是认识的提问方式：对哲学家来说，存在和世界不是一些未知的东西，需要通过它们与一些已知项的关系来规定，而这些已知和未知的东西都事先就属于同一个可变者的秩序，一种能动的思想（une pensée prenante）则力图尽可能地去接近这种秩序。哲学也不是意识的觉醒：对它来说，问题不在于在一个立法者意识中重新发现它通过规范的定义给予世界和存在的含义。正如我们不是为了说话而说话，正如我们是对某人说及某事或某人，正如在这种言说的始动行为（initiative）中，暗含着对世界和他人的一种瞄向，而在这种瞄向中，我们所说的话则被悬置起来了，同样，词汇的含义，甚至是像几何学的含义那样被精心重建的纯粹含义，都瞄向一

个原生存在和共同实存的世界——当我们言说和思考时，我们
138 就已经被抛入这个世界了，而且这个世界原则上不接受客观化的或反思的接近方式，因为它保持着距离，在地平线上，并且是潜在的或隐藏的。哲学瞄向的是这个世界，如人们所说的，它是哲学的对象。但在这里，空隙永远填不满，未知永远不会被转换成已知，哲学的"对象"永远不会充实哲学的问题，因为这种充填将会夺去本质上属于它的深度和距离。实际的、现在的、最终的和最初的存在，事物本身，原则上是通过它们的各种视角而被透明地把握的，因此它们就只呈现给这样一个人，他不是想拥有它们，而是想看到它们，不是想把它们像夹在钳子中那样抓住它们，或像把它们放在显微镜镜头下那样固定住它们，而是任其存在并目睹其继续存在，因此，他仅限于归还它们所讨要的空隙和自由空间，给予它们所要求的共鸣，他追随着它们自身的运动，因此他不是完满的存在将要去填塞的一个虚无，而是与有孔隙的存在相调协的问题——它[①]询问这个存在，但从那里得到的不是答案，而是其惊讶的确认。应该将知觉理解为这种探究的思想，它让被知觉世界存在，而不是设定它，在这种探究思想面前，事物在某种游移中，在是与否[的答案]之前自行生成和解体。

我们关于否定者的讨论向我们宣告了哲学的另一个悖论，这一悖论将哲学与所有的认识问题区别开来，并禁止我们在哲学中谈论解决：接近那作为远景的远景，哲学也是向不说话者提出的问题。它向我们的世界经验询问，世界在成为人们谈论

① 这里的"它"指的是"问题"。——译者注

之物、变得不言而喻之前是什么，在它被归结为一组可操控的和可支配的含义组合之前是什么；它向我们沉默的生命提出这个问题，它指向先于反思的这种世界与我们的混合，因为对含义本身的考察给予我们的是一个被还原为我们的理念化和我们 139
的句法的世界。然而此外，它也说出了它通过如此这般地回到始源时所发现的东西。它是一种人的建构，哲学家清楚地知道这一点，不管他做什么努力，在最好的情况下，它也只能作为一个样品而在 artefacts（诸人工物品）和文化物品中占有一个位置。如果这种悖论不是一种不可能性，如果哲学能够言说，这是因为语言不仅仅是各种固定的、已获得的含义的收藏馆，因为语言的积累能力本身就来自于一种预测或先有的能力，因为人们不仅仅言说其所知，以便把它们展示出来，而且也言说其所不知，为的是去知道它们，因为语言在自我形成之际（至少是潜在地）表达了一种它为其一部分的本体发生。但这导致了最具哲学性的言语并不必然地是那些包含了其所说的一切的言语，而毋宁是那些最有活力地向**存在**开放的言语，因为它们最切近地给出了整体的生命，并动摇了我们的习惯性明见直至其解体。因此，问题就在于知道，哲学，作为对原生的或野性的存在的重获，是否能够通过雄辩的语言来实现，或者哲学是否不应以这样一种方式来使用语言，它为了使哲学与它依然想说的东西相匹配，而剥夺了其当下的或直接的含义所具有的潜力。

总的说来，哲学探究知觉信念，但它既不期待也不接纳一种平常意义上的回答，因为不是揭示一个变量或一个未知的不

变项就能满足这个问题的，因为既存的世界就实存于探究的方式中。哲学，就是正在探究其自身的知觉信念。对这种信念，
140 就像对任何信念一样，我们可以说它是信念，因为它是怀疑的可能性，而对于事物的这种不知疲倦的穿行（这就是我们的生命）也是一种持续不断的探究。这不仅仅是哲学，这首先是探究事物的目光。我们不像观念论认为的那样，拥有一种构造事物的意识，也不像实在论认为的那样，拥有事物之于意识的一种预定秩序（préordination）（就在此使我们感兴趣的东西而言，它们是不可区分的，因为它们两个都断定了事物与精神之间的相即性），伴随着我们的身体，我们的感觉，我们的目光，我们理解言语的能力和说话的能力，我们拥有的是**存在**的各种*测量尺度*（mesurants），是我们能在其中报导存在的各个维度，但这不是一种相即性或内在性的联系，对世界和历史的知觉就是这种尺度的实施，是对它们相对于我们的标准（normes）而言的距离或差异的测定。如果在我们生命的展开过程中，我们自己是处于问题之中的，这不是因为一个中心的非存在每时每刻都在威胁着要取消它对于存在的认同，而是因为我们自身就是唯一持续的一个问题，是在世界的架构（constellations）之上定位我们自身、在我们的诸维度中定位事物的永久事业。关于好奇心或关于科学的问题本身，都内在地受到根本探究的激励，而这种探究在哲学中是最显露无遗的。“一个人时不时地抬起头，吸气、倾听、寻思、确认自己的位置：他思考，他叹息，从贴身口袋里掏出手表，看时间，*我在哪儿？几点了？*这就是我们向世界提出的没有穷尽的

问题。”[1] 手表和地图在这里只给出了一个答案的外表，它们向我们指出我们正在经历的东西是如何相对于星体的行程或人之一天的行程，或相对于一个有名称的地点而被定位的。但这些 141
参照事件和地标，它们自己又在哪里呢？它们把我们引向了他者，答案之所以使我们满足，只是因为我们不注意它，因为我们自以为是“在家”的。如果我们反过来想要定位我们所在的层面，想要测定我们所据的标尺，如果我们问：可是世界本身，它在哪儿呢？为什么我是我呢？[2] 我究竟有多大年纪？我真的是独自成为自己的吗？难道在某个地方就没有我的一个化身，一个孪生兄妹吗？那这个问题还会出现，并且事实上将是不可穷尽的，近乎荒诞的。这位病人在间歇期向自己提出的这些问题，或者仅仅是看向手表的这道目光——好像在这太阳西倾之际，在世界生命的这个时刻所产生的痛苦具有极端的重要性——，它们在生命受到威胁之际将我们得以安置在世界中的深层运动（它在不久之后会再次开始）暴露出来了。古代的人在天上读出了发动战争的吉时。我们则不再相信那个时辰写在某个地方，而是相信而且总是相信此时此地发生的事是具有同时性的事；如果我们不知道事情发生的时间，所发生的事对我们来说就不完全是真实的。时辰不再预先注定属于事件，但事件（无论是什么样的事件）却都拥有时间；如果我们不把事件

① Claudel, *Art poétique*, Mercure de France, p. 9.——作者注

② 阿兰说，这是在《曼侬·莱斯科》（*Manon Lescaut*）中自痛苦深处冒出来的问题。奇怪的说明：我们没有在《曼侬·莱斯科》中找到它。人们也许会问这个问题是从哪个梦境深处来到阿兰头脑中的，又为什么乔装成引文的形式。——作者注

放在世界无限的同时性及其不可区分的推进中，事件就不完全是它自己。任何问题，即使是简单的认识问题，都构成了我们自身之所是的中心问题的一部分，也构成了这种对总体性的呼求的一部分，对这种呼求，任何客观的存在都不会作出回应，我们现在必须更明确地来考察这种呼求。

探究与直观 142

哲学不提问题，也不带来那将逐渐填充空隙的答案。问题内在于我们的生命，内在于我们的历史：它们在那里诞生，在那里死亡；如果它们发现了答案，最通常的情况是它们在答案中被改变了，无论如何，是某种过往的经验和知识（un passé d'expérience et de savoir）某一天导向了这个出口（béance）。哲学不把背景（contexte）当作所予，它回到这个背景，以寻找问题的根源和意义，寻找答案的意义，以及寻找提问者的身份，由此，它通向探究，探究激活了所有的知识问题，但它是不同于它们的另一种问题。

我们平常的问题——“我在哪儿？”“几点了？”——是一种事实或一个肯定陈述的缺失和暂时不在场，是事物或指示符的织体上的洞孔，而我们确信这一织体是连续的，因为存在着时间和空间，问题只在于知道我们所是的这个空间和这个时间处于这个织体的哪一点上。乍看起来，哲学只是使这一类问题变得普遍化了。当它问空间、时间、运动和世界是不是实存时，问题的场域变得更宽广了，但这仍和自然的问题一样，只不过

是封闭在一种基本信念中的半吊子问题，这个基本信念即：存在着某物，问题仅在于知道我们认为看到或感受到的这个空间、
143 这个时间、这种运动、这个世界是否为真。信仰的解体、对他人和世界的象征谋杀、视觉与可见者、思想与存在的断裂没有像他们宣称的那样把我们置于否定者中；当人们夺走所有这一切时，他们就把自己安置于剩余之物，即感觉和意见中；剩余之物不是乌有，也不是不同于人们所删除之物的另一种东西，而是受到怀疑冲击的含混的 omnitude realitatis（全体实在）的残缺片断，这些片断以其他名称——显象、梦、心理物、表象——重新复现了这个实在之全体。正是以这种飘忽的实在的名义并为了它的利益，坚固的实在才遭到了怀疑。人们摆脱不了某物，作为确定性之摧毁的怀疑不是怀疑。当怀疑成为方法论时，当它不再是对确定性的稀释，而是有意的撤退，拒绝与确定性抱成一团时，情况也并无二致。这一次，人们不再怀疑有明见性，不再怀疑明见性暂时是无可抗拒的；如果人们把它们悬置起来，这只是出于这唯一的动机，即它们是我们的明见性，扎根在我们的生命之流中，如果要使这些明见性保持得更长久一些，我们就应该信任我们的内在构造的模糊时间装置——它给予我们的也许只是一些协调一致的错觉。这种骗人的性质，这一将我们封闭在我们的清楚（clartés）之中的不透明之物，只不过是我们的刻板做法的一个幽灵，一个或许。如果这种可能性就足以约束我们的明见性，那是因为我们通过不暗中预设任何东西的决断赋予了这种可能性以重量。如果我们以它的名义假装取消那些我们实际上不可能取消的光，将只是有条件地存在的东西当作是假的，将明见与真实之间的一种可能的差异（écart）

变成一种无限的距离，将一种思辨的怀疑变成一种类似于谴责的东西，这是因为，作为被动的存在，我们感到自己被引向一个逃离我们而去的**存在**团块中，或者甚至受到一个邪恶的施动者的操纵，我们以一种绝对的、摆脱了一切事实性（facticité） 144
的明见意愿（le voeu）来对抗这种厄运。这样，这种方法论的怀疑、这种被引入我们自身的意志领域中的怀疑就会涉及**存在**，因为它抵制一种事实的明见，拒绝一种它承认已经在那里的非意愿的真理，而寻找一种绝对明见的筹划本身就是从这种非意愿的真理中得到启发的。如果说依然有怀疑，这也许只是通过更新怀疑主义的各种模棱两可，通过略而不提它向**存在**假借的东西，或者通过展示**存在**本身的虚假性——一个**大骗子**，一个实际上自我隐藏而将我们的思想及其明见性的屏幕推到其前面的**存在**，好像这个逃逸的存在只是乌有。哲学探究如果仅限于将 an sit（某物是否存在）这种怀疑和这个普通问题普遍化，把它们扩展到世界或**存在**中，如果它将自己定义为怀疑、非知（non-savoir）或无信（non-croyance）的话，它就不可能有出路。事实并不那么简单。在向一切扩展时，普通的问题改变了意义。为了摆脱一切存在，哲学挑选了某些存在："感觉""表象""思想""意识"，甚至是某种骗人的存在。正是为了完成它的激进主义意愿，哲学就必须把这种总是将它与**存在**联系在一起的脐带般的纽带作为主题，把这个它从此以后为其所笼络、不可消除的视域作为主题，把这个它徒劳地想要重返其中的预先的密契（initiation）作为主题；它必须不再否定，甚至不再怀疑；它之后退只是为了看到世界和**存在**，抑或是为了将它们放入引号中，就像人们对待另一个人的评论那样，让它们言说，而使自己聆听……

那么，如果问题不再是 an sit（某物是否存在）的问题，那就成了 quid sid（某物是什么）的问题，剩下的只是去探寻世界是什么，真理是什么，存在是什么——我们以共谋的名义和它们结合在一起。在怀疑的同时，人们放弃了对一个绝对的外在、对一个作为实心个体（un individu massif）的世界或**存在**
145 的肯定，人们转向这个在其整个广延上都与我们的思想并列的**存在**（因为我们的思想是对某物的思想，并且因为它们本身不是乌有），这个存在因此是意义和意义的意义。这个意义不仅依附于词语，属于陈述和被说之物的领域，属于世界的某个划界区域，属于某一特定种类的**存在**，而且它还是普遍的意义，它既能支持逻辑操作和语言，也能支持世界的展开。它将是这样一个东西：如果没有它（ce sans quoi）就不会有世界，不会有语言，不会有任何东西，它将是本质。当纯粹目光（它不隐含任何东西，不像我们眼睛的注视那样，在它背后有来自一个身体和一个过去的阴影）从世界转向构成世界的东西，从诸存在转向使之存在的东西时，它也只是使自己符合某种无条件、无限制地在它面前的事物：符合那使世界成为世界的东西，符合**存在**的一种命令式语法，符合那些不可拆解的意义内核、那些不可分割的属性网络。诸本质是这种内在的意义，是这些原则性的必然性，无论它们所结合和所搅动的实在是什么（它们在那里的蕴涵亦不曾停止显现），是唯一合法的或本真的存在，这个存在有望也有权去存在，它是对自身的肯定，因为它是一个在纯观察者的目光下的所有可能之物的体系，是在所有层次上对某物（一般某物，物质性某物，或精神性某物，或某种生命物）

之所是的详图或素描。

哲学通过 quid sit（某物是什么）的问题，比通过怀疑更成功地摆脱了所有存在，因为它把诸存在转变为存在的意义——这已经是科学所采用的方法了，当它为了回应在是与否之间摇摆不定的生命问题而质疑已被认可的范畴，创造新的**存在**类型，一个诸本质的新天堂时。但是它不会结束这个工作：它不会把 146 它的诸本质完全从世界中抽出，而是在事实的裁决中维持它们，而后者将来可能要求另一种建构。伽利略只是给出了物质物的一个草图，经典物理学整个儿建立在一种关于**自然**（Physis）的本质中，而这种本质也许并不是物质物的真实本质：是否应该保持它的原则，并通过某种辅助性假设，无论如何都要将波动力学引入经典物理学中呢？抑或相反，我们看到了物质世界的一种新本质？应该坚持马克思主义的历史本质吗？应该将看来要质疑这种历史本质的各种事实当作经验的和混乱的变体吗？还是相反，我们已处于一个转折点上，在马克思主义的历史本质之下，出现了一种更加本真和更加充实的本质？在科学知识中，这个问题仍是难以确定的，因为在科学知识中，事实真理和理性真理相互侵越，因为事实的划分和本质的构成一样，都是借助各种仍需探究的预设而被引入科学知识中的——如果我们想要完全知道科学意味着什么的话。哲学将也是这同一种被引向极致的对意义的解读，是精确的科学，唯一精确的科学，因为唯有它才矢志不渝地努力认识**自然**和**历史**、**世界**和**存在**之所是——当我们与它们的接触不仅仅是物理实验和计算或历史分析的局部的和抽象的接触，而是某个生活在世界和**存在**中的人的全面接触时——他想要完整地看到其生命尤其是其知识的生命，并且，由于寓居于世界中，他试图在世界中思考自己、在自身中思考世界，厘清它们的混乱本质，并最终形成“**存在**”的含义。①

147 当哲学在怀疑之下发现了一种预先存在的“知识”，在作为事实、作为可怀疑事实的事物和世界的周围发现了一个既包含了我们的否定也包含了我们的肯定的视域时，当哲学深入这个视域时，它肯定应该重新定义这个新的某物。说这是本质就很好地或充分地定义它了吗？本质的问题是终极的问题吗？与本质及看到这个本质的纯粹观察者在一起，我们就真的处于源头了吗？本质肯定是有所依赖的。对本质之各种必然性的盘查总是在一种假设之下进行（同样的情况在康德那里总是一再出现）：如果这个世界应该为我们而实存，或者如果应该有一个世界，或者如果应该有某物，那么，它们就应该遵循这样或那样的结构规律。但是，我们从哪里得到这个假设呢？我们从哪里知道有某物，有一个世界呢？这种知识在本质之下，它就是本质为其一部分且不能包括它的经验。本质的存在不是最初的，不是建立在它自身之上的，能告诉我们**存在**是什么的不是它，本质不是对哲学问题的唯一回答（*la* réponse），哲学问题不是由一个在我们之中的纯粹观察者提出来的：它首先在于知道，这个纯粹观察者是如何、在何种基础之上被确立起来的，他自己又从哪个更深的源头汲取了力量。如果没有本质的诸必然性，没有各种不可动摇的联接、各种不可否认的蕴涵、各种牢固稳定

① 作者边注：这里真实的是，那并非乌有的东西是**某物**，但是：这个某物并不像钻石那般坚硬，不是无条件的，Erfahrung（经验）。

的结构，就既不会有世界，也不会有一般的某物，也不会有**存在**；但它们的本质权威，它们的断言性潜力，它们的原则性尊严并非是不言自明的。对于我们所发现的各种本质，我们没有权利说它们给出了**存在**的原初意义，它们是在己的可能性，是完全的可能性；我们没有权利将一切不服从于它们的规律的东西看成是不可能的，也没有权利将**存在**和世界看作是它们的结果：它们只不过是**存在**和世界的方式或风格，它们是 Sosein（如 148
此存在）而非 Sein（存在）。如果我们有充分的理由说任何一种思想都与我们的思想一样尊重这些本质，如果说它们具有普遍价值，那只是因为建立在另一些原则之上的另一种思想为了使自己被我们承认，也应该进入与我们的交流之中，顺从于我们的思想、我们的经验的各种条件，在我们的世界中占有位置，最后，是因为所有的思想家和所有可能的本质都向一种唯一的经验和同一个世界开放。无疑，为了建立和陈述这一点，我们利用了各种本质；这个结论的必然性是一种本质的必然性。但它之所以能跨越一种思想的界限，并强加给所有的人，甚至能在我的即时直观后幸存下来，被我视作恒久的真理，只是因为我的经验通过向唯一的一个世界开放、通过将自己铭刻于唯一的一个**存在**之中而既与其自身相连，又与他人的经验相连。因此，终极的本体力量属于经验，诸本质、本质的诸必然性、内在的或逻辑的可能性，无论它们在精神的目光之下如何地牢固和不可质疑，都只是由于所有我的思想和他人的思想被纳入到唯一一个**存在**的织体中才最终具有其力量和雄辩。在我之中的纯粹旁观者把每一事物都提升至本质，产生其理念，他之所以确信借助这些理念就能触及**存在**，是因为他出现在一种被其他的现实经验、被现实世界和现实**存在**所包围的现实经验中，而这种现实经验是述谓**存在**的土壤。本质的诸可能性诚然能囊括并支配各种事实，但它们本身却来自于另一种更为根本的可能性：作用于我们的经验，使之向世界和**存在**开放的那种可能性，自然，这种可能性不把世界和**存在**当作在它面前的事实来发现，而是激活和组织它们的事实性。当哲学停止怀疑而使自己成为
149 揭蔽和阐明时，由于它摆脱了诸事实和诸存在，它为自己打开的场就完全是由诸含义或诸本质构成的，但这些含义和本质不是自足的，而是开放地与我们的观念化行为相关，是被我们的观念化行为从一个原生的存在中提取出来的，在这个原生存在那里，重要的是在其野性状态下重新发现与我们的本质和我们的含义相应的东西。

当我询问某物是什么，世界是什么，或物质物是什么时，我还不是我将通过观念化行为而成为的纯粹旁观者；我是一个经验场，在那里勾勒出来的只是物质物的家族和其他家族（世界是它们的共同风格），被说之物的家族（言语世界则是其共同的风格），最后是一般某物的抽象的和干巴巴的风格。为了由此过渡到诸本质，我必须积极地介入，使事物和场域发生变化，但不是通过某种操纵，而是不触及它们，通过假设改变这种关系或这种结构，或使之不起作用，观察这对其他事物的影响，以这种方式，辨析它们中可与事物相分离的东西，以及相反地不能被取消或改变的东西，除非事物本身停止其存在。本质从这种检验中显现出来，它因此不是一个实定的存在。它是一个不变项，确切地说，是这样一种东西：它的变更或缺席会改变或摧毁事物；本质的可靠性和本质之本质性正是由我们具

有的使事物发生变化的能力（Pouvoir）来衡量的。一种完全不受事实污染和干扰的纯粹本质只能来自于一种总体变化的尝试。它要求有一个自身没有秘密、没有潜在性的旁观者，如果我们想确保没有任何东西被偷偷引入其中的话。为了真正将一种经验还原为其本质，我们应该和它保持一定距离——这段距离将经验整个儿置于我们的目光之下，连同那些在经验中起作 150
用的感觉或思想的意蕴（les sous-entendus），应该将经验也将我们整个儿过渡到想象物的透明中，应该在没有任何土地支撑的情况下思考它，简言之，应该退回到虚无的深处。只有那时才可能知道，哪些环节实定地构成了这种经验的存在。然而，如果我凌空俯视它，它还会是一种经验吗？如果我试图在思想中维持它的一致性，它严格说来还是我所看到的一种本质吗？任何观念化——既然这是一种观念化——都是在一个实存的空间中、在我的绵延的担保下形成的，而我的绵延则应该返回其自身之中，以便在那里重新找到我刚才所思考的那同一个观念，并转入其他的绵延之中，以便在它们那里与这同一观念重新相遇。所有的观念化都由这棵绵延（我的绵延和诸绵延）之树支撑；这种不为人知的汁液滋养着观念的透明性，在观念的后面有统一性，有所有真实的和可能的绵延的同时性，有一个唯一**存在**的从这一端到另一端的一致性。在本质和观念的可靠性之下是经验的织体，这一时间之肉，所以我不能肯定我已经径直突入了存在的坚实内核；我那无可质疑的腾挪空间（prendre du champ）的权力、从实在物中离析出可能物的权力并不能径直达到控制场景的所有蕴涵的地步，也不能径直将实在物变成可能物的一种简单变体。相反，可能的诸世界和可能的诸存在才是现实世界和现实**存在**的变体，就像是它们的复本。我有足够的场来用其他东西代替我经验中的这些环节，并指出这样做并不取消我的经验，由此来确定非本质的东西。然而，这些排除之后的剩余物必定属于这里所说的**存在**吗？为了肯定这一点，我必须俯视我的场域，悬置或至少重新激活包围着我的场域的所有积淀的思想，首先是我的时间，我的身体；
151 这对我来说不仅在事实上是不可能的，而且将使我完全丧失在世界与**存在**的厚度中所具有的这种一致性；而没有这种一致性，本质就是主观的疯狂和傲慢。因此对我来说就有一种非本质的东西，有一个区域，一个凹陷，那些不是非本质、不是不可能的东西是在那儿被聚集起来的，不存在一种决定性地将本质之本质性给予我的肯定视觉。

那么，我们应该说，我们*缺乏这种本质*，我们只是原则上拥有它，它处在一种始终不完美的观念化的极限处吗？这种将原则和事实对立起来的双重思维只是以“原则”的名义挽救了一种关于本质的偏见，尽管这是确定这种偏见是否合理，以便挽救这种将我们置于相对主义中的偏见的时候，尽管通过放弃无时间、无地点的本质，我们相反地也许能获得一种真正的关于本质的思想。正是从事实和本质的反题、从个体化于空间和时间中某一点的东西与永远也不在任何地方的东西这两者之间的反题出发，人们才最终被引导去将本质看作一种极限观念，也就是说把它看作是不可通达的。因为正是这一点迫使我们将本质的存在当作超出“事实”层次的第二实定性来寻求，迫使我们去梦想一种事物的变体，后者清除了那并不本真地是事物的东西，并使事物完全赤裸地显现出来，而它原本一直都是被遮掩着的，——去梦想一种经验之于经验的不可能的活动，这种活动把经验与它的事实性相剥离，就好像经验是一种不纯粹的东西。相反，如果我们重新审视事实和本质的反题，我们也许能以一种使我们得以通达本质的方式来重新定义本质，因为它不在外边，而就在这种刚刚还制造困难的经验之于经验的缠绕的中心。

只有一种从别处也可以说是从正面注视存在的思想才被迫接受本质与事实的分叉。如果我是 kosmotheoros（宇宙之神），我的至高无上的目光就能看到位于其各自的时间和空间中 152
的每一事物，就像处于独一无二的地点和时间位置中的绝对个体。由于它们都是从它们各自的位置加入到同样的含义中的，人们就被引导着去设想另一种维度：它横切于这个平面的多样性，是没有地点性和时间性的含义系统。在此之后，由于应该重新连接这两个层次，并理解这两个层次是如何通过我们而相互联结的，我们就达到了本质直观这个错综复杂的问题。但我是 kosmotheoros 吗？更确切地说，我是终极意义上的宇宙之神吗？我原初地是沉思能力吗？是把事物固定在其时空位置上、把本质固定在不可见的天空中的纯粹目光吗？是这种不从任何地方涌现的知识之光吗？然而，即使在我驻于这一**存在**的零点之中时，我也清楚地知道，这个零点与地点及时间性有某种神秘的联系：明天，片刻之后，这种居高临下的目光，连同它所包含的一切，就会降临到日历表上的某个特定日子，我将为它在地球上、在我的生命中指定一个特定的显现点。应该相信时间在它之下继续流动，地球也继续存在。然而，既然我曾经穿越到过另一边，那与其说我是在时间和空间中，或我不在任何地方，为什么不干脆说我无处不在，无时不在，同时又在此时此地？

因为可见的现在不在时间和空间中，当然也不在时间和空间之外：在它之前、在它之后，及在它周围，没有任何东西可与其可见性相匹敌。然而，它既不是唯一者，也不是全部。确切地说，它挡住我的视野，也就是说，时间和空间既伸展到外面，同时又在它之后，在深处，在暗处。这样，可见者之所以能充实我和占有我，只是因为看它的我不是从虚无的深处看它
153 的，而是从它自身所在之处看它的，作为看者的我本身也是可见的；使每种颜色、每种声音、每种触觉纹理，使现在和世界具有重量、厚度、肉的，就在于这个事实，即把握这些的人感到自己是从它们那里涌现出来的——通过某种与这些东西完全同质的缠绕和重复；他就是回到自身的可感者本身；反过来，可感者在他眼里则好像是他的化身或其肉的延伸。事物的空间、时间是他自身、他的空间化和时间化的片断，不再是一种共时地和历时地被分布的诸个体的多样性，而是一种同时性和连续性的地形（relief），一种空间化和时间化的髓质（pulpe），诸个体就在其中通过差异化而自我形成。于是持存在这里那里的事物就不再处于在己状态，不再在它们的地点、它们的时间中，它们只实存于这些从我的肉的秘奥处发射出来的空间性和时间性射线的末端。事物的稳靠性不是精神所俯视的纯粹客体的稳靠性，它是被我从内部体验到的，因为我就在事物中，它们透过作为能感之物的我而得以交流。就像精神分析学家的记忆屏（souvenir-écran）那样，现在，可见者对我来说之所以如此重要，具有一种绝对的权威，只是因为它所宣告和它所隐藏的来

自过去、未来和别处的这巨量的潜在内容。因此就不需要给时
空中诸原子的多样性再添加一个关于诸本质的横向维度：这里
所有的，就是一整个建筑，一整个现象的“层级”，一系列的“存
在层面”[①]，它们通过可见者和普遍者在某一特定可见者之上的
缠绕而自我分化——这种缠绕就在这一可见者中得以重复和铭
写。事实和本质不再能够被区分，不是因为，由于被混杂于我
们的经验之中，在其纯粹状态中的它们就将是不可通达的，并
作为在我们经验之外的极限观念持存[②]，而是因为：由于**存在**不 154
再是*在我面前*，而是在我四周，并且在某种意义上是贯穿了我的，
还由于我对**存在**的视看不是发生在别处而是发生在**存在**之中的，
因而所谓的诸事实、诸时空性的个体就一下子上升到了诸轴心
（axes）、诸枢纽（pivots）、诸维度的高度，我的身体的一般性，
进而所有的观念就已经被嵌在了它们的连接处。没有一个空间
和时间的定位不维系于其他的定位，不是其他的定位的一个变
体，正如其他的定位也是它的变体一样；没有一个个体不是某

① Jean Wahl, « Sein, Wahrheit, Welt, par E. Fink», Revue de Métaphysique et de Morale, 1960, nº 2.——作者注

② 此处的翻译依据了英译本。原文为：Fait et essence ne peuvent plus être distingués, non que, mélangés dans notre expérience, ils soient dans leur pureté inaccessibles et subsitent comme idées-limites au-delà d'elle... 按此原文，应该翻译为：“事实和本质不再能够被区分，不是因为，由于被混杂在我们的经验之中，它们就只能处于其不可通达的纯粹性中，并作为在经验之外的极限观念而持存……”，但这样一来，语义上似乎就矛盾了；也许应该将这里的“它们”（ils）理解为“单纯的事实和单纯的本质”。——译者注

种存在类别或存在家族的代表，会不具有或不属于某种特定的风格、特定的方式，以对它能够管辖的时间和空间领域加以经营，以宣告这个领域，条贯（articuler）这个领域，并围绕着一个完全潜在的核心向外辐射，简言之，没有一个个体不拥有某种特定的存在方式，从积极的意义上说，某种 Wesen（本质）——即海德格尔所说的当该词作为动词[1]来使用时所具有的意义。

简言之，没有一种本质和观念不维系于某一历史的和地理的领域，这不是因为本质和观念被封闭在那里，他者不能进入，而是因为，如同自然的领域那样，文化的空间或时间也不能被凌空俯视，因为一种被构成的文化与另一种文化的交流得经由一个它们共同得以发源的野性区域。在所有这些中，本质在哪里？实存在哪里？ Sosein（如此存在）在哪里？ Sein（存在）在哪里？我们从来没有在我们面前拥有这些纯粹的个体，不可分割的存在冰川，也没有这些既无地点也无时间的本质，不是
155 因为它们实存于别处，超出了我们的把握，而是因为我们是一

① 中学（le lycée），对于 30 年后回到那里的我们来说，如同对于那些现在住在那里的人们一样，与其说是一个有用的或有可能通过其特征对其加以描述的对象，不如说是某种特定的气味、某种对其邻近的空间区域产生影响的特定情感组织。这些绒，这些丝，在我的手指下，是某种抵抗或顺从我的手指的特定方式，是一种粗糙的、光滑的或锉磨性的力量，它从某个地点 X 上对我的肉进行回应，并俯就我的手指的肌肉运动，或在其惰滞时诱惑它。（*Einführung in die Metaphysik*, Niemeyer, Tübingen, 1953, p. 26.）——作者注

作者在此处提到的海德格尔的相关论述，可参中译本《形而上学导论》（王庆节译）第 38—39 页，商务印书馆，2018 年。——译者注

些经验，也就是说，是一些思想，这些思想在它们自身后面感受到了它们所思考的空间、时间和存在本身的分量，它们因此并不在其目光下持有一个系列的空间和时间，也未持有诸系列的纯粹观念，而是在其四周拥有一种通过套叠、增殖、侵越、混杂而产生的时间和空间——持续的孕育（prégnance，完形）、持续的分娩、生成性和一般性、原生的本质和原生的实存；它们是同一种存在论颤动的腹地和纽结。

而如果人们问，一旦放弃了事实与本质的区别，那么，我们身处其中的这个未定之域究竟是什么，对此必须回答说，它就是我们的生命领域本身，就是我们的知识生命的领域本身。也许该是将这自豪地代代相传的归纳法（l'inductivité）[①]和 Wesenschau（本质直观）的神话抛弃的时候了。然而，清楚的是，胡塞尔本人从没得到过一个唯一的、他后来不曾对之重新审视和重新研究的 Wesenschau（本质直观），这不是为了否定它的真实性，而是为了让它说出它一开始并未真正说出的东西，因此在一个理念的天堂，或在一个意义的深处寻找稳靠性是幼稚的：稳靠性既不在显像之上，也不在显像之下，而是在它们的连接处，它是秘密地将一种经验与其诸变体相连的结合点。同样清楚的是，纯粹的归纳是一种神话。让我们先把物理领域放在一边，让我们留到以后再指出，对客观知识的精

① Inductivité 一词既有物理学上的“电感应、感应率”等意思，又有生理－心理学上的“诱导”的意思，还有逻辑学上的“归纳”的意思。梅洛－庞蒂在此主要是从后两个角度的意义上来运用这个词的，但他强调的是，任何科学的归纳都离不开我们的经验认同，或经验上的“感应”。——译者注

神分析是没有止境的,或更确切地说,像任何一种精神分析一样,对客观知识的精神分析不是要取消过去,取消幻觉,而是要把它们从死亡的力量转变成诗的生产力;客观知识的观念和作为精神自动机的算法观念以及最后一种自我了解、自我认识的客
156 体的观念,都是——和其他观念一样,甚至比其他观念更甚——依赖于我们的梦的。让我们暂且把它放在一边。无论如何,只要涉及生命物和身体,更不要说人了,非常明显的是,没有任何富有成果的研究是纯粹归纳性的,是对在己常量的纯粹统计。心理学、人种学、社会学只有通过使病态的或古老的或只是他者的经验与我们的经验相接触,通过让它们相互映照、相互批判,通过形成 Ineinander(相互蕴涵),最后通过践行这种本质变更法——胡塞尔的唯一错误在于他将这种本质变更法首先留给想象和哲学家的孤独视看,而它其实是人们称之为科学的这种 opinio communis(共同意见)的载体和场所——才能教给我们一点儿东西。在这条道路上,至少可以肯定,人们通达客观性,不是通过深入到一个**在己**之中,而是通过使外在的所予材料与我们拥有的它的内在副本(le double)相互揭示,彼此纠正——我们拥有这一副本是因为我们作为人类和生命的可感者一感觉者、原型和变异,也就是说,因为我们是内在于生命、人类存在和**存在**之中的,就像存在也内在于我们之中那样,因为我们不是在晦暗事实与清晰观念之间的中途生活和认识,而是在这两者的交叉和复合点上生活和认识,而诸事实家族亦把它们的一般性,它们的亲缘关系铭刻于其上,并在那里围绕着诸维度和我们自身的实存之所而相互组合。这个原生实存和原生本质的所在之处并不神秘:我们没有离开那里,我们并不居

于他处。诸事实和诸本质都是抽象：有的是诸世界、一个世界和一个**存在**，不是诸事实之和，或诸观念的体系，而是无意义或本体论空无的不可能性，就像空间和时间不是地方性和暂时性意义上的诸个体之和，而是在它们中的每一个之后都有其他东西的在场和潜在，以及在其他东西之后，还有另一些东西的在场和潜在——我们不知道这些东西是什么，但至少知道它们是原则上可规定的。这个世界，这个**存在**，不可分的事实性和观念性，并不是它所包含的诸个体意义上的一，更不是同样意义上的二或多，它不是任何神秘之物：无论我们怎么说，它都是我们的生命、我们的科学和我们的哲学寓于其中的东西。[①] 157

我们将解释时间的一致、空间的一致、空间与时间的一致、它们的各部分的"同时性"（在空间中是字面意义上的同时性，在时间中是引申意义上的同时性）、空间和时间的交缠（l'entrelacs），以及我的身体的正面和反面的一致：我的身体像事物一样是可见的、可触摸的，正是它产生了这种关于它自身的看法，这种与它自身的接触，在这种看法和接触中，它自我分裂、自我统一，以至于客观的身体和现象的身体相互缠绕，或彼此侵越。目前，只需要让人看到以下这一点就够了，即：这些环节、这些页面、这些维度所从属的独一无二的**存在**、维度性超出了古典的本质与实存，并使它们之间的联系成为可理解的。

① 下面这几行文字是插在这同一段中的："在这种经验之于经验的活动——这即是本质的肉身背景——中，应该特别强调言语的活动（重新进行对作为诸言语之差异的本质的讨论和理解）。"——编者注

对于本质，如同对于事实一样，我们所需做的只是置身于我们所讨论的存在中，而不是从外面注视它，或者，这样说也一样，我们所需做的只是重新将它放到我们生命的织体中，从内部目击与我的身体之开裂相似的开裂，这种开裂既使存在向其自身敞开，也使我们向它敞开，而且由于涉及本质，这种开裂也是言说与思维的开裂，就像作为可见者之一的我的身体也看到它自身，并由此而使自己成为把它的内部向可见者敞开的自然之光，从而使可见者在这里也变成我的风景，如人们所说的，
158 实现那种由存在到“意识”的奇迹般的晋升，或者如我们更愿意说的，实现那种“内部”和“外部”的分凝（ségrégation）；同样，言语（la parole）——它受到语言（la langue）的上千种理想关系的支持，因此在科学面前就像被构成的语言（langage）那样，是含义世界中的一个特定区域——也是所有其他区域的器官和共振器，并由此成为与可思者同外延的。言语作为可见者之肉，是诸含义的总体部分，就像肉一样，它是通过某一存在而与**存在**发生联系的，并且，就像肉一样，它是自恋的，充满爱欲的，具有把其他含义吸引到自己网中的天然魔力，就像身体通过自我感觉感觉到世界那样。事实上这里不只是并列性或类似性关系，还有相互关联性（solidarité）和交缠性：如果说仅只是理智世界的一个区域的言语也可以成为理智世界的住所，这是因为言语伸展到了不可见者之中，它把身体对存在的从属和每个存在的身体相关性（对我来说，这种相关性得到了可见者的彻底证实，而每个理智的明见性又进一步反映了这种相关性的观念）扩展到了语义活动中。在一种如其所是地考察那运作着、活动着、当下且一致的世界的哲学中，

本质绝不是一块绊脚石：作为运作着、活动着的本质，它在这
种哲学中有其位置。不再有在我们之上作为实定对象被提供给
精神之眼的诸本质，但有一种在我们之下的本质，作为能指和
所指的共同叶脉，两者之间的胶着和可逆性，就像可见物是我
们的肉的秘密褶皱，而我们的身体则是可见物之一。如同世界
在我的身体后面一样，运作着的本质也是在运作着的言语后面，
这种言语与其说是对含义的拥有，不如说是被含义所拥有，它
不谈论含义，而是说出含义，或根据含义说话，或让含义在我
之中说和被说，这种言语穿透我的现在。如果存在一种观念性，
一种思想——这种思想在我这里有一个未来，它甚至穿透我的 159
意识空间，它在他人那里亦有其未来，并且由于成为文字，它
最终在任何可能的读者那里都有一个未来——，这只可能是由
于这种思想让我处于我的饥渴之中，也让他人处于其饥渴之中，
它指出了我的景观的一般偏差，并使之向普遍性开放，这恰恰
是因为，这种思想更加是一种非思（impensée）。被过度拥有
的观念不再是观念，当我谈论它的时候，我对它已不再有任何
思考，就好像对于本质来说，本质性的是它为明天而存在，就
好像本质只是言语织体上的一根丝线而已。讨论不是观念的交
流或碰撞，好像每个人都形成了他自己的观念，并把它们展示
给他人，观察他人的观念，然而回来用他自己的观念纠正它们
那样……某人说话，其他人立刻就相对于他的言语而产生了某
些分歧（écarts），而他自己也确定了他相对于其他人的这种分
歧。无论是高声还是低声，每个人都是全身心地在说，既依据
他自己的“观念”，也依据他自己的执念，他的秘密历史，而其
他人则会通过将它们表呈为观念而突然使之裸露无遗。生活变

成了观念，观念又回到生活，每个人都被卷入这团他最初只是有节制地投入的漩涡中，每个人都受他自己所说、别人对之作出回应的话语引导，都受他的思想（但他不再是其唯一的思考者）的引导。没有人能再思考，每个人都在说，大家都在**存在**中生活和表达，就像我在我的风景中移动，如果我想留在这儿或到那边去，就会受到那些有待观察或有待还原的差异梯度的指引。无论是在讨论中还是在独白中，处于活跃和积极状态的本质始终是言语组织所指向的某个特定的逃逸点，是其不可通达的“另一面”——但那些同意首先并永远生活在言语中的人除外。

正如叶脉从其内部，从其肉的深处支撑着叶子一样，诸观念是经验的纹理（la texture），是它的风格，首先是沉默的，
160 随后才被说出来。就像任何风格一样，诸观念在存在的厚度中形成，而且它们不但在事实上，也在法权上，不可能为了被展示在目光下而从存在中被抽取出来。

哲学探究因此就不是对一种将会使它感到满意的含义的单纯期待。“世界是什么？”或更恰当地说，“**存在**是什么？”这些问题要成为哲学问题，只有当它们通过某种复视，在瞄向一种事物状态的同时也瞄向作为问题的问题本身，在瞄向“存在”含义（la signification « être »）的同时也瞄向含义的存在和含义在**存在**中的位置。哲学探究的特征就在于转向它自身，它也问自己什么是追问，什么是回答。这种具有第二潜力（à la deuxième puissance）的问题一旦被提出，就不可能被消除。从此之后，一切就不可能好像从来就没有过问题那样继续存在。只有当探究是单纯的意义缺乏，是逃回到作为乌有的虚无之中

时，遗忘问题、回到肯定者之中才是可能的。然而提问者却不是乌有，他是——这完全是另一回事——一个自我探究的存在；他所具有的否定性是受到存在的基础结构支持的，因此就不是把自己从账目中抹去的一种乌有。我们曾说过怀疑是一种暗地里的肯定主义，必定超越怀疑而走向一个它所否定但也是它所肯定的某物。但反过来，如果人们想超越怀疑，走向一个绝对确定的领域（这个领域是诸含义或诸本质的领域），那么这种绝对的肯定主义就是说，提问者如此深地使自己远离了**存在**和世界，以致他不再属于**存在**和世界了。如同怀疑的否定主义那样，本质的肯定主义暗中所说的是其公开所说的反面。想进入本质之绝对坚硬存在的企图掩盖了其想成为乌有的虚假意图。没有 161
问题会向**存在**提出：如果只是通过其作为问题的存在，那么问题已经频频造访了**存在**，它也正在回到**存在**之中。正如可以排除：问题是与**存在**的真正断裂，是体验的虚无；同样可以排除：问题是理想的断裂，是落在一种被还原为其含义或其本质的经验之上的绝对纯粹的目光。正如可以排除：问题没有答案，是朝向超越**存在**的纯粹开口；同样可以排除：答案内在于问题之中，或如马克思所说，人类只提它能够解决的问题。这两种观点由于同样的原因而被排除，亦即：在这两个假设中，最终将不会有问题，在这两种观点中，我们的初始处境都被忽视了，要么由于脱离了**存在**，我们甚至没有足够的肯定性去提问题，要么由于我们已经在**存在**中，我们就已经超越了所有的问题。人们想将哲学还原到其中的本质问题并不比事实问题更自然而然地是哲学问题，事实问题也许并不比本质问题更缺乏哲学性。哲学的维度与本质的维度和[事实][1]的维度交叉在一起。对时间的本质和空间的本质进行探究，这还不是从事哲学——如果不随之对时间本身、空间本身与它们的本质之间的关系也进行探究的话。而且在某种意义上，事实问题比理性真理走得更远。“一个人时不时地抬起头，吸气、倾听、寻思、确认自己的位置：他思考，他叹息，从贴身口袋里掏出手表，看时间，我在哪儿？几点了？这就是我们向世界提出的没有穷尽的问题。”[2]……没有穷尽，因为时刻和地点在不断地变化，但尤其是因为这里涉
162 及的问题其实不是要知道我们处在一个给定空间的哪个地点，一个给定时间的哪个时刻，而是首先要知道我们与时刻和地点之间的这种不可摧毁的依附是什么，我们在事物之上的这种恒久定位，我们在事物之中的这种持续安居是什么——首先通过这种定位和安居，我才必定属于一个时间和一个地点，不管它们是哪个时间和地点。一个肯定的消息，一个不论怎样的陈述，只是拖延了这个问题并欺瞒了我们的饥渴。它们把我们交给我所不知道的某种关于我们存在的法则，这个法则设定在空间之后有空间，在时间之后有时间，但我们的事实问题所瞄向的恰恰就是这个法则。如果我们能够检查它们的最终动机，我们就会在“我在哪儿？”“几点了？”之类的问题下面发现一种作为要被探究的存在的关于空间和时间的隐秘知识，发现一种作为

---

① 我们将被作者误删的“事实”一词置于方括号内。——编者注

② Claudel, *Art poétique*, Mercure de France, p. 9.——作者注

读者会注意到，克洛代尔的这同一段话已经被引用过和评论过（参前面第 140 页）。这种重复证明了手稿的未完成状态。——编者注

与**存在**的终极联系、作为存在论之器官的关于探究的隐秘知识。本质的诸必然性并不比诸事实更加是哲学所要求的“回答”。在野性的**存在**中，“回答”比“诸事实”高，比“诸本质”低，在那里，诸事实和诸本质是未分化的，它们在我们习得的文化区分之后或之下继续如此存在。

我们在这里所建议的，以及用来反对本质研究的，不是回到直接经验（l’immédiat），回到重合，回到与实存者的实际融合，不是对一种原初完整性、对一种已经失去和有待重新发现的秘密的探寻——这会取消我们的问题，甚至质疑我们的语言。如果说重合失去了，这不是偶然的；如果说**存在**被隐藏了，这甚至是**存在**的一个特征，没有任何揭示能让我们理解它。一种失去的直接经验很难恢复，如果要恢复它，它将在自身中带有人们用来重新找到它的批评方法的积淀，因而它将不再是直接 163
经验了。如果它必须是直接经验，如果它必须不保留我们的接近活动的任何痕迹，如果它是**存在**本身，这就意味着从我们到它那里没有任何通道，意味着它在原则上是不可通达的。我们周围的可见物栖息于它们自身之中，它们的自然存在是如此地充实，以至于似乎包含了它们的被知觉存在，就好像我们对它们的知觉是在它们自身中进行的。然而，如果我通过说事物各居其所，我们与它们融为一体来表达这种经验的话，我立刻就使这种经验成为不可能：因为在我接近事物的同时，我就停止了存在；在我存在时，就不再有事物，而只有事物在我的“暗室”（chambre noire）之中的一个副本（double）。当我的知觉将变成纯粹知觉、事物、**存在**时，它就熄灭了；当它点亮时，我就已不再是事物了。同样，对于过去的存在，不会有真正的重合：

如果纯粹记忆是被保留下来的过去的现在，如果在追忆中我又真正变成了我曾经之所是，人们就看不到它如何能向我敞开过去的维度；如果通过铭写于我之中，每个现在都失去了它的肉，如果现在在其中发生改变的纯粹记忆是一种不可见者，那么确实有一个过去，但没有与过去的重合，我通过我的现在的所有厚度与过去分开了，过去只能通过以某种方式在我的现在中找到位子，通过使自己重新成为现在，它才是我的过去。正如我们从来不会同时有事物和对事物的意识，也从来不会同时有过去和对过去的意识，基于同样的理由，在一种通过重合和融合达到的直观中，人们给予**存在**的一切都取自于经验，人们给予经验的一切都取自于**存在**。事实是，一种重合的经验只能像柏格森常说的那样，是“部分的重合”。可是，一种只是部分重合的重合是什么呢？这是一种总是被超出或总是在未来的重合，
164 是这样一种经验，它回忆一种不可能的过去，期待一种不可能的未来，它从**存在**中涌现出来或将被融入**存在**之中，它“属于**存在**”但不是**存在**，因此它不是重合，不是真正的融合，不像两个肯定项或一种合金材料的两种因素之间的融合那样，而是像仍彼此有别的一个凹陷和一个突起那样的交叠。哲学在世界之后，在自然之后，在生活之后，在思想之后到来，并且发现它们在它之前就已被构成，所以哲学确实要探究这个预先存在，并且基于它与这个预先存在的关系探究它自身。它是向自身的返回，向一切事物的返回，但不是返回到一种直接经验——当哲学想要接近这种直接经验并与之融合时，直接经验就离开它了。直接经验是在地平线上（à l’horizon）的，应该这样来思考它，它只有通过保持距离才能保持它自己。有一种对先于我

的视觉而实存的可见物的经验,但这种经验不是融合,不是重合:
因为我那观看的双眼，触摸的双手也可以是被看的，被触摸的，
因此，在这个意义上，它们是从内部观看和触摸可见者与可触
者的，因为我们的肉覆盖甚至包裹了所有的可见者和可触者，
而我们的肉又是被这些可见者和可触者包围着的，世界与我互
在对方之中，从 percipere（知觉）到 percipi（被知觉者），不
存在先在性，而只有同时性甚至滞后性。因为自然世界的重量
已经是一种来自过去的重量。我的生命的每一个景观，由于不
是飘忽不定的感觉集，或转瞬即逝的判断系统，而是世界的绵
延之肉的一个肌段（segment），它作为可见者，除了我的视觉
之外，还孕育着许多其他的视觉；我所看到和我所谈论的可见
者——即使不是西迈特山(Hymette)[1] 或德尔斐城的梧桐树——
也是与柏拉图和亚里士多德所见和所谈论的可见者同值的。当
我在我的手下，在我的眼前，在我的身边，重新发现那如其所
是的现实世界时，我所重新发现的远不止是一个对象：而是一
个我的视觉是其一部分的**存在**，一种比我的活动或行为早得多 165
的可见性。然而，这并不意味着在我和它之间有一种融合和重
合:相反,这之所以发生是因为有某种开裂将我的身体一分为二,
是因为在被注视的我的身体和正注视的我的身体、被触摸的我
的身体和正触摸的我的身体之间，有一种交叠或侵越，以至于
应该说，事物进入了我们，正如我们也进入了事物。柏格森说，
我们的直观是反思，他说得有道理；他的直观，和各种反思哲

① 西迈特山位于雅典东南面，为古代雅典的神庙和圣宫的所在地。——译者注

学一样拥有一种堕落前预定论者（supralapsaire）的成见：**存在**的秘密处于在我们后面的一种完整性中。柏格森所缺乏的——和各种反思哲学一样——是双重参照（double référence），是进入自我和走出自我的同一，是体验与距离之间的同一。回到直接与料，深入经验现场，无疑是与素朴知识相反的哲学箴言。然而，过去与现在、本质与事实、空间与时间不是在同一意义上被给予的，它们中没有任何一个是在重合的意义上被给予的。“始源者”（l'originaire）并不属于唯一的一个类型，它并不完全在我们的后面。对真实过去和预先实存（préexistence）的恢复并不就是全部哲学；被体验者不是平面的，无深度、无维度的，不是我们将要与之融合的不透明层；对始源者的呼吁将从多个方向进行；始源者爆裂了，哲学应该伴随这种爆裂，这种非重合，这种差异化。重合的困难不仅仅是与原则毫不相干的事实的困难。在谈到本质直观时，我们已经遇见过这种双重真理的系统了，它也是一种双重错误的系统：因为原则上真的东西绝不是事实上的真，反之，事实的处境从不保证原则，这两
166 造中的每一方都判对方有罪，但又缓期执行，承认对方在其范围内是合格胜任的。如果重合永远是部分的，就不应该以总体的或实际的重合来定义真理。而如果我们有事物本身和过去本身的观念，那么它在事实中就应该有某种相应者。因此这种间距（l'écart）——没有它，事物的或过去的经验就会缩减为零——也是向事物本身、向过去本身的敞开，它应该进入它们的定义中。这样一来，被给予的就不是赤裸之物，就不是如它在其时间中所曾是的那个过去，而是准备被看的事物，它在原则上和事实上都孕含着人们对之能够具有的所有视觉；是如其在某一天所

曾是的那个过去，却多了一种不可解释的变化，一段奇特的距离——它在原则上和事实上都是与追忆相连的，后者跨越了这段距离，但没有取消它。这里有的不是一种原则的或推定的重合和一种事实的非重合，一种损坏的或缺失的真理，而是一种有所剥夺的非重合，一种远处的重合，一种间距，和某种如“好的错误”之类的东西。

正是在涉及语言（langage）时，我们最好不过地看到了为何不应该和为何应该回到事物本身。如果我们梦想通过重合重新发现自然世界或时间，梦想与我们在那边看到的O点同一或与在我们深处支配着我们的追忆的纯粹记忆同一，那么，语言就是一种错误的力量，因为它切断了那把我们与事物和过去活接在一起的连续织体，并像一个屏幕那样置于它们和我们之间。哲学家言说，而这是他的一个弱点，一个不可理解的弱点：他应该沉默，与沉默融为一体，并把一种已在那里被构成的哲学结合到**存在**中去。但所发生的一切则相反，就好像他想要把他在自身中聆听到的某种沉默放到词语之中。他的全部“作品”就是这种荒谬的努力。他写作是为了说出他与**存在**的接触；他没有说出它，也不可能说出它，因为这是关于沉默的。于是， 167
他又重新开始……因此，应该相信语言不仅仅是真理和重合的对立面，应该相信有或可能有一种关于重合的语言，一种让事物自身言说的方法——这正是他所寻找的。这将是这样一种语言：他不是它的组织者，他也不汇集词语，而是词语透过他、经由其自身意义的自然交错、经由隐喻的神秘交易而统一在一起，——重要的不再是每个词语和每个形象的显白意义，而是被蕴涵在其转账和交易中的各种侧面联系，亲缘关系。柏格森本人所要求于哲学家的正是这样一种语言。然而，我们也应该清楚地看到它的后果：如果语言并不必然地是欺骗性的，那么真理就不是重合，不是暗哑的。

我们只需要也从其活生生的或初生的状态来看待语言，以及它的所有参照（référence），那些在语言后面、将语言与它所质询的暗哑之物连接起来的参照，那些它送到自己面前并构成被说之物的世界——连同其动作、其微妙之处、其反转、其生命（这个世界既表达了又倍增了赤裸之物的世界）——的参照。语言是一种生命，是我们的生命和事物的生命。不是语言占有生命，把生命留给自己：如果只有已被说出之物，那么它还有何可说？语义哲学的错误在于封闭语言，就好像它只说及自身：语言只靠沉默生活；我们抛给他者的一切都萌蘖于这个不离弃我们的伟大的暗哑国度。但由于在自身中经历到说话的需要，话语的诞生就像从其暗哑经验的深处冒出的气泡一样，哲学家因而比任何人都更清楚，体验是被说的体验，产生自这个深处的语言不是关于**存在**的面具；相反，如果人们懂得如何把握语言，连同它的所有根系和枝叶，那么，语言就是**存在**最有价值的见证，
168 它不中断一种如果没有它就会很完美的直接性；就像人们所说的，视觉本身、思想本身，都是“像一种语言那样被结构化的”①，是文字之前的分环勾联（articulation），是在乌有之地或没有他物之处的某物之显现。因此，语言的问题可以说只是个区域性的问题，也就是说，如果我们考虑的是现成的语言，是翻译、编码和解码的次级的、经验性的活动，是人工语言，是在语音

① 拉康。——作者注

和意义之间的技术联系（这两者只是通过明确的约定才结合在一起，因此是完全可分离的）；但相反，如果我们考虑到那正在言说的言语，考虑到那个生活于特定语言中的人把对语言的各种约定视作是自然的假定，考虑到在他那里可见者与体验在语言之中的缠绕，语言在可见者与体验之中的缠绕，考虑到在其喑哑风景的分环勾连与其言语的分环勾连之间的交流，最后，考虑到这种不需要被翻译成含义和思想的运作着的语言，这种可以被当作武器、行动、冒犯和诱惑的物语（langage-chose）——因为这种物语让它自己在其中得以形成的体验的所有深层联系绽露出来，这种物语既是生命与行动的语言，也是文学与诗的语言——，那么，这种逻各斯就是一个绝对普遍的主题，它是哲学的主题。哲学本身就是语言，就建立在语言之上；然而这既不会取消哲学谈论语言的资格，也不会取消其谈论那伴随着语言和哲学的前语言的喑哑世界：相反，哲学是运作着的语言，这种语言只能从内部通过实践被知道，它向事物开放、被沉默之音所召唤，并继续着一种作为一切存在之**存在**的分环勾连的尝试。

无论将哲学定义为对本质的探寻，还是定义为与事物的融合，都同样地弄错了，这两种错误并没有多大差别。要么人们 169
追求本质，而当观看本质的人与世界无分，因此从虚无的深处来注视本质时，本质就更加纯粹，要么人们力图与实存的事物融为一体，在其所在的那个地点和那个时刻；这种无限的距离和这种绝对的接近以两种方式——俯视或融合——表达了与事物本身的同一种联系。这是两种肯定主义。不论人们把自己置于陈述层面（这是本质所固有的层次），还是置于事物的沉默之中，抑不论人们绝对地信任言语，还是相反绝对地怀疑言语，对言语问题的无知在这里就是对一切中介的无知。哲学被压扁在观念性的单一平面上或实存性的单一平面上。人们从两个方面——观念的内在相即性或事物的自身同一性——出发，希望有某物来挡住目光，人们排除或贬低远处的思想（la pensée des lointains）、视域的思想。任何存在都在一定距离内呈现出来（这种距离对认识来说并不是一种妨碍，相反这是认识的保障），这是人们没有加以考虑的东西。世界的在场恰是它的肉向我的肉的在场，我"属于世界"但我不是它，这是一说出就被忘记的东西：形而上学仍停留于重合中。在我们与**存在**的"硬核"之间有这种肉的厚度，这是没有参与到定义中去的东西：这些厚度被归到我身上，这是主体性总是揽到自身周围的非存在护套。然而，不论是无限距离或是绝对接近，不论是否定或是认同，在这两种情况下我们与存在的联系都以同样的方式被漠视。在这两种情况下，人们都缺乏这种联系，因为人们以为通过尽可能地接近本质或事物，就能更好地确保这种联系。他们忘记了，在我们面前的这个正面的存在——要么是我们摆置了它，要么是它作为被摆置者把它自己置于我们中——原则上
170 是第二位的，是从一个视域中被切割下来的，这个视域并非乌有，它对于我们面前的这个正面存在来说也不是由于共同摆置（com-position）才存在。人们忘记了我们面向**存在**的敞开，我们与**存在**的根本联系，这种使我们不能假装不存在的联系，不可能产生于被摆置存在的层次中，因为正是这种敞开和这种联系告诉我们，无论被摆置的诸存在是真还是假，它们都不是乌有；

无论是这种经验还是那种经验，一种经验总是与一种经验相毗邻，我们的知觉、我们的判断、我们关于世界的全部认识如胡塞尔所说，都是可以被改变、被划掉的，但不能被取消；在怀疑的打击下，会出现其他的知觉，其他更真实的判断，因为我们在**存在**中，因为有某物。柏格森曾恰当地说过，根本的知识不是这样一种知识，它想像用钳子夹东西那样去把握时间，固定时间，用时间各部分之间的联系来规定时间、度量时间，相反，根本的知识把自己呈现给那个只想“看到它”[1]的人，而这个人恰恰因为放弃把捉它，而通过视觉重新接通了内在的脉动。融合或重合的观念最通常地被用来取代这些召唤一种哲学式的观看或视觉理论的迹象，以作为向一个开裂中的**存在**真正接近的极致……，但应该回到这种通过距离而接近的观念，回到有厚度地听诊或触诊的直观观念，回到一种作为自身观看、自己对自己的扭曲并使“重合”成为问题的观看观念上。

由此，人们最终将看到什么是哲学探究。哲学探究不是an sit（某物是否存在）和怀疑（在此**存在**已经被暗含于其中了），不是“我知道我什么也不知”（在此已经显露了诸观念的绝对确定性），而是一种真正的“我知道什么？”。它不完全是蒙田所说的“我知道什么？”，因为“我知道什么？”可以是只简单地要求对我们所知之物的阐明，而不对知识的观念做任何审查， 171
如此一来，它就是诸认识问题中的一种（如同“我在哪里？”也可以是认识问题中的一种一样）。在这种问题中，人们只是对用什么来称呼那些具有自身明见性的实在（如空间，知识）感

① *La Pensée et le Mouvant*, Alcan, Paris, 1934, p. 10.——作者注

到犹豫。但在我说出“我知道什么？”这句话的过程中，另一类问题已经出现了，因为它超出了知识观念本身，它诉诸我所不知道的某个理智场所，在那里，应该能发现一些我所缺乏的事实、例子、观念，它暗示这个疑问句不是一种通过对直陈式和肯定式的倒置或颠倒而派生出来的句式，也不是被掩藏的或被预期的肯定和否定，而是瞄向某物的原初方式，可以说是一种对认识的发问（question-savoir），它原则上不能被任何陈述或“回答”所超越，因此它可能是我们与**存在**之联系的本己模式，就好像它是我们的问题的喑哑的或有所保留的对话者。“我知道什么？”，不仅仅是“认识是什么？”，也不仅仅是“我是谁？”,而最终是“有什么？”,甚至是“‘有’意味着什么？”——这些问题不要求展示某个将终结问题的被说出之物，而是要求揭示一个未被摆置的**存在**，因为这个**存在**不需要存在，因为它静默地处在我们所有的肯定、否定后面，甚至处在所有已经形成的问题后面，但这不是因为要在**存在**的沉默中遗忘这些问题，也不是要将**存在**囚禁在我们的喋喋不休中，而是因为哲学是沉默与言语的相互转换:“关键在于,要将这种依然喑哑无声的……经验，引向关于其自身意义的纯粹表达。”[①]

① Husserl, *Méditations cartésionnes*, trad. Fr., Vrin, Paris, 1947.——编者注

参胡塞尔《笛卡尔式的沉思》（张廷国译,中国城市出版社,2002 年）第 16 节，此处相应的译文为:“这种开端是一种纯粹的经验，也可以说是一种哑默的经验，这种经验只有在这时才可以纯粹地表达出它所特有的意义。”——译者注

交缠—交错* 172

如果说从哲学宣称为反思或重合之际起，它就预先断定了它将要发现的东西这一点是真的，那么它还需要再一次重新开始，抛弃反思和直观所提供的工具，把自己置于一个反思和直

* 原文为“l’entrelacs-le chiasme”，其中的 l’entrelacs 指由线条、数字、花样等相交而形成的组合图案，也指绠带饰和交织花体字，由此引申出交错、交织以及情节的错综复杂等意思，该词在本章中其实仅出现一次，在全书中也只出现了三次。我们权译为“交缠”。另一个词 le chiasme 源于希腊词 $\chi\iota\alpha\sigma\mu\acute{o}\varsigma$，用于表示希腊字母 X 所呈现的那种交叉状，后成为一种交叉倒错的修辞手法，如这样一个句子：“Un roi *chantait* en bas, en haut *mourait* un Dieu.” 前半句与后半句无论在结构上还是意义上都形成了一种颠倒式的交错对照。不过在本书中，梅洛-庞蒂主要用该词来描述人与事物、人与世界的一种交织结构，并由此更进一步用它来表示“肉”的一种存在论构型。值得注意的是，除了本词之外，梅洛-庞蒂有时还用了另一个与之非常相似的词 chiasma，后者是一个解剖学词汇，指 X 状交叉，视神经交叉，或指染色体交叉。为了尊重原文的这种差别，我们统一将 chiasme 译为“交错”，将 chiasma 译为“交织”。——译者注

观尚未区分的场所，置于各种尚未被“加工”的经验中——这些经验同时地、杂乱地向我们呈现了“主体”和“客体”，实存和本质，并因此而为哲学提供了重新定义它们的手段。观看，言说，甚至思考——但有某些保留，因为一旦我们绝对地区别思考与言说，我们就已经进入反思层次——都是这一类的经验，它们既是无可置疑的，又是莫测高深的。它们在所有语言中都有一个名称，但这个名称在所有语言中都带有一团簇生的含义，处于本义和引申义（sens figurés）的灌木丛中，以至于它不属于像科学的名词那样的名词之一，后者通过赋予被命名者一个限定的意义就作出了阐明，而毋宁是重复的标志，是对一种既熟悉又解释不清的神秘的持续提醒，是对一种照亮其余一切，而其自身之源头仍处于晦暗之中的光亮的持续提醒。如果我们能够在观看和言说的实践中重新发现某些鲜活的参照（références），它们为这些经验在语言中规定了如此一种命运，那么，这些经验也许会教导我们如何去形成我们的新工具，并且首先教导我们如何去理解我们的研究，理解我们的探究本身。

173 我们周围的可见者似乎是栖止于其自身中的。就好像我们的视觉是在可见者的中心自行形成的，或好像在可见者与我们之间有一种如同大海与沙滩般紧密的亲熟关系。然而，我们不可能融入它之中，它也不可能进入我们之中，因为那样一来，视觉在其形成的那一刻，就会因看者或可见者的消失而消失。因此，有的既不是先与其自身同一随后把自己提供给看者的诸事物，也不是一个首先空空如也随后才向事物开放的看者，而是我们不可能比通过目光的触诊更能接近于它的某物，是我们不可能指望“完全赤裸”地看到它们的诸事物，因为目光本身就裹卷了它们，以它的肉为它们着装。在这样做时，目光如何让事物各就其位，我们关于事物的视觉为何仿佛是来自于事物的，被看见对于它们来说为何只是其卓越存在的一种黜级？颜色这种法宝、可见者的这种特性——它使持立在目光尾端的可见者远不只是我的视觉的一个关联物，而是作为其至高实存的延续而强加给我的东西——[究竟]是什么？为何我的目光在卷裹事物之际又不掩藏事物，并且最终，在遮掩它们之际又揭示了它们？①

首先应该理解，在我眼前的这红色，并不像人们常说的那样是一种感受质（quale）②，一种没有厚度的存在薄膜，是一种无论人们收到与否，都既不可破译又明见无疑的信息——但如 174

① 在该段行文中，此处以方括号插入了几行文字："这是由于目光本身就是看者对可见者的渗入，是在可见者中寻找自身（它自身就**属于可见者**）——这是由于世界的可见者不是**感受质**（QUALE）的外套，而是存在于感觉质素之间的东西，是外部视域和内部视域相结合的织体——就像肉呈现给肉那样，可见者有其自存性（aséité），它是我的自存性——肉作为 Sichtigkeit（**可见性**）和一般性。→由此，视觉既是提问又是回答……经由肉的开放：我的身体的两页和可见世界的诸页……正是在这些穿插的页面之间才有可见性……我的身体是事物的模型，事物是我的身体的模型：身体通过其所有的各部分与世界相连，靠在世界上。→所有这些意味着：世界、肉不是作为事实或诸事实的总和，而是作为真理铭写的场所：错误被划掉，而没有被取消。"——编者注

② quale 指单纯的感觉性质，如一种纯粹的颜色，它可从事物中抽离出来，"不需要确定的载体就能够为己地继续存在"，参梅洛-庞蒂《知觉现象学》第 421 页，杨大春、张尧均、关群德译，商务印书馆，2023 年。——译者注

果人们接收到它，就知道了所有要知道的东西，总之关于这个信息就没有什么好说的了。这红色要求有一种聚焦，即使很短暂，它也会从某种较不确定、更加一般的红晕中涌现出来，在那里，我的目光在瞄定（fixer）——就像人们如此恰当地说的那样——它之前就已被攫住，并陷于其中了。但如果我的眼睛陷没于其中（既然我瞄定了它），进入它那固定的结构中，或者，如果我的眼睛重新开始在周围游移，感受质就恢复了其空气般的实存。它的确定形式是与某种绒毛状的、金属般的或多细孔的［？］构型或肌理（texture）密切相关的，相较于这些参与来说，感受质本身是无足称道的。克洛岱尔说过庶几相近的话，他说大海的某种特定的蓝是如此地蓝，以致只有血才是更红的。此外，颜色在另一种变化的维度中、在它与周遭环境的关系维度中是有变化的：这种红色只有基于它的位置将它自己与围绕着它的其他红色——它与这些红色一起构成了一个［红的］集合——联系起来时，或者与它所支配或支配着它的、它所招引或招引着它的、它所排斥或排斥着它的其他颜色联系起来时，才是其所是。简言之，这是处于同时性和连续性的网状结构中的一个特定纽结。这是可见性的一种具体化，这不是一个原子。不用说，这件红色连衣裙以它的所有纤维维系了可见者的织体，并通过它，维系着一个不可见的存在织体。它是红色事物场（包括屋顶上的红瓦、道口值班员手中的红旗和**革命**的红旗、埃克斯附近或马达加斯加的某种红土）中的标点（ponctuation），也是诸红色长衣场（包括女子的红色长裙、教授在学位典礼上的红色长袍、大主教或大法官的红长袍）中的标点，它还是某些盛装礼服场和军服场中的标点。它的红色，严格说来并不是一样的，根据它是在这一个集合中出现还是在另一个集合中出现，根据沉淀于它之中的是 1917 年革命中的纯粹［红色］本质，还 175
是永恒女性中的纯粹［红色］本质，是公诉人的纯粹［红色］本质，还是在 25 年前负责香榭丽舍大街上的一家餐馆、穿着轻骑兵服装的吉卜赛人的纯粹［红色］本质［而有变化］。某种红色还是从想象世界的深处取来的红色化石。如果我们考虑所有这些［不同的红色］参与，我们就能看到，一种赤裸的颜色，更一般地说一个可见者，不是一个绝对僵硬、不可分割的存在块段，完全赤裸地呈现给一种只能是全或无的视觉，而毋宁是处于始终张开着的诸外部视域和内部视域之间的某个隘口，是前来轻轻碰触，并在有色的或可见的世界的不同区域产生有距离的回响的某种东西，是这个世界的一种特定的分化，一种转瞬即逝的变调，因此，与其说是颜色或事物，不如说是在诸事物和诸颜色之间的差异，是颜色存在或可见性的短暂结晶。在所谓的诸颜色和诸可见者之间，我们将重新发现倍增它们、支撑它们、滋养它们的织体，但这种织体不是事物，而是诸事物的可能性、潜在性和肉。

如果我们回到看者，我们将会看到这不是一种含糊的类比或比较，而应该严格地从字面上来看待。我们说过，目光裹卷、触诊、贴合可见的事物，就好像它和它们处于一种先定和谐的关系中，就好像它在知道它们之前就已了解它们[1]，它以自己的方式移动，带着它那种跳跃而专横的风格，但尽管如此，它所

---

① 此句中的“知道”和“了解”在原文中为同一个词 savoir。——译者注

抓住的视景却不是随意的，我并不注视一片混沌，而是各种事物，以至于人们最终不能说是目光还是事物在控制。对可见者的这种预先拥有，这种依其心愿对可见者进行探究的艺术，这种被诱发的解说究竟是什么呢？我们也许能在触觉的触诊中发现答案：在这种触诊中，探究者与被探究者离得更近，而眼光的触诊无论如何都只是它的一种引人注目的变式而已。我如何
176 特别地给予了我的双手以这样一种动作的程度、速度和方向，它们能使我感觉到光滑或粗糙的肌理？在探索与探索所告诉我的东西之间，在我的动作与我所触摸到的东西之间应该存在着某种原则性的联系，某种亲缘性，据此，我双手的动作才不像阿米巴虫的伪足那样，只是身体空间的一些模糊和转瞬即逝的变化，而是向着一个触觉世界的探入（initation）和开放。只有当我的手从内部进行感觉时也可以从外部被通达，即它本身也是可触摸的，比如说，被我的另一只手触摸，只有当它在它所触摸的事物中也占有一席之地，它在某种意义上也是诸事物之一，并最终向它也构成其一部分的可触摸的存在开放时，这一切才可能发生。通过在手的这种触摸与被触摸之间的回交（recroisement），手自身的这些动作就融入了它们所探究的世界中，被登记在与之相同的地图上；这两个体系彼此贴合，就像一个橘子的两半相互贴合那样。视觉也没有什么两样——人们说，在此除了探索及探索所收集到的情况不属于“同一感官”[这一点不同]外。然而，这种感官的界线是很粗糙的。在“触摸”中，我们刚才已经发现了三种相互支撑的不同经验，三个相互交叉，但又各不相同的维度：对光滑与粗糙的触摸，对各种事物的触摸——身体及其空间的被动感受——，最后是一种真正的对触

摸的触摸，当我的右手触摸我的正在触摸事物的左手时——通过这种触摸，“正在触摸”的主体就过渡到被触摸者之列，下降到事物之列，以至于触摸在世界之中自行发生，仿佛是在事物中形成的。在我对我被包裹于其中的袋子的粗糙感受与我的一只手对另一只手实施的外在控制之间有着相当大的区别，就如同我的双眼的运动与这种运动在可见者中产生的变化一样。反过来，正如关于可见者的任何经验总是在目光运动的背景下被 177
给予我的那样，可见的景观也完全与“触觉性质”一样属于触摸。我们应该习惯于认为任何可见者都是在可触摸者中被裁出的，任何可触摸的存在都以某种方式允诺了可见性，而且不仅在被触摸者与触摸者之间，而且在可触摸者与嵌入其中的可见者之间也有侵越，跨行（enjambement），正如反过来，可触摸者本身也并非可见性之虚无，并非没有视觉上的实存。因为同一个身体既看也触摸，可见的与可触摸的属于同一个世界。很少被人注意的奇迹是，我的双眼的任何活动——更进一步，我的身体的任何移动——都在我通过这些活动进行细察和探索的同一个可见世界中有其位置，就像反过来，任何视觉都在触觉空间的某处有其地点一样[①]。存在着可见者在可触摸者中、可触摸者在可见者中的双重的和交叉的扶持，这两张地图都是完整的，但它们并不相互混淆。这两部分都是总体的部分，但又不相重叠。

① 这里的“有其地点”是照字面意思直译，原文 avoir lieu 作为习惯表达，有“发生”之意，所以这后半句也可译为：“任何视觉都发生在触觉空间的某处。”——译者注

因此，甚至不用进入看者和可见者所固有的各种蕴涵关系（implications）之中，我们就知道，既然视觉是借助目光进行的触诊，它就也应该被登记在它向我们揭示的存在秩序中，注视者本人也应该并不外在于他所注视的世界。当我看时，视觉（正如这个词的双重意义如此清楚地指出的那样）[①] 必定伴生出一个补充视觉或另一个视觉：从外面看到的我自己，就像另一个人可能看到的我，处于可见者中间，并正在从某个地点考虑可见者。我们暂时不检查看者与可见者的这种同一将会走向何处，我们是否有关于这种同一的充分经验，或者是否还缺少什么东西，
178 缺的是什么。目前我们只需要注意到，看者只有当他被可见者所占有，只有当他属于可见者[②]，只有当他依据目光和事物的关联性所规定的那样，原则上也是可见者之一，并能通过一种独特的回转去看可见者（看者也是可见者中之一）时，他才能拥有可见者。[③]

这样一来，我们就明白：为什么我们在事物所在之处，依据它们的存在（这种存在其实远甚于它们的被知觉存在）而看到了它们本身，与此同时，为什么我们又因目光和身体的全部厚度而远离了它们：这是因为这种距离不是这种接近的反面，它是与接近深度一致的，它是接近的同义词。这是因为看者与事物之间的肉的厚度无论对具有其可见性的事物来说，还是对

① Vision 既可指看的动作和能力（“观看，视看”），也可指看到的景象（“视景”）。——译者注

② 作者边注：Uerpräsentierbarkeit（原呈现），就是肉。

③ 作者边注：可见者不是可触摸性之零，可触摸者不是可见性之零（相互侵越的关系）。

具有其肉身性的看者来说，都是创制性的；这不是在他与事物之间的一种障碍，而是它们的交流手段。基于同样的理由，我既处于可见者的中心，又远离它们：这是因为可见者是有厚度的，因此，它自然地注定要被一个身体看到。在感受质中、在颜色中所具有的不可规定的东西只不过是这样一种简单专横的方法，它把过去的视觉和将要到来的视觉成串地提供给一个单一的某物，一个单一的存在音调。作为看的我，我也有自己的深度，靠着我所看到的这同一个可见者，而且它在我的身后自行闭合，我清楚地知道这一点。身体的厚度远不是要与世界的厚度相抗衡，相反，它是我通过使自己成为世界，通过使事物成为肉而走向事物之中心的唯一方式。

居间的身体本身不是事物，不是间质物，不是结合面，而是为己的可感者，这意味着，不是这样一种荒诞：自看的颜色，自触摸的表面——，而是这样一个悖谬［？］：一个被一种触摸、一种视看居有的颜色和表面的组合体，因此是典范的可感者，179
它为那个居有它和感觉它的人提供了必需的东西（de quoi），使他去感觉与他相似的外在一切，以致他被攫入诸事物的织体（tissu）之中，但他也将这个织体整个儿拉向自己，并入其中①；通过同样的运动，他把这种无重叠的同一性、这种无矛盾的差异性、这种内部和外部的间距（écart）归给他与之隔离的事物，这构成了他之诞生的秘密。② 身体通过它自己的本体发生

① 这一句中的“它”和“他”实为同一个人，前者侧重于“可感者”而言，后者则侧重于“能感者”而言。——译者注

② 在该段行文中，此处以方括号插入了几行文字：“人们可以说我

（ontogénèse）将我们与事物直接统一起来，它把它由之构成的两个粗坯、两片嘴唇彼此粘合起来：身体之所是的可感团块（la masse sensible）和它通过分凝从中诞生的可感者的团块（作为看者，它仍向后者开放）。正是身体，且唯有身体——因为它是一个两维的存在——才能将我们引向事物本身，但事物本身不是平面的存在，而是拥有深度的存在，它们对于一个凌空俯视的主体来说是不可通达的，而只向身体开放；后者只要有可能，就与事物共同实存于同一个世界中。当我们谈到可见者之肉时，我们并不打算从事人类学的研究，描述一个被我们的全部投射所覆盖的世界，只保留其在人类的面具下才可能是的样子。相反，我们想说，肉欲的存在（l'être charnel）作为具有多页（feuillets）的或多面的深度存在，作为潜在的存在，或某种特定缺失的呈现，是**存在**的原型，而我们的身体（可感的能感者）则是它的一种引人注目的变体，但其创制性的悖谬已经体现在每一可见者中了：这个立方体就已经将各种并非共同可能的 visibilia（可见性）汇集于自身之中了，就像我的身体同时就是现象的身体和客观的身体那样；如果它最终存在，那是（就像我的身体一样）
180 通过一种力的冲击（un coup de force）而在的。我们说，人们称之为可见者的东西，是一种孕含着某种肌理（texture）的性质，是一种深度的表面，是一种团块存在的切面，是被一种**存**

们知觉到了事物本身，说我们是自我思考的世界，——或者说，世界处于我们的肉之核心。无论如何，只要承认了身体－世界的联系，那就有我的身体的分枝（ramification）和世界的分枝以及它的内部和我的外部的交感（correspondance），我的内部和它的外部的交感。”——编者注

在之波携带的粒子或微粒。因为总的可见者总是在我们所见的它的诸侧面的背后、其后或其间，只能通过一种像它那样完全外在于其自身的经验才能通达它：正是由于这个缘故，而不是作为一个认识主体的承载者，我们的身体才为我们控制可见者，但它不解释、不阐明可见者，而只是使其散乱的可见性之神秘集中起来；这里涉及的确实是一种**存在**的悖谬，而不是一种人的悖谬。当然，人们可以回答说，在我们的身体的两“半”之间，也就是在作为可感的身体和作为能感的身体（我们刚才称之为客观的身体和现象的身体）之间，存在着一个将**在己**和**为己**分隔开来的深渊，而不是一个间距（écart）。问题——我们不会回避它——在于知道，可感的能感者如何也能被思考。但是在这里，当我们试图形成我们的第一批概念以避免古典的困境时，我们无需使人接受这些概念可能提出的难题——当人们将它们与一个本身也有待重新审查的*我思*（cogito）相对照时。是或否：我们有一个身体吗，也就是说一个不是作为永恒的思维对象，而是受伤时会疼、有手能触摸的肉体（chair）？我们知道这一点：仅仅有手不足以触摸，但只是因为这个原因，就断定我们的手不触摸，并将它们打发回对象或工具的世界，这就是通过接受主体和客体的分离，而事先就放弃了去理解可感者并剥夺了我们关于它的光亮。相反，我们建议一开始就从字面上去理解它。因此我们说，我们的身体是一个双页的存在，一方面它是诸事物中的一物，另一方面它是看事物和触摸事物者；我们说——因为这是明见无疑的——它将这两个属性统一于自身， 181
它既归属于“客体”的秩序，又归属于“主体”的秩序，它的双重归属向我们揭示了这两种秩序之间很令人意外的关系。如果身体有这双重参照，这不是由于某种不可理解的偶然性。它告诉我们说，每一参照都诉诸另一个参照。因为如果身体是诸事物中的一物，它也是比诸事物更强和更深意义上的事物：我们说过，这是因为身体是*属于事物的*，也就是说，身体凸显于（se détache sur）事物之上，因此就脱离了（se détache de）事物。它不只是事实上*被看到*的事物（我看不到我的背），它也是法理上可见的，它落入了一种既不可避免又有所延迟的视看之下。反过来，如果它触摸和看，这不是因为它有可见者在它面前作为对象：可见者围绕着它，它们甚至进入它的领地，它们在它之中，它们里里外外布满它的目光和它的双手。如果它触摸它们和看它们，这只是因为，作为事物家族的一员，它自身也是可见的和可触摸的，它利用其存在作为手段以便参与到事物之中，因为这两种存在中的每一个都是另一个的原型，因为身体属于事物的秩序，就像世界是普遍的肉那样。甚至不应该说——就像我们刚才所做的那样——身体是由两页构成的，其中的一页，即"可感的"一页，是与世界的其余部分紧密相连的；在它之中没有两页或两层，它从根本上说既不仅仅是被看到的事物，也不仅仅是看者；它是时而游离时而聚集的**可见性**，由于这个缘故，它不在世界中，它不像在一个私人领地内那样持有它对世界的看法：它看到世界本身，全体的世界，而不用走出"自身"，因为对于所有那些它带有其相似性、拥有其证明的可见者和可触者来说，通过视看和触摸本身的一种魔力，它整个儿——因为它的手、它的眼睛——就只是这样一个作为参
182 照之标准的可见者、可触摸者。说到页或层，这仍然是在反思的目光下压扁和并置那共存于活的和站立着的身体之中的东西。

如果人们喜欢隐喻，就最好说被感觉的身体和能感觉的身体就像反面和正面，或者就像同一个环形行程的两段，从上面走是从左到右，从下面走则是从右到左，但它们只是处于两个阶段中的同一个运动。不过，人们就被感觉的身体所说的一切也影响到它作为其一部分的可感整体以及世界。如果处于这两个阶段中的身体是同一个身体，那么它就把可感的整体融入了自身中，又通过这同一个运动把自己融入到了一个“在己的**可感者**”中。我们应该抛弃将身体放在世界中，将看者放在身体中，或反过来将世界和身体放在看者中（像放在一个盒子里那样）的古老偏见。既然世界是肉，那么身体和世界的界限置于何处呢？既然很明显身体中只有“塞满脏器的晦暗”[①]，也就是说同样的可见者，那么该将看者置于身体的何处呢？被看的世界不“在”我的身体“中”，我的身体最终不“在”可见的世界“中”：如同肉贴合于肉，世界既不包围它，也不被它包围。作为可见者的参与者和联姻者，视看既不包裹可见者，最终也不被它包裹。可见者的表面薄膜只对我的视觉和我的身体来说才存在。但在这个表面下的深度包含我的身体，并因此也包含我的视觉。我的作为可见物的身体被包含在宏大的景观中。但我的能看的身体暗中支持着这个可见的身体和所有与之在一起的可见者。它们之间有相互的插入（insortion）和彼此的交缠。或毋宁说，我们有必要重申一下，如果放弃通过平面和透视来思考，那么就有两个圆圈，或两个漩涡，或两个轨道，当我自然地生活时，

① Merleau-Ponty, *Phénoménologie de la perception*, p. 376, Gallimard, 1945.——译者注

它们是同心运作的，而当我探究自身时，它们中的一个相对于另一个就会有轻微的偏离……

183 我们应该问自己，我们在看者与可见者的这种奇怪的胶着中究竟发现了什么。当一个特定的可见者、一个特定的可触摸者转向它是其一部分的整个可见者、整个可触摸者时，或者当它突然发现自己被它们包围时，或者在它与它们之间，通过相互的交往而形成一种在己的**可见性**、在己的**可触摸性**——这种**可见性**和**可触摸性**原本既不属于作为事实的身体，也不属于作为事实的世界——时，才有视看和触摸，——就像两面相对而立的镜子，它们产生出两个无穷系列的被嵌合在一起的影像，这些影像其实并不属于这两个镜面中的任何一面，因为它们中的每一面都只是反射另一面而已，这两组影像因而构成了配偶般的组合，这一组合比它们中的任何单独一组都更加真实。由此，看者被摄入了他所看的东西中。他看到的仍是他自己：在所有的视觉中都有一种根本的自恋性；基于同样的理由，他运用视觉，他也承受了来自事物方面的视看；就像许多画家曾说的那样，我感到自己被事物注视，我的主动性等同于被动性——这是自恋性的第二层含义，也是更深层的含义：不是外在地看被人所居有的那个身体的轮廓，像其他人看它那样，而尤其是被它所看，实存于它之中，移居到它那里，并被这个幻影（le fantôme）所引诱、捕获、异化，以致看者与可见者相互致意，以致人们不再知道谁在看，谁被看。我们刚才称作“肉”的正是这种**可见性**，这种在己**可感者**的一般性，这种**我本身**与生俱来的匿名性。我们知道，在传统哲学中没有用来指称这个的名称。肉并非存在微粒意义上的质料（它们以自行叠加或自行伸展的方式形成诸存在）。可见者（诸事物和我的身体）也不是任何不为我所知的“心理”材料，它将被（天知道如何）实际实存着并作用于我的事实身体的事物带入存在。总而言之，它不是事实，也不是“物质”或“精神”事实的总和。它更不是某个精神的表象；一个精神是不会被其表象诱惑的，它拒绝进入对看者来说才是本质性的可见者中。肉不是物质，不是精神，不是实体。为了规定它，最好还是借助“元素”这个古老的术语——在人们用来谈论水、气、土和火的意义上，也就是说在一般物（chose générale）的意义上——，它处于时－空性个体与观念的中途，是一种肉身化的原则，这种原则在凡有存在碎片的地方都引入一种存在的风格。肉在这个意义上是一种**存在**的“元素”。不是事实或诸事实之和，然而又依附于地点（lieu）和当下（maintenant）。更进一步：它是何地（où）与何时（quand）的开创，是事实的可能性和要求，一言以蔽之，即事实性：使事实成其为事实的东西。与此同时，也是使诸事实具有意义的东西，是使零碎的事实围绕着“某物”得以自我排列的东西。因为如果有肉，也就是说，如果立方体的隐藏的一面向某处闪光，如同我所看到的这面一样，并与我所看到的这面共存，如果看这个立方体的我也属于可见者，那我在其他地方也是可见的，如果我和这个立方体一起被卷入到同一种“元素”中——还应该谈论看者或可见者吗？——，那么这种一致，这种原则的可见性就战胜了一切暂时的不和谐。那最终消失于其中的任何视觉或任何局部的可见者，都不是事先被取消的（那将会在其中留下一道空隙）；毋宁说：它是被一种更精确的视觉和一种可见者依据可见性的原则给替代的——这种可见性原则，仿佛出于一种对空无的恐

184

惧，已经召唤了真实的视觉和可见者，后者不仅是对它们的错误的替代，而且还是对它们的解释，对它们的相对辩护，以至于它们（如胡塞尔正确地指出的）不是被抹掉，而是“被划掉的”（barrées）……这就是当我们严肃地看待视觉，当我们探究视
185 觉时所得出的奇特的结果。当然我们也可以不这样做，并绕开它们，然而，这样我们将重新发现这种关于可见者的存在论的含糊不清、未被阐明的碎片，它们混杂在我们所有的知识论中，尤其是混杂在那些勉强地支撑着科学的理论中。我们自然还没有完成对它们的思考。这个初步的勾勒只是让人隐约地看到这个奇怪的领域，而严格意义上的探究将会通向这个领域……

然而，人们很快就看到，这个领域是没有边际的。如果我们能够表明，肉是一个终极的概念，它不是两个实体的结合或组合，而是因其自身而可思维的，如果有一种经由我并把我构成为看者的可见者与它自身的联系，这个非我所造、反而造就了我的循环圈，这种可见者在可见者之上的缠绕，就可以穿越和激活其他的身体，如同穿越和激活我的身体那样；如果我能理解如何在我之中产生了这种波涌，那边的可见者如何同时成了我的风景，我就更加能理解它在其他地方是如何封闭于自身的，为何除了我的风景之外还有别的风景。如果它听任自己被它的片断之一所捕获，诱捕（la captation）的原则就获得了，这个场就开始向其他的自恋者开放，向一种“交互身体性”开放。当我的右手正在碰触那些可触摸者时，如果我的左手能够触摸我的右手，触摸到它正在触摸，并把它的碰触转向其自身，那么在触摸另一个人的手时，为什么我不会在那只手上触摸到我在自己手上触摸到的那种与事物吻合的同样能力呢？诚然，这

里涉及的“事物”是我的事物,所有的动作就像人们所说的那样，都发生在“我之中”、在我的风景之中，而问题的关键却是要建立另一种风景。相反，当我的一只手触摸另一只手时，每一只手的世界都向另一只手的世界开放，因为这个活动是任意可逆的，因为如人们所说，我的两只手都属于一个单一的意识空间，186
因为是单一的一个人透过其两只手触摸一个单一的事物。但是，为了使我的两只手向一个单一的世界开放，那么它们被提供给单一的一个意识是不够的：如果是这样，那些萦绕着我们的难题也就消失了；其他人的身体将像我自己的身体那样被我认识，它们要与之打交道的世界和我要与之打交道的世界还是同一个世界。不，我的两只手触摸到同一些事物，因为它们是同一个身体上的两只手；但它们中的每一只都有其自己的触觉经验；然而，如果说它们都是在与单一的一个可触摸者打交道，那是因为从一只手到另一只手，透过身体空间（就像我的两只眼睛之间那样）实存着一种极其特殊的关系，这种关系使得两只手成为一种单一的经验器官，就像它使得我的两只眼睛成为独眼巨人的单一视觉的两个通道一样。难以思量的关系，因为一只眼、一只手也能够视看，也能够触摸，因为，当每一个感觉器官作为“对……的意识”，作为**为己**，都把其他的感觉器官还原为对象时，需要理解的是这些视看、这些触摸、这些小小的主观性、这些“意识到”，[如何] 能够像一束花中的众多花那样被聚集起来。如果要走出困境，我们就只能放弃“意识到”与客体之间的二分，承认我的有协同能力的身体不是客体，它是通过一种与诸意识相关的、旁侧的和横贯的运作，将附着于其手、其眼的诸意识聚集成束,承认“我的意识”不是诸多“对……意识”

之综合的、永存的、离心的（就像意识是离心的那样）统一体，它是受我的身体之前反思和前客观的统一体维持和支持的。这就意味着每一个单目视看、每一个单手触摸，在拥有其可见者和可触摸者的同时都各自与另一只眼睛的视看、另一只手的触摸相连，以这种方式使它们共同构成为面对唯一世界的一个唯一身体的经验，借助一种回返、转化（把它的语言转化为它们的语言）、呈报和颠倒的可能性——根据这种可能性，每个器官的私有小世界不是与所有其他器官的私有小世界并列，而是被后者包围，从它那里提取出来，它们共同构成了一个在一般**可感者**面前的一般**能感者**。可是，这种构成了我的身体之统一性的一般性为什么不向其他身体开放呢？握手也是可逆的，我能在触摸的同时也确实地感到被触摸，当然，不存在一种我们的身体都是其器官的巨型动物，如同对我们每个身体来说，双手、双眼都是其器官那样。如果说协同性在每一机体内是可能的，那么它为什么就不实存于不同的机体之间呢？它们的风景相互交集，它们的行动、它们的激情明确地相互调协，这一点是可能的，只要我们不再以归属于同一个“意识”来定义原初意义上的感觉(le sentir),而是相反地将它理解为从可见者回到自身，理解为能感者对被感者、被感者对能感者的肉体性依附。因为作为复原与分裂、同一与差异，这种依附使一种自然之光的射线得以出现，这种自然之光照亮了所有的肉，而不仅仅是我的肉。人们说，他人的色彩感和触觉层次感对我来说是一种绝对的神秘，是我永远不可通达的。这不完全真实，如果我想要得到的不是一个观念、一个形象或一个表象，而可以说是关于它们的内在经验，那么我只需要注视一片风景，和某个人谈论这

187

个风景就够了：这样一来，通过他的身体和我的身体的协同运作，我所看到的东西就传到了他那里，我眼前的这片草地上的个性化绿色就在不离开我的视觉的情况下侵入了他的视觉中，我在我眼里的绿色中认出他眼里的绿色，就像海关官员在这个散步者身上突然认出了他已经获悉其体貌特征的那个人一样。这里不存在另一个我（l'alter ego）的问题，因为不是我在看，不是他在看，因为一种匿名的可见性居有了我们两个，一种一般的视觉，依据归属于肉的这种原初特性，尽管处于此时此地，却 188
向四处永恒地发光，尽管作为个体，却也是作为维度和普遍性。

伴随着可见者和可触摸者的可逆性，向我们敞开的即使仍然是非身体性的东西，也至少是一种交互身体性的存在，因而是可见者与可触摸者的一个事先推定的领域（un domaine présomptif），它比我当前触摸到和看到的事物伸展得更远。

有一个被触摸者与触摸者的循环，被触摸者抓住了触摸者；有一个可见者与看者的循环，看者如果没了可见者的实存也就不存在了①；甚至还有触摸者向可见者的登录，看者向可触摸者中的登录，反之亦然；最终，还有这些交换向所有我所看到和触摸到的同类型和同风格的身体的蔓延——而这一点要借助能感者与可感者之间的根本裂隙或分凝（fission ou ségrégation）才行，这种裂隙或分凝使我的各器官有了侧向的交流，并奠基了从一个身体到另一个身体的可传递性。

一旦我们看到其他的看者，我们的面前所有的就不只是无

① 在行文过程中，此处以方括号的形式插入如下注释："与声音和听觉之间的依附关系相比，此处的这些依附关系是什么呢？"——编者注

瞳孔的目光、无反光的事物之镜了，就不只是由事物所引起——通过在事物中指定一个我们由之看到它们的位置——的这种微弱的映像，这种我们自身的幻影了：从此，通过他人之眼，我们对于我们自己就完全可见了；我们的眼睛、我们的背部所在的空洞（lacune）就被填满了，同样是被可见者填满的，但我们不是这种可见者的拥有者；当然，为了确信这一点，为了把一种不是我们的视觉也纳入考虑之中，我们总是不可避免地要到我们唯一的视觉宝藏中去汲取材料，因此，经验不能告诉我们任何没在我们的视觉中被勾勒出来的东西。但我们说过，可见者的特征就在于要成为一种不可穷竭的深度的表面：这是使
189 可见者能向不同于我们的视觉的其他视觉开放的东西。于是，在自我实现的同时，其他人的视觉也显露了我们的实际视觉的局限，它们揭露了唯我论的幻觉，即相信任何超越都是经由自我实现的超越（dépassement par soi）。第一次，我之所是的看者成了对我来说的真正可见者；第一次，我转而把自己的深层完全显露在自己的眼皮底下；也是第一次，我的动作不再朝向要看、要触摸之物，或朝向正在看、正在触摸它们的我的身体，而是投向一般的、为其自己的身体（无论是我的还是他人的身体），因为，第一次，我通过另一个身体看到，在身体与世界之肉的结对中，身体给出的比它接受的更多，它为我所看到的世界增添了为他人之看所必需的宝藏。第一次，身体不再与世界结对，它缠上了另一个身体，把它的全部广袤细心地敷贴［于另一个身体之上］[1]，不知疲倦地用它的双手描画一个奇特的塑

① 我们在这里重新补上了显然是被作者误删去的内容："于其中"

象，后者也反过来给出了它所接受的一切；它迷失在世界之外、各种目标之外，只为其独特的萦念所迷，想与另一个生命飘游在**存在**中，想使自己成为其内部的外部和其外部的内部。从此以后，实施于他人和它们自身之上的动作、触摸、视看开始向其源头回溯，并且在欲望之忍耐和静默的劳作中，开始了表达的悖论。

然而，人们看到和触摸到的这肉不是肉之全体（toute la chair），这一厚实的身体性（corporéité massive）也不是身体之全部。界定了肉的这种可逆性存在于其他的场域中，它在那里甚至无与伦比地更加灵活，更能够在诸身体之间编织各种关系；这一次，这些关系不仅仅扩大了，甚至最终超出了可见者的圈子。在我的动作中，有一些动作不指向任何地方——甚至 190
不向其他的身体去寻找其相似性或原型：这是些脸部的动作、许多姿态，尤其是这些发出叫喊和声音的喉咙与嘴巴的奇怪动作。这些动作最终变成了声音，而且我听到了它们。就像晶体、金属和许多其他实体一样，我是一个有声音的存在，但我是从我的内部听到我自身中的震动的；就像马尔罗所说，我用我的咽喉来倾听自己。[①] 在这一点上，还是如马尔罗所说，我是无可比拟的，我的声音与我的生命团块相连，就好像它不是任何人的声音。但是如果我和另一个正在说话的人靠得足够的近，以

（S'y）。——编者注

① 参马尔罗《人的境遇》（丁世中译，外国文学出版社，1998 年）第 45 页："人们对别人是以耳闻其声，对自己却是以喉'闻'己声。……人们对自己的生命也是以喉'听'之的。"——译者注

至于能听到他的呼吸，感受到他的激动和疲惫，那么我几乎就参与了——在他之中就像在我自己之中那样——这些叫喊之令人震惊的诞生。就像存在着触摸、视看以及触觉–视觉系统的自反性那样，也存在着发音和听觉活动的自反性，这些活动有其声音的记录，这些声音在我的身体中有其运动的回音。这种新的可逆性和作为表达的肉的涌现是言说与思维在沉默世界中的切入点。①

191 在喑哑的或唯我论的世界的边缘，在其他看者在场的情况下，我的可见者被证明是一种普遍可见性的范例，我们在此触及到了派生或引申意义上的视觉，即 l'intuitus mentis（精神直观）或观念，一种肉的升华，这就是精神或思想。然而，其他身体的实际在场不一定能产生思想或观念，如果其种子不在我的身体中的话。思想既是与自身和与世界的联系，也是与他人的联系，因此它是同时建立在这三个维度之上的。应该直接在

① 在此以方括号形式插入了以下几行文字："在何种意义上我们还没有引入思维：当然，我们也不是处于在己中。当我们说**看到**、**可见者**时，当我们描述可感者的开裂时，我们可以说就已经在思维的层次中了。我们不是在如下的意义上处于思维的层次：我们引入的思维是'**有**'，而不是'**向我显现为**'……（构成整个存在的显现、自我显现）。我们的论点是，必须要有这种内聚性的"**有**"（ce IL Y A d'inhérence），我们的问题在于指出，在狭义上（纯粹的含义、关于看和感觉的思想），思想只能被理解为：借助其他方式，通过'**有**'之升华达成'**有**'之意愿，并实现一种不可见者，这种不可见者恰恰是可见者的反面，是可见者的潜能。因此，在声音与意义之间，在言语和它的意谓之间，依然有可逆性的关系，而且无关乎优先性，因为言语的交流恰恰在于差异化，而思想则是对这种差异化的综括。"——编者注

视觉的底层结构上使思想显现出来。我们说，使思想显现出来，而不是使思想诞生：因为我们暂时不考虑这个问题，即思想是否并不曾先已蕴含在视觉中了。感觉（le sentir）消散在我的身体中（如我的手触摸），因此，这禁止我们事先将感觉与一种思想联系在一起，使感觉只是思想的一个样式，——这一点越是明显，则把触摸设想为一堆触觉经验的集合也就越发荒谬。我们不在这里建议思想的任何经验论的发生，我们要问的恰恰是，这种串起所有离散视觉的中心视觉是什么，这种支配我的身体的整个触觉生命的独特触摸是什么，这个应该能够伴随我们所有经验的*我思*是什么。我们想通达中心，我们试图理解如何会有一个中心,统一存在于哪里,我们不说这种统一是总和或结果；如果我们想让思想在视觉的底层结构上显现，这只是基于这样一种无可质疑的明见性，即：必须以某种方式看或感觉，才有思想；我们所知的任何一种思想都发生于某种肉中。

再说一次，我们谈论的肉不是物质。它是可见者在能看的身体上的缠绕，是可触摸者在能触摸的身体之上的缠绕，这一点尤其可从下面这一事实得到证实：当正在看和触摸事物的身
体被看、被触摸，以至于身体*作为*可触摸者下降到了事物中， 192
而同时，*作为*触摸者，它又支配了所有的事物，并通过自身团块的开裂或裂隙，把这种联系甚至这种双重联系从自身中抽取出来。这种诸可见者围绕着其中之一的集中，或这种身体团块向着诸事物的突然闪现（它使得我皮肤的一种颤动变成了光滑和粗糙，使得我以*双眼追随*事物自身的运动和轮廓），这种神奇的联系，这种在诸事物与我之间的契约（依据这种契约，我把我的身体提供给诸事物，以使它们得以铭写在我的身体中，并

将它们的外貌提供给我），这种褶皱，这个可见者的中心洞孔（即我的视觉），看者与可见者、触摸者与可触摸者的这两列镜像，——所有这些，都形成了一个我所依赖的完美联接体系，定义了一种一般视觉和一种我不可能摆脱的可见性的恒常风格，即使当这样那样的特殊视见被揭示为是虚假的，因为在这种情况下我仍然确信，通过更仔细地看，我将有真实的视见，而且无论如何，不管是虚假的视见还是真实的视见，*总是存在着一种视见*。肉（世界之肉或我的肉）不是偶然性，不是混沌，而是重新回到自身和适宜于自身的织构（texture）；我永远也不会看到自己的视网膜，但如果某物对我来说是确实可靠的，那是因为人们会在我的眼球深处发现这些灰暗和神秘的薄膜。而最终，我相信这一点——我相信我拥有人的感官，人的身体——，是因为，如果通过我们的对质来判断的话，属于我的世界景观和属于其他人的世界景观没有特别大的差别，无论在我这里还是在他人那里，这种世界景观都明见地指涉可见性的诸典型维度，最终指涉视觉的潜在策源地，指涉一个自身也是典型的探测者，以致在不透明的身体与不透明的世界的结合处，有一道来自光的一般性的射线。反过来，当我从身体出发，询问它是
193 如何使自己成为看者的，当我审视感性身体的关键区域时，就像我们从前指出过的那样[①]，一切就像是，可见的身体仍然是未完成的、张开着的，就像是视觉的生理学没有成功地在自身上闭合神经的功能，因为对身体来说，聚焦、会聚的活动都在一个可见的世界临现（avènement）之际暂停了，而这些活动本

①《行为的结构》。——作者注

来被认为是为可见世界提供解释的；因此，就像是视觉突然来给零散地丢在建筑工地上的物质手段和工具提供了它们所期待的一种会聚，就像是通过所有这些渠道，通过这些准备好了但没有使用的环路，那种将穿过它们的流动成为可能，从长远来看还是不可避免的，这种流动使一个胚胎成为一个新生儿，使一个可见者成为一个看者，使一个身体成为一个精神，或者至少成为一个肉。撇开我们所有的这些实体论的概念，看者在胚胎发展的对应点上就已被预谋了；可见的身体通过对自己加工，安排了一个视觉将从那里被构成的深窝（creux），开启了漫长的成熟过程，在这个过程的尽头它将突然看见，也就是说它将成为对它自身而言的可见者，它将建立看者和可见者之间无休无止的吸引和持续不断的变形，这种变形的原则已被设定，而且随着最初的视觉，变形就已经开始了。我们称为肉的东西，这个内在地构筑的团块，在任何哲学中都没有名称。作为客体和主体的形成介质（milieu formateur），它不是存在的原子，不是处在某个地点和某个独一无二的时刻中的坚硬在己：人们诚然可以这样谈论我的身体，说它不在*别处*，但人们不能在客体的意义上说我的身体是*这里*或*现在*；尽管如此，我的视觉不俯视客体，它不是那种全知的存在，因为它有它的惰性，它的依附。因此，不应该从实体、身体和精神出发来思考肉，因为那样的话肉将是诸矛盾面的统一，而应该，我们说过，把它看作元素，看作一种一般存在方式的具体标志。我们在开始时就 194
已经简略地谈到了看者与可见者、触摸者与可触摸者之间的一种可逆性。现在应该强调指出，这里涉及的是一种总在迫近却从未实际实现的可逆性。当我的右手触摸事物时，我的左手总是处在要触摸我的右手的临界点上，然而我从来达不到这种重合；这种重合总在实现之际消失，产生的总是两种事物之一：要么我的右手确实过渡到了被触摸者之列，可这时它对世界的把握停止了；要么，它保持着对世界的把握，但这样一来，我就没有真正地触摸到它，我只是用我的左手触及到它的外皮。同样，我也不是像聆听其他人那样来聆听自己，对我来说，我的声音的有声实存可以说只是贫乏地展示出来；这毋宁是其发音实存的一种回响，它是透过我的头部而不是在外面产生震动。我总是在我的身体的同一侧，它是在一种不变的视角下呈现给我的。然而，这种不断的回避，这种无能——不能使我的右手对事物的触摸与我的左手对正在触摸的右手的触摸完全重合起来，或者在手的摸索动作中，不能使一个点的触觉经验与下一时刻“同一”点上的触觉经验完全重合起来，或者不能使对我的声音的听觉经验与对他人的声音的听觉经验重合起来——不是一种失败：因为，如果这些经验从不完全重叠，如果它们在相合之际逃开，如果在它们之间总是有“游移”，有“间距”，这恰恰是因为我的两只手都属于同一个身体，因为这个身体在世界中运动，因为我同时从内部和外部听到我自己；我经历到（想经历多少次都行）从这些经验中的一种到另一种的过渡和变形，只是就好像在这些经验之间的那个牢固的、不可动摇的结合点
195（la charnière）对于我来说仍无可避免地隐藏着。但是，这种间隙——在我的被触摸的右手和我的正在触摸的右手之间的间隙、在我的被听到的声音和我的发出的声音之间的间隙、在我的触觉生命的某个时刻和下一个时刻之间的间隙——不是一种存在论的空无，一种非存在：它已被我的身体的总体存在和世

界的总体存在跨越了，这是两个固体之间的零压力，使它们得以相互依附。因而，我的肉和世界的肉包含着一些明亮的区域，其晦暗的区域绕着转的时光轴（des jours）；第一可见性（即诸感受质和诸事物的可见性）如果没有第二可见性（即诸力线和诸维度的可见性）便是不可能的，块状之肉如果没有纤细之肉便是不可能的，暂时的身体如果没有荣耀的身体便是不可能的。当胡塞尔谈论诸事物的视域——它们的外视域（所有人都知道的视域）和它们的“内视域”，这一被可见性阻塞的晦暗（事物的表面只是其可见性的界限）——时，应该严格地看待这个词，视域并不比天空或大地更是积聚之物的一个集合，或更是一个类名，或概念的逻辑可能性，或一个“意识的潜在性”系统：这是一种新的存在类型，一种具有孔隙性、完型性（prégnance）或一般性的存在，而那个在其面前展开视域的人亦被卷入、被包含进他的视域中。他的身体和各种远景都参与到同一种一般的身体性或可见性中，这种身体性或可见性伸展于诸远景和他之间，甚至超出视域之外，处于他的肌肤之下，直至存在深处。

我们在此触及到了最困难之处，也就是肉与观念之间的纽结，可见者与它所显现和它所隐藏的内在骨架之间的纽结。在确定可见者与不可见者的诸关系方面，在描述一种不是可感者的对立面而是可感者的衬里和深度的观念方面，没有人比普鲁斯特走得更远。因为他就音乐观念所说的，也是就所有的文化存在（如《克莱芙王妃》和《勒内》）而说的，也是就爱情的 196
本质而说的——“小乐句”（la petite phrase）不仅仅向斯万呈现了爱情的本质，而且也把这种本质传达给了所有听到它的人，即使他们对此并无意识，即使他们后来也没有在他们只是其见证者的爱情中重新认出这个小乐句，——也是一般地就许多其他概念而说的，这些概念，如音乐本身那样“无与伦比”，是“关于光线、声音、立体感、肉欲之乐的概念，它们是我们的内心世界得以分化和装点的丰富蕴藉”[①]。文学、音乐、各种激情，还有可见世界的经验，都与拉瓦锡和安培的科学一样，是对一种不可见者的探索，也同它一样，是对一个观念世界的揭示。[②]只是，这种不可见者、这些观念，不像拉瓦锡和安培的科学那样使自己脱离感性的外观，确立为第二层次的肯定性。音乐的观念、文学的观念、爱情的辩证法，还有光线的韵律、声音和触摸的展示方式，它们都在对我们说话，它们都有其自身的逻辑、自身的一致、自身的交汇、自身的协调，而且在这里也一样，诸显象是未知的“力”和“规律”的伪装。只不过，就好像它们所在之处的秘密和文学表达由以萃取它们的秘密就是它们自身的实存方式；这些真理不只是像某种人们还不能发现的物理实在那样被掩藏着，它们事实上是不可见的，但我们终有一天能面对面地与之遭遇，而对另一些人来说，如果他们所处的位置较好，只要遮蔽它们的屏障被移开，他们现在就能看见它们。但在这里则相反，不存在没有屏障的视觉：如果我们没有身体，没有感受性，我们所谈论的观念就不能被我们更好地认识，这样一来，它们对于我们来说就将是不可通达的；“小乐句”、光

---

① *Du côté de chez Swann*, II, p. 190.（NRF.1926）——作者注

参《去斯万家那边》，周克希译，第 387 页，上海译文出版社，2004 年。——译者注

② Ibid., p.192.——作者注

参周克希译本第 389 页。——译者注

线的概念，如同“理智观念”一样，不会被它们的显现所穷尽，197
只有在一种肉身的经验中才能作为观念被给予我们。这不仅仅是因为我们在肉身的经验中发现了思考它们的契机；也是因为这些观念之所以拥有其权威，拥有其迷人的、不可摧毁的力量，正是由于它们在可感者的后面或在其中心是透明的。每当我们想要直接进入其中，或把手伸向它[1]，或剥开它的壳，或撩开它的面纱看到它时，我们就明显地感到这种企图是悖理的，随着我们的接近，它反而远离了我们；解释并不给予我们观念本身，它只是观念的次级版本，是一种更易支配的派生物。斯万可以很好地把握在音符的标记之间的“小乐句”，把那种“收缩的冷颤似的甜美”——它构成了这个小乐句的本质或意义——归结于组成这个乐句的五个音符之间的细微差异，以及其中两个音符的不断重复：当他思考这些音符和这种意义时，他就不再有小乐句本身，而只有“一些简单的时值，出于理智的方便以取代那种他所曾知觉到的神秘实在”[2]。因此，对这类观念来说，“蒙上幽暗的面纱”，“在伪装下”显现，是必不可少的。这些观念向我们保证，“我们心灵中那难以穿透、令人害怕的巨大黑暗”并非空白，并非“虚无”；但是这些遍布心灵，充斥于心灵中的实在、区域和世界——心灵也感觉到了它们的在场，就像感觉到黑夜中某个人的在场那样——，心灵只能通过与可见者的交往才能获知它们，它们的存在依附于可见者。就像瓦雷里所

① 即观念。——编者注

② *Du côté de chez Swann*, II, p. 189.——作者注

参周克希译本第 386 页。——译者注

说，奶乳的隐秘黑暗只有通过其白色才能接近，光的观念和音
198 乐的观念也从各种光线和声音之下叠现出来，作为其另一面和深度而存在。光与音乐的肉身织构向我们呈现了整个肉的缺席；这是一道神奇地在我们眼前自行勾画而没有任何勾画者的辙迹，一个特定的凹陷，一个特定的内部，一种特定的缺席，一种并非乌有的否定，它极其明确地被限制在这五个音符中（它在这些音符之间建立起自身），被限制在我们称之为光线的这个可感者的家族中。我们看不见也听不到诸观念，即使用精神之眼或第三只耳也没用：可是，诸观念确实在那儿，在各种声音之后或在声音之间，在各种光线之后或在光线之间，以它们那种始终特别的、独一无二的方式掩映在这些声音和光线之后，却是可辨认的，“彼此完全有别，就其时值和含义而言相互之间也是各不相同”[①]。

伴随着最初的视觉，最初的接触，最初的愉悦，就有了起始（initiation），也就是说，不是对某个内容的设定，而是一个不可能再被关闭的维度的敞开，一个所有其他经验从此以后都可以依据它而被定位的层面的建立。观念就是这一层面，这一维度，因而它就不是像一个东西藏在另一个东西后面那样的实际不可见者，也不是与可见者毫不相干的绝对不可见者，而是这个世界的不可见者，是寓于这个世界中，支持着它并使之可见的不可见者，是它的内在的和本己的可能性，是这一存在者（étant）的**存在**。在人们说到“光”时，在音乐家们达到这个“小

① *Du côté de chez Swann*, II, p. 189.——作者注

参周克希译本第 386 页。——译者注

乐句”时，在我之中没有任何空隙；我体验到的是如同一种肯定思想所可能是的那般“确定”、那般“明晰”，——甚至不止如此：一种肯定思想是其所是，但恰恰因它只是如此这般，它在这个意义上就不能固定我们。精神的流变性已经将它带到了别处。音乐的观念或可感者的观念则恰恰因其是否定性或被限 199
定的缺席，所以我们不拥有它们，而是它们拥有我们。不再是演奏者在演奏或表演奏鸣曲：他感觉到自己，其他人则感觉到演奏者正服务于奏鸣曲，正是奏鸣曲通过他而吟唱，或如此突兀地高扬，以至于演奏者必须“猛拉琴弓”来追随它。而这些在声响的世界中开启的漩流最终形成为一道诸观念在其中彼此协调的唯一的漩流。“说出的语言从来都不会如此无可改变地必不可少，从来都不会把问题的相关性和答案的明见性了解到这种地步。”[①] 只有不可见的存在，也可以说是微弱的存在，才能形成这种密闭的织构。在各种经验（它们是对于肉的经验）中有一种严格意义上的理想性：奏鸣曲的乐段、光场的片断，都通过一种无概念的内聚力而相互联结，这种内聚力是与我的身体各部分之间的内聚力同类型的，或者是与我的身体和世界之间的内聚力同类型的。我的身体是事物，还是观念？它既不是事物，也不是观念，而是诸事物的度量者。我们因而就要承认一种并不陌异于肉，反而赋予了肉以其轴心、深度和诸维度的观念性。

然而，一旦进入了这个奇特的领域，我们就不明白为何还

① *Du côté de chez Swann*, II, p. 192.——作者注
参周克希译本第 389 页。——译者注

有从中走出来的问题。如果有一种身体的灵化（animation），如果视觉与身体是相互纠缠在一起的——与此相关，如果感受质的薄片、可见者的表面在其整个的广延上都伴生了一种不可见的储备物——如果，最终在我们的肉中和在事物的肉中，现实的、经验的、存在者层次上的可见者通过某种反折、套叠或充填，展现了一种可见性，一种可能性（这种可见性、可能性不是现实之物的影子，而是其原则，不是一种“思想”的固有产物，而是其条件），一种风格（它像任何风格一样是暗示性的、
200 省略的，但又像任何风格一样是不可模仿、不可异化的），一种内在的视域和一种外在的视域（在这两种视域之间，现实的可见者是一种暂时的区隔，不过，这两种视域只是不定地向其他可见者敞开），那么——在可见者与不可见者、广延与思想之间的直接的和二元论的区分就被放弃了，不是因为广延是思想或思想是广延，而是因为它们是互为正反面，一个从来都是在另一个之后——问题显然就在于知道：各种“理智观念”是如何在这之上建立起来的，人们如何从视域的观念性走向“纯粹的”观念性，尤其是，一种被造的普遍性、一种文化、一种知识通过何种奇迹开始添加到我的身体和世界的自然普遍性之上，接管并修改了后者。然而，无论我们最终怎样理解这种新的普遍性，它都已经融入了感性身体的连接中，融入了可感事物的轮廓中，而且，不论它是如何新颖，它都滑行在非它所开辟的那些道路上，它改变了那些非它所敞开的视域，它汲取了这些“无与伦比的”概念（如普鲁斯特所说）所具有的根本神秘，这些“无与伦比的”概念，只是因为它们在可见世界的连接处被预测到，才能在精神之夜中过其幽暗的生活。现在来阐明这种在原

地的超越还为时过早。让我们仅仅说纯粹的观念性本身既不是
无肉的，也不可脱离诸视域结构：它也是与肉和视域共生的，
尽管这里涉及的是另一种肉和另一些视域。这就像是那种赋予
可感世界以生气的可见性迁徙了，但不是迁徙到任何身体之外，
而是迁入另一个不那么沉重、更加透明的身体中，就好像这种
可见性换了肉，为了语言之肉而放弃了身体之肉，并因此而超
越了但不是摆脱了任何境况。为什么不承认——对此，普鲁斯
特知道得很清楚，他还在其他地方谈到过这一点——语言和音 201
乐能够通过其自身的安排持有一种意义，能够在其自身的编结
中捕获一种意义；每当它是征服性的、主动的、创造性的语言
的时候，每当某物在强意义上被说出来时，它都毫无例外地是
如此；为什么不承认就像乐谱是事后的摹本，是音乐实在的抽
象肖像，语言作为符号和所指、声音和意义之间的明确关系的
系统，是实际运作的语言——在这种语言中，意义与声音的关
系，同“小乐句”与人们事后在其中发现的五个音符之间的关
系是一样的——的产物和结果？这并不意味着乐谱、语法、语
言学和“理智观念”——这些都是已经获得的、可支配使用的、
名义性的观念——都是无用的，或者，像莱布尼茨所说的那样，
意味着径直走向草堆的驴对直线的性质知道得和我们一样的多，
而是意味着这种诸客观关系的系统，这些获得的观念，本身就
仿佛已扎根在一种第二层次的生命和知觉中，这种第二层次的
生命和知觉使数学家直接走向尚未被任何人看见的实在，使实
际运作的语言和算法运用一种第二层次的可见性，使观念成为
语言和计算的另一面。当我思考时，它们就激活了我的内在言
语，它们萦绕在我的内在言语上就像“小乐句”掌控着小提琴

手那样，却又仍处在词语之外，就像小乐句处在音符之外那样，这不是因为它们在另一个向我们隐藏着的太阳之下熠熠生辉，而是因为它们就是这种特定的距离，这种从来没有完成的分化，这种总是要在符号与符号之间重新实施的敞开，如同（我们说过）肉就是看者在可见者之中的开裂和可见者在看者之中的开裂一样。而且，正如我的身体之所以能看只是因为它构成了可见者（它从这可见者中绽出）的一部分，同样，声音的排列所开启的意义也回荡在其排列中。对于语言学家来说，语言是一个理想
202 的系统，是理智世界的一个片断。然而，正如为了使我看到，我的目光对于某个人（X）来说是可见的还不够，它还必须对它自身来说也是可见的——通过某种扭曲、回转或只因我的出生就被给予的反射镜像——，同样，如果我的言语有某种意义，这不是因为它们呈现了语言学家将要揭示的系统结构，而是因为这种结构和目光一样，是依托于其自身的：运作的言语是一个晦暗的区域，被构成的光来自那里，就像身体对其自身的沉闷反观就是我们称作自然之光的东西那样。正如有一种看者与可见者的可逆性，正如在这两种变形的交汇点上产生了我们称作知觉的东西，同样有一种言语与它所意指者的可逆性；含义是这样一种东西，它开始封印、锁闭和聚集表达中使用的物理的、生理的、语言学的等多种论辩手段，把它们集中在一个单一的动作中，就像视觉实现了感性的身体那样；而且，如同可见者抓住了目光，而目光则揭示了可见者，并构成了可见者的一部分那样，含义也反过来影响它的手段，它把已成为科学对象的言语补充到自身中，并通过一种从来没有完全落空的回溯运动而使自己先行于前，因为言语在开启可命名者和可言说者的视

域时，就已经承认含义在视域中有其位置，因为没有任何说话者不是通过预先把自己构成为受话者而说话的，即使只是他自己的受话者，因为他以唯一的动作关闭了他与其自身、他与其他人之间的联系环路，而且借助这同一个动作，他也把自己构成为不在场的说话者（délocutaire），构成为人们所谈论的言语：他把自身及所有的言语供呈给一种普遍的言语。我们应该更切近地追随从喑哑世界到言说世界的这种过渡。目前我们只想指出，我们既不能谈论对沉默的解构，也不能谈论对沉默的保留（同样不能谈论一种进行保留的解构或一种进行摧毁的实现，这不是解决问题，而是提出问题）。当沉默的视看落入言语中时， 203
当言语反过来通过开启一个可命名者和可言说者的场，并依据其真理把它自己铭刻在这个场中，铭刻在它自己的位置上时，简言之，当言语改变了可见世界的结构并使自己成为精神的目光、intuitus mentis（精神直观）时，这总是根据可逆性的同一种基本现象，这种现象既支撑着喑哑的知觉和言语，又借助观念的一种近乎肉身性的实存并借助肉的升华而自我显现。在某种意义上，如果我们完全阐明了人类身体的建筑构造，阐明了它的存在论构架，以及它是如何自看和自听的，那我们就会看到：它的喑哑世界的结构就像语言的所有可能性那样已经在它那里被给出了。我们作为看者的实存——也就是这样一个存在（我们已经说过）：它让世界折回其自身，它穿到另一侧，它厕身两侧之间进行观看（s'entre-voient），它用眼打量彼此——，尤其是我们对于他人及对于我们自己而言作为有声存在的实存，包含了所有为使彼此之间有言说、有关于世界的言说所需要的一切。在某种意义上说，理解一句话只不过是在其声音的存在里完全接受它，或者，就像人们如此恰当地说的，*倾听它*；意义不像黄油涂在面包片上那样涂在话语上，不像第二层“心理实在”那样铺展在声音之上：它是那被说者的整体，是词语链的所有差异化的整合，它连带着词语被提供给了那些有耳可听的人。反过来，所有风景都受到了词语的浸渗，就像被入侵一样，在我们看来，它只不过是言语的一个变体；谈论它的“风格”，在我们看来就是构造一个隐喻。在某种意义上，就像胡塞尔所说，整个哲学都在于恢复一种符指的力量，恢复意义的初生状态或一种野性的意义，用那种尤其阐明了语言之特殊领域
204 的经验来恢复对经验的表达。在某种意义上，就像瓦雷里所说，语言就是一切，因为它不是任何人的声音，它就是事物、水波和树林的声音本身。应该理解的是，从这两种观点的一种到另一种，没有辩证的颠倒，我们没必要把它们汇集在一种综合中：它们是作为终极真理的可逆性的两个方面。

附 录

前客观的存在：唯我论的世界* 207

还原到前客观之物

既然科学和反思最终仍使原生世界的谜团未受触动，我们就被邀请去探究它而不预先假定任何东西。从此可以理解，为了描述这一世界，我们不能求助于任何那些已被建立的、我们每天都在依靠的“真理”；这些真理事实上充满了模糊性，而且公正地说，也不可能完全摆脱这种模糊性，除非通过诉诸原生世界和那种把它们作为超结构设定在原生世界之上的知识劳动。比如说，通过实践和科学，我们就知觉的“原因”及其作用于我们身上的活动所知的一切，都被认为是未知的。这是一种比我们所以为的更难遵从的信条：想要从被知觉物出发构造知觉，从它所告诉我们的关于世界的一切出发构造我们与世界

* 手稿的页码清楚地表明，在此开始的这一章没有被作者保留下来。它被“探究与直观”所取代。然而，既然它没有被抛弃，我们认为把它作为附录附呈于此是合适的。——编者注

的接触，这样一种企望几乎是不可抑制的。我们看到，许多作者都证明，任何意识都是记忆，因为我今天看到的一颗星星也许好多年前就已经熄灭了，因为一般说来，每一种知觉都落后
208 于它的对象。他们看来没有察觉到这个“证明”的隐含意义：它假定“记忆”不是通过被记起的东西的外观和特征，而是从外面，通过当时在在己世界中一个相应对象的不存在来界定的；因此它预设了这个包围着我们的在己世界；在这个在己世界和我们之间，它预设了各种同时性和相继性的关系，它们把我们和在己世界一道封闭在同一种客观时间内；它预设了一个能认识这一真实世界的精神，该世界的各种关系，被知觉短路所压缩和删节，最终使知觉成为一个“记忆”事实。我们需要遵循的是相反的道路，即从知觉及其变体（它们如其自行呈现的那样被描述）出发，我们试图去理解知识的世界是如何被构成的。这个世界对于被我们所体验的一切不能告诉我们任何东西（除非通过它的空白和它把我们抛入其中的疑难而间接地告诉我们）。并不是因为所谓的“客观”世界具有这样那样的属性，我们才被允许去将这些属性看作是体验世界中的获得物：对我们来说，它们至多只是一根引线，以便我们去研究那些我们籍以在世界中认出它们并在我们的生活中遭遇它们的手段。反过来，不是因为在“客观”世界中的这个或那个现象没有可见的标记，以致我们必须放弃使它在体验世界中显现出来；对于运动的现象真理来说，电影的不连续图像证明不了任何东西——只是在观察者眼中，运动才把这些图像连结起来——而且，它们甚至不能证明体验世界包含着各种无运动物的运动：运动物完全可以由感知的人所投射。我们就世界所发展起来的一切都不是来

自于习惯的世界——在那里，我们对存在的加盟（initiation）和已在历史中更新了存在的许多伟大的智力尝试都只是以混乱痕迹的状态被记录下来，而它们的意义和动机则被掏空了——， 209
而必定是来自这个现在的世界，它守候在我们生命的门口，我们在这里发现了那激活遗产的东西，而且如果有机会，我们还能把这种遗产重新记入我们的账户。我们不承认一个预先被构成的世界，一种逻辑，除非是为了看到它们从我们的原生存在的经验——这种经验就像是我们的知识脐带和对我们而言的意义源泉——中涌现出来。

此外，我们也不允许在我们的描述中引入来自于反思（不管是心理学的反思还是先验的反思）的种种概念：它们通常只不过是客观世界的关联项或对应项。从一开始，我们就必须放弃诸如“意识行为”、“意识状态”、“质料”、“形式”，甚至“形象”和“知觉”之类的概念。我们在全部范围内都排除了知觉这个术语——就其已经隐含着把体验切分成为各种不连续的行为而言，或就其隐含着一种对其地位尚不明确的“诸事物”的指涉而言，或仅仅就其隐含着一种可见者与不可见者的对立而言。不是因为这些区分完全缺乏意义，而是因为如果我们从一开始就承认它们，我们就将重新进入我们务要摆脱的困境。当我们谈论知觉信念，当我们以重返知觉信念为己任时，我们借此不仅不暗示任何为科学家划定了知觉范围的物理或心理“条件”，也不暗示一种感觉论或经验论哲学的任何假设，甚至也不暗示对一种经验的“初始层”——它涉及实存于时间和空间的某一点上、与概念或观念相反的诸存在——的任何规定。我们还不知道什么是看和什么是思，这种区分是否有效，以及在

何种意义上有效。对我们来说，知觉信念包含着在一种本源经
210 验中原初地给予自然人的一切，连同那种开创性的和切身呈现的力量，并且根据对自然人来说是终极的且不可能更完善或更接近地设想的一种观点来看——不论涉及的是通常意义上的被知觉事物，还是他对于过去、想象物、语言、科学的述谓性真理、艺术作品、他人或历史的最初加盟（initiation）。我们不能预先判断可能实存于这些不同“层次”之间的各种关系，甚至不能预先判断它们属于不同“层次”；根据对我们原生的或野性的经验的探究所告诉我们的一切来决定这一点，是我们的任务之一。知觉作为与自然事物的一种相遇处于我们的探索的首要计划中，不是作为一种能解释其他的单纯感官机能，而是作为在与过去、想象物、观念的相遇中被模仿和被更新的原发性相遇者的原型。我们甚至不能事先知道我们的探究本身和我们的方法将会是什么。探问的方式规定了一种特定类型的回答，而现在对这种探问方式的确定也将决定我们的解答。比如说，如果我们说，我们在此的问题就是将我们生命的本质或Eιδος（艾多斯，本质）从由生命所开启的不同区域中离析出来，这就假定了我们能找到其关系本身就奠基于本质之中的各种理想的不变物，这将从一开始就使我们经验中可能有的流变不居的东西从属于那可能有的固定不变的东西，使它服从于一些条件，这些条件或许不是任何可能经验的条件，却是一种已经被表达在语词中的经验的条件；最终这将把我们封闭在一种对于词语含义的内在探索中。或者，为了不预断任何东西，如果我们把一种广义上的本质规定作为一种理解自身的努力，那么，它诚然不会引起任何怀疑，但这是因为，它没有对诸结果的风格作

出任何的规定。事实上，我们知道，纯粹的探究不应该是什么，211 而它会成为什么，我们则只有通过尝试才知道。我们决定把自己限制在原初、根本或开创性意义上的经验之所是中，这只不过是假定了在“我们”与“所是者”（ce qui est）之间的一种相遇——这些词被看作是一种有待被确定的意义的单纯标记。相遇是无可怀疑的，既然没有它我们就不会提任何问题，我们必须从一开始就不要把它解释为“所是者”被包含在我们之中或我们被包含在“所是者”之中。不过表面看来，我们确实应该“在”世界“中”，在所是者中，或者相反，所是者应该“在我们中”。向经验本身询问其秘密的意图不已经是一种唯心主义的决定了吗？如果我们这样来看待它的话，那我们将很难被人理解。我们是针对我们的经验才提问的，——因为任何问题都是针对某人或某物的，因为我们不能选择比对我们而言的整体之所是更少危害性的对话者了。但是，这种要求的选择不会关闭可能应答的场；我们没有在“我们的经验”中暗示对一个自我（ego）的任何指涉，或对与存在的一种特定类型的理智关系（如斯宾诺莎的experiri[经验]）的任何指涉，我们探究我们的经验，恰恰是为了知道它如何为我们敞开那不属于我们的东西，因此，这甚至不排除这样的情况，即我们在我们的经验中发现了一种朝向在任何情况下都不可能原本地呈现给我们的东西（而这种东西之无可挽回的缺场还会因此被算在我们的原发经验之中）的运动。然而，如果只是为了看到在场的这些边缘，为了辨认这些指涉，为了验证它们或探究它们，那么，就应该首先明确地把目光聚焦在那显然被给予我们的东西上。正是在这个完全方法论的和暂时性的意义上，我们才会理解我们目前所采 212

用的这些区分。我们不需要在一种把自己安置在世界本身中或他人之中的哲学与一种把自己安置"在我们中"的哲学之间，在一种"从内部"把握我们的经验和一种从外部判断它（即使这是可能的，如以逻辑标准的名义）的哲学之间作出选择：这些选择并不是紧要的，因为也许我和非我就像正面和反面那样，因为也许我们的经验就是这种确实远离"我们"而把我们安置在他人中、在事物中的反转。像自然人那样，我们置自身于我们中和事物中，置自身于我们中和他人中，以致到达某一点，通过一种交织（*chiasma*），我们成了他人，我们成了世界。只有当哲学既拒绝具有唯一入口的世界的方便法门，又拒绝具有多个入口且所有这些入口都能使哲学家进入的世界的方便法门时，哲学才成为它自身。就像自然人那样，哲学坚守在从自我进入世界、进入他者的道路得以开辟的点上，坚守在各条道路的交叉口上。

I. 在场

事物与某物

因此，让我们把自己看作是被安置在众多的事物、生命物、象征符号、器具和人之中的，让我们试图形成能使我们理解在此发生在我们身上的事情的概念。我们的第一真理——它不预
213 断任何东西且无可置疑——将是，有在场，"某物"在那儿，"某人"在那儿。在某人出现之前，让我们先问一下"某物"是什么。

人们试图说，这个我们呈现给它，它也呈现给我们的某物

是“各种事物”——显然，所有人都知道，对此应该如何理解。这块石头或这个贝壳是事物，这是在这样一个意义上说的，即在我从它们那里所看到的东西，所触摸的东西之外，在它们与我的手指或与我的舌头的粗糙接触之外，在它们落在我的桌子上所发出的声音之外,在它们中有一个作为这些不同“属性”（和许多其他还不为我所知的属性）的独特基础，它把这些属性加到这块石头或这个贝壳之上，或至少，它在一定的限度内包含了它们的各种变量。这个原则的权力不是一种事实的权力：我清楚地知道，这块石头，这个贝壳能够一下子被那包围着它们的东西压碎。因此,这可以说是一种法理上的权力,一种合理性：超出它们变化的一定范围，它们就不再成为这块石头或这个贝壳了，它们甚至不再成为一块石头或一个贝壳了。如果它们要作为个体持存下去，或至少继续拥有这些一般的名称，那么它们就必须在某个核心上展示一定数量的属性，这些属性彼此派生，共同从这一个别的石头中，从这一个别的贝壳中或一般地从任何具有同样名称的个体中发散出来。因此，当我们说这儿有一块石头、一块贝壳，或甚至这块石头、这个贝壳时，我们指的是它满足了这些要求，至少就目前来说，诸核心属性的这个独特基础（我们简单地称之为“这块石头”或“一块石头”,“这个贝壳”或“一个贝壳”）毫无阻碍地显示其自身，并准备在我们的眼睛之下展开其属性，因为诸属性都来自于它，因为它毫 214
无保留地是这块石头、这个贝壳，或至少是石头或贝壳。因此，事物——我们保留可能发生在它之上的一切和它的被毁坏的可能性——是诸属性的一个纽结（如果其中的一个属性被给出了，它的每一属性也就被给出了），是一种同一性的原则。事物之所是，它是通过其内在的安排而是其所是的，因而是完全地，毫不犹豫地，无裂隙地，整个儿地是其所是，要么就根本不是这样。它是据其自身或在其自身中，在一种外在展示中是其所是的，而环境则任其所是且不做任何解释。它是对–象（ob-jet），也就是说，它通过其自身的效能，在我们面前展开自己，而这恰恰是因为它被聚集于自身中。

如果事物就是这样，对于生活在各种事物中的我们来说，就必须询问事物是否真的以源初的方式隐含在我们与不论什么东西的接触中，是否真的只有经由事物，我们才能理解其余的东西，我们的经验是否在原则上是关于事物的经验，是否世界（比如说）就是一个巨大的事物，是否我们的经验直接就瞄向了各种事物，是否我们确实从纯粹状态中获得了它自身的答案；或者相反，我们是否没有把那些事实上是派生的，并且其自身也需要阐明的元素当作本质元素引进了答案之中。我们说，事物、石头、贝壳没有面对和反对一切而实存的力量，它们只是一些温和的力量，只有在有利的环境下被统一起来时才能展现其蕴含。但如果这一点是真的，则事物与它自身的同一性，我们在它那里认出的这种以自身为基础的自身居留，这种充实性和这种肯定性，就已经超出了经验，已经是对经验的一种二次解释。从素朴意义上把握的事物——作为可认出的内核，却又没有任何本己的潜能——出发，我们只有通过为经验强加一个
215 它所忽视的抽象困境，才抵达了事物–对象，抵达了**在己**，抵达了与其自身同一的事物。也许事物没有任何本己的和内在的潜能，但问题仍然在于，如果事物必定能使自己被我们所认识，如果它不一定会消失，如果我们能够谈论事物，其前提是各种

显像要像它们有一种内在统一原则那样表现出来。正是通过把事物的经验与另一种并不包含事物的经验幻象相对照，我们才迫使经验说出比它所说的更多的东西；正是通过绕过名称的迂回，通过以我们不认识它们来威胁事物，我们最后才能把客观性、自身同一性、肯定性、充实性等，即使不是认作事物自身的原则，也至少认作事物对于我们来说的可能性条件。如此被定义的事物，不是我们的经验事物，这只是我们通过把事物投射到一个宇宙（在那里，经验不将自己建立在任何东西之上，而旁观者也离开了景观）中，简言之，通过使事物面对虚无的可能性，我们所获得的关于事物的形象。同样，当我们说，即使事物在分析中始终处于证据之外，而显现为一种推断，这也仍然是我们看到了石头、贝壳，至少在那一刻，它满足了我们的要求，而我们则有权把事物定义为完全是它自身，或者不是——这种从赞成到反对的颠倒，这种基于先验观念论之上的经验实在论仍然是一种基于虚无之上的经验的思想。然而，通过在虚无的可能性之上使经验侧显出来，我们能思考我们所具有的这种经验吗？事物和世界的经验不恰恰就是我们为了不论以何种方式思考虚无所需要的基础吗？以虚无为基础来思考事物，这不是双重的错误吗，无论是对事物还是对虚无？就事物而言，基于虚无来显现事物的轮廓，我们不是完全歪曲了事物的本性吗？ 216
事物的同一性、肯定性、充实性——被还原为在经验抵达它们的背景中它们所意指的东西——不是极其不足以界定我们向着“某物”的敞开吗？

工作笔记

真理的起源 ① 219

1959 年 1 月

引言

我们的非哲学状态——危机从不曾如此地根本——

各种辩证的“解决”= 要么是把各种对立面等同起来的“坏的辩证法”，它是非哲学的——要么是“防腐保鲜”的辩证法，它不再是辩证的。哲学的终结还是再生？

回到存在论的必要性——存在论的探究及其诸分支：

主体－客体的问题

交互主体性的问题

自然的问题

存在论纲要：被设想为原生**存在**以及逻各斯的存在论。通过拓展我关于胡塞尔的那篇论文 ②，描画出野性**存在**的图景。但

---

① 真理的起源：这是作者最初想要给他的这部著作起的题目。——编者注

② Le Philosophe et son Ombre, In *Edmund Husserl. 1859-1959.*

只要我们没有根除“客观哲学”（胡塞尔），则对于这一世界、这一**存在**的揭示就仍是一纸空文。需要一种 Ursprungsklärung（起源阐释）。

对笛卡尔诸存在论的反思——西方存在论的“斜视”（strabisme）[①]——

220 对莱布尼茨的存在论的反思。

问题的概括：有一条通向作为客观无限的无限者的道路——这条道路是一种对 Offenheit（敞开），对 Lebenswelt（生活世界）的主题化（和遗忘）——应该重新在这一方面着力。

第一部分的计划：（通过内在分析）看“**自然**”已变成了什么——随后是生命——随后是作为心理－物理的人——这种

Recueil commémoratif, Martinus Nijhoff, La Haye 1959. Publié dans *Signes*. NRF 1961.——编者注

① 作者在 1957—1958 年间所做的课程提要中这样写道：“比如，在笛卡尔的著作中，自然一词的两种意义（‘自然之光’意义上的自然和‘自然倾向’意义上的自然）勾勒出了两种存在论（客体的存在论和实存者的存在论）”……在更远处，他问道：“难道不存在（就像人们所说的那样）一种‘存在论的复视’（布隆代尔 [M. Blondel] 语）吗？在进行了如此多的哲学努力之后，我们不可能指望对这种复视进行理性的还原，因此，问题只在于完整地拥有这种复视，就像目光拥有两个单眼的图像以便将它们构成为一个唯一的视觉那样？”（《法兰西学院年鉴》第 58 期，1958 年）——编者注

探讨的循环性：我们就**自然**所说的东西已经预示了逻辑，并将在第二部分重新出现——我们关于灵魂或心理物理主体所说的东西已经预示了我们将对反思、意识、理性和绝对者所说的东西。——这种循环性不是反对的理由——我们遵循的是物质的秩序，这里没有理性的秩序——理性的秩序不会给予我们物质秩序所给予的那种确信——哲学作为中心而非作为建构。

真理的起源①

1959 年 1 月

通过指出物理学与**自然**存在（l'etre de la Physis）、生物学与生命存在之间的差异（l'ecart），重要的是建立从在己的、客观的存在到 Lebenswelt（生活世界）的存在的通道——这条通道已经表明，如果不参照主体性，就没有任何存在形式能被设定；身体有一个意识的 Gegenseite（对立面），身体是心理—物理的——

当达到人类身体的肉身化主体性时——对此我将继续参照 Lebenswelt（生活世界）——，我应该发现某种东西，它不是心理学意义上的“心理物”（psychique）（也就 221
是说，一个在己**自然**、blosse Sachen[纯然之物] 的**自然**的 Gegenabstraktion[相反抽象]），我应该达到一种主体性和一种交互主体性，达到一个 Geist（精神）的世界，这个世界即

① 参第 219 页，注 1.——编者注

使不是一种第二自然，也同样具有它的坚实性和完整性，但这种坚实性和完整性仍然处于 Lebenswelt（生活世界）的样式中——也就是说，我还应该透过语言学的、逻辑学的客观化形式（objectivations）去重新发现 Lebenswelt（生活世界）的逻各斯。

同样，必须在原则上揭示在由笛卡尔作为科学的无限视域建立起来的真理的历史性（Urhistorie[原历史]，erste Geschichtlichkeit[第一历史性]）之下的“有机历史”（l’histoire organique）——这种真理的历史性也就是赋予马克思主义以活力的东西。

原则上，只有在此之后才能够去界定一种存在论并界定哲学。存在论就是各种概念的建构，这些概念应该取代先验主体性的概念，主体、客体、意义的概念——哲学的界定将包含一种对哲学的表达本身的阐明（因而将包含对那应用于“天然地”在先的东西的方法的意识，就好像哲学仅限于反思所是者那样），即作为前科学的科学，作为对那先于表达并从后面支持着表达者的表达——在此将如下困难作为主题：如果哲学想要成为绝对的，那它就是自我包含的。但实际上，所有关于自然、生命、人之身体、语言的特殊分析都将使我们逐渐地进入 Lebenswelt（生活世界）和“野性的”存在；当我走上这条路时，我不应回避对它们的实证描述，甚至也不应回避对各种不同的时间性的分析——在导论中就要说明这一点。

《真理的起源》第一卷[①]

1959 年 1 月

胡塞尔：人的身体有另一面——“精神的”一面——

（参：“隐藏诸面”[永远地隐藏或暂时地隐藏]的存在 222
样式，——诸对跖点（antipodes）的存在样式，——差别在于原则上一个活的身体的“精神”面只能作为不在场向我selbstgegeben[给出自身]）

在我的第一卷中——在物理自然和生命之后，安排一个第三章，在那里，人的身体将被描绘为有一个“精神”面。指出人的身体的生命如果不成为心理－物理身体就不能被描述。（笛卡尔——但仍处于心灵与身体的结合上）——给出我的作为建制（institution）的**自然**概念作为笛卡尔的概念的等同物，这个**自然**概念使我们一下子就拥有一种神学曾使我们理解的东西——给出一种感性论（esthesiologie）。一种胡塞尔意义上的时间、心灵概念，作为“自然的”交互身体性概念——但所有这些将被重新采用，深化并修正我的头两本书的主题应该完全在存在论的视角中被执行——这个第一卷所包含的对被知觉世界的描述已经相当深入（作为间隙[écart]的知觉——作为运动和知觉动物的身体——超越——urpräsentierbar[原呈现者]的秩序）。尤其是：在这些真理与作为彻底反思，作为向先验内在

① 题目（参第 219 页注）上方有如下文字：“从对**自然**进行分析的一开始就指出有一种循环性：我们在此说到的东西将在逻辑的层面上重新开始（第二卷）。没关系，确实应该开始了。”——编者注

性的还原的哲学之间的关系问题被提出来了——“野性的”或“原生的”存在被引进来——系列的时间，“行为”和决断的时间被超越——神话的时间被重新引进——在合理性和象征功能之间的关系被提出：所指被能指超出对“理性”来说是本质性的——对在内在系列（“主观的”“心理的”）和客观性（如列维-斯特劳斯所说，就像我们的文明所假定了它那样）之间的反思区分的批判——我们与动物性的关系，我们的“亲缘性”（海德格尔）被阐明了。所有这些通向了一种关于知觉－无知觉、关于（在前逻辑意义上的）logos endiathetos（内在逻各斯）的理论——关于 Lebenswelt（生活世界）的理论——这种新的存在论应该在第四章的框架内被呈现出来（1. 自然和物理学；2. 生命；3. 人的身体；4. “野性的”存在和逻各斯）。（第四章很长，为本卷提供了一个“决定性”的特征——同时开始向绘画、音乐和语言研究的过渡[①]。

223 揭示所有这些根源（“垂直的”世界）——接着指出，这个问题由于语言的转换，向“内在的”人过渡而重新提出——只有到那时，我们才能决定性地评价人道主义。

存在与无限

1959 年 1 月 17 日

无限：将宇宙作为无限来设想无疑是一种征服——或至少

① 此处没有下括号。——编者注

在无限的基础之上（笛卡尔主义者们）——

可是，笛卡尔主义者们真的这样做了吗？——存在的深度，只有借助于无限这个概念才被认识［存在之不可穷竭的基础，它不仅仅是这是那，而且也可能是其他的东西（莱布尼茨），或实际上比我们所知的要多（斯宾诺莎，各种尚不为人所知的属性）］，他们真的看到这一点了吗？

他们的无限观念是肯定性的。他们为了一个肯定的无限而贬低封闭的世界，他们像谈论某物那样谈论肯定的无限，他们在“客观哲学”中证明了肯定的无限——各种符号都被颠倒了：在只是否定的意义上，一切规定都是否定——这更多的是逃避而不是认识无限——这种无限被凝固了或被给予了一种思想，而这种思想拥有它至少在相当程度上是为了证明它。

真正的无限不可能是这样的：它应该是超越我们的东西：是 Offenheit（开放）的无限，而不是 Unendlichkeit（没有穷尽）的无限——是 Lebenswelt（生活世界）的无限，而不是观念化的无限——因而是否定的无限——是作为偶然性的意义或理性。

原生的或野性的存在（=被知觉的世界）及其与作为 Gebilde（形象）的 λόγος προφορίκος（被说出的逻各斯）、与我们构造出的“逻辑”的关联——

1959 年 1 月

我在涉及绘画时谈到的“无定型的”知觉世界，——让绘画一再开始的永恒源泉，——它不包含任何表达法，可是它召

唤所有的表达法，它需要所有的表达法，并且在每个画家那里重新激起一种新的表达的努力，——这个知觉的世界从根本上
224 说是海德格尔意义上的**存在**，它比任何绘画、任何言语、任何“态度”都更多，它在其普遍性中被哲学所把捉，它显现为将要被说出的一切的容纳者，但同时又让我们创造它（普鲁斯特）：这就是呼唤 *λόγος προφορίκος*（被说出的逻各斯）的 *λόγος ένδιαθετος*（内在的、沉默的逻各斯）[1]。

[Lebenswelt（生活世界）之路：我们建立了一种 Lebenswelt（生活世界）的哲学，我们的建构（以“逻辑”的方式）使我们重新发现了这个沉默的世界。在什么意义上重新发现呢？它已经在那儿了吗？既然在哲学家说出它之前没有任何人知道这一点，那怎样来说明它是在那儿的呢？——可确实它在那儿：所有我们说过的和将说的都包含了它并将包含它。它恰恰是作为非主题化的 Lebenswelt（生活世界）而在那儿的。在某种意义上，它还被描述它的各种陈述本身非主题化地隐含：因为像这样的一些陈述反过来会沉积下来，被生活世界“重新占有”，它们将被包含在生活世界之中，而不是它们理解了生活世界[2]，——由于它们意味着整个的 Selbstverständlichkeit（不言而喻性），它们就已经被包含在生活世界中了——但是这种不

① *λόγος ένδιαθετος*（内在的、沉默的逻各斯）和 *λόγος προφορίκος*（被说出的逻各斯）是斯多葛学派的哲学术语。——译者注

② 此句中的“包含”和“理解”在原文中是同一个单词 comprendre 的不同变形形式。——译者注

言而喻性不会影响哲学有价值，并成为一种不同于 Lebenswelt（生活世界）——它被封闭在一种引导着我们的语言之中——并比生活世界的简单的局部产物更高的东西。在作为普遍存在的 Lebenswelt（生活世界）和作为世界之终极产物的哲学之间并不存在对抗或二律背反：揭示生活世界的是哲学］

沉默的我思

1959 年 1 月

笛卡尔的我思（反思）是对诸含义的操作，是对诸含义之间的关系（和沉积在表达行为中的诸含义自身）的陈述。所以它预先假设了一种自我与自我的前反思接触（萨特：自我［的］非正题意识）或一种沉默的我思（被自我所靠近）——我在 *Ph. P.*[①] 中就是这样推理的。

这是正确的吗？我称之为沉默的我思是不可能的。为了有“思想”的观念（在“关于看和感觉的思想”的意义上），为了进行“还原”，为了回到内在性和对……的意识中，必须要有语词。正是通过语词的组合（以及语词所沉积的含义的参与，这些含义原则上能够进入与导致含义形成的关系不同的其他关系中），我才形成了先验的态度，我构造了构造性意识。语词不 225

①《知觉现象学》，N. R. F., Paris, 1945。关于沉默的我思和对笛卡尔式我思的批评，参 pp. 460-468.——编者注

诉诸实定的意义，因而最终不诉诸作为 Selbstgegeben（自身被给予）的 Erlebnisse（体验）流。自我意识的神话即是“意识”一词所要诉诸的——只有诸含义之间的各种差异。

然而有沉默的世界，至少被知觉的世界是一个领域，在其中，有一些非语言的含义（Signification，意蕴）；是的，一些非语言的含义，但它们并不因此就是肯定的。比如说，不存在诸个别 Erlebnisse（体验）的绝对流；有一些场和一个诸场之场，伴随着一种风格和一种典型——描述那些构成了先验场之骨架的实存因素——它们总是施动者（我能）和感觉场或观念场的关系。感觉的施动者＝身体——观念的施动者＝言语——这一切都属于 Lebenswelt（生活世界）的“先验”层次，亦即带有“其”客体的诸超越层次。

还原——先验之真——Rätsel Erscheinungweisen（显现方式之谜）——世界

1959 年 2 月

［还原］被错误地呈现——尤其是在 *M.C.*[①] 中——为对世界实存的悬置——如果还原就是这，它就重新落入了一种世界 *Nichtigkeit*（虚无性）假设的笛卡尔式错误中，这种假设的直接后果是把 mens sive anima（心灵或灵魂）（世界的片断）当

① 埃德蒙德·胡塞尔：《笛卡尔的沉思与巴黎演讲》，La Haye, Martinus Nijhoff, 1950.——编者注

作不可怀疑的——对世界的任何否定，还有，对于世界实存的任何中立性看法都有其直接的后果：即人们缺乏先验性（le transcendantal）。悬置只有相对于在己有效的世界，相对于纯粹的外在性，才有权中立化：它应当让这个有效的在己和这种外在性的现象继续持存下去。

先验场是诸超越性的场。先验性作为对 mens sive anima 226（心灵或灵魂）以及心理物的决绝超逾，是对反超越和内在性意义上的主体性的超逾。向交互主体性的过渡只有对一种不充分的还原来说才是矛盾的。胡塞尔有理由这样说。但是一种充分的还原通向所谓的先验“内在性”之外，它通向被理解为 Weltlichkeit（世界性）的绝对精神，通向作为诸自发性的 Ineinander（相互蕴涵）的 Geist（精神），后者本身就建立在感性的 Ineinander（相互蕴涵）之上，建立在作为 Einfühlung（同感）和交互身体性领域的生命领域之上——种类（*espèse*）的观念＝交互动物性的观念。生物学或心理学与哲学的交缠＝世界的 Selbstheit（自身性）。

胡塞尔自己提出的问题在于知道，世界对我来说如何具有了一种不同于我的先验意向对象的意义的另一种“存在意义”（Seinssinn）。Wie kann für mich wirklich Seiendes...anderes sein als sozusagen Schnittpunkt meiner konstitutiven Synthesis?（那种对于我来说现实存在着的东西……怎么会是与那可谓我的构造性综合的交点有别的其他存在呢？）（M.

C. § 48, p. 135）[①]

胡塞尔说，不是时间性发生的 Fremderfahrung（陌生经验）的分析就是这样被引入的：客观的超越并不后于他人的设定：在这种分析之前，世界已经在那儿了，在它的客观超越中，我们要作为意义来阐明的正是它的意义……[因此，他人的引入不是那产生了“客观的超越”的东西：他人是客观超越的标志之一，是客观超越的一个环节，但他人的可能性可在世界本身之中被发现]。

“纯粹的他者”（还不是作为“人”者）已经引入了一个自然，而我则是它的一部分（M. C., p. 137.）[②]。

---

① 埃德蒙德 · 胡塞尔：《笛卡尔的沉思与巴黎演讲》。——编者注 参胡塞尔《笛卡尔式的沉思》（张廷国译）第 144 页。——译者注

② 参胡塞尔《笛卡尔式的沉思》（张廷国译）第 49 节，第 146—147 页。中译本在此处的相关译文为：“对‘纯粹的’他人（他人还不具有任何世俗的意义）所进行的这种构造在本质上就在于：这些为我的‘他人’并不会被个别地保留下来，毋宁说（当然是在我的本己性领域之内），一个包括我本人在内的自我－共同体是作为这样一个相互依存和相互为他而存在着的自我－共同体，最终又是作为一个单子共同体而得以构造出来的，而且作为这样一个单子共同体（在其群体化地构造着的意向性中），它就构造出了同一个世界。”（楷体部分为译者所加，从中可以看出梅洛－庞蒂对胡塞尔文本的某种改变，或者说他对其思想的独特理解）。——译者注

Einströmen（流入）——反思

1959 年 2 月

由于有 Einströmen（流入），所以反思不是相即，重合：如果它将我们重置于 Strom（流）之源头，那么它就不会进入到 Strom（流）之中——

寻找道路（我相信在《危机 III》那里），在那里据说现象 227
学还原改造了普遍历史——

Einströmen（流入）：沉积的特殊情况，亦即第二被动性的特殊情况，亦即潜在的意向性的特殊情况——这是贝玑（Péguy）的历史的铭写——这是 Zeitigung（时间化）的基本结构：一个时间点的 Urstiftung（原创建）——[通过?]这种潜在的意向性，意向性不再是它在康德那里之所是：纯现实主义，不再是意识的一种属性，不再是意识的"诸态度"和诸行为的一种属性，从而成为意向的生命——它成为线，重新联结了（比如说）我的现在和处于其时间位置上的我的过去，就像它所曾是的那样（而不是那个通过一种回忆行为而重新获得的过去）。这种行为的可能性取决于滞留的原初结构，它是诸过去的相互套嵌 + 对这种作为规律的套嵌的意识（参反思性的重复：总是一再反复的反思只给出那"总是同样的东西"，immer wieder[一再如此]）——胡塞尔的错误在于从一个被看作没有厚度，被看作内在意识的 Präsensfeld（现在场）出发描述这种套嵌[1]：套嵌就是超越的意识，它是有距离的存在，是我的意识

① 作者在《知觉现象学》中致力于空间和时间性的章节中已经谈

生活的双重基础，这使得它不仅仅一时，而且在整个时间指示系统中都是 Stiftung（创建）——时间（已经作为身体时间，作为身体图式的时间计时器）就是这些向存在开放的象征性母体的范例。

在 OR[①] 中，分析完心理物理的身体后，进入对回忆和想象物的分析——对时间性的分析，并从那儿进入对我思和交互主体性的分析。

作为构成物（Gebilde）的哲学，建立在它自身之上，——这不可能是最后的真理。

因为这将是这样的一种造物（création），它给自己定下的目标是：把 von selbest（关于自身）（即 Lebenswel［生活世界］）之所是表达为 Gebilde（构成物），因此否定了自己是纯粹的创造（création）——

228 造物的观点，人类 Gebilde（构成物）的观点——和“自然物”的观点（作为**自然**的 Lebenswelt［生活世界］的观点），这两种观点都是抽象的和不足的。我们不能安顿在这两个层面的任何一个上。

这里涉及的是被 Lebenswelt（生活世界）当作运作的、潜

到了 Präsensfeld（现在场）或在场之场。尤其参阅第 307、475、483—484、492 页，不过这些分析那时并没有导向一种对胡塞尔的批判。——编者注

①《真理的起源》，参前面第 219 页注。——编者注

在的历史性来呼唤和创生的造物，它延续了历史性，并且是对它的见证。

（动词的）Wesen（成其本质）——历史的 Wesen（成其本质）

1959 年 2 月

发现（动词的）Wesen（成其本质）[①]：关于既不是存在－客体，也不是存在－主体，既不是本质，也不是实存的存在的第一表达：那 west（本质化）的东西（玫瑰的玫瑰－存在，社会的社会－存在，历史的历史－存在）回答了 was（什么）的问题，也回答了 dass（这个）的问题，这不是被一个主体看到的那个社会，那朵玫瑰，不是那个社会和那朵玫瑰的为己存在（和鲁耶[②]所说的相反）：这是透过玫瑰整个伸展开去的玫瑰性，这是柏格森相当笨拙地叫作"形象"的东西——此外，这种玫瑰性还导致一种"一般观念"，也就是说有好多玫瑰，一种玫瑰种类，这并不是无关紧要的，但这一点来自于在其所有蕴涵（自然的生成性）中都被考虑了的玫瑰－存在[③]——由此，——通

① Wesen 一词来自海德格尔，一般被译为"本质现身"或"本现"，我们在此译为"成其本质"，以强调一种自下而上的生成关系，当然在此过程中也离不开语言的参与。——译者注

② Raymond Ruyer（1902—1987），法国哲学家，著有《新目的论》（*Néo-finalisme*, 1952），《生命形式的诞生》（*La Genèse des formes vivantes*, 1958）等。——译者注

③ 此处关于"玫瑰－存在"的讨论来自海德格尔的《根据律》，亦

过除去 Wesen（成其本质）的最初定义中的所有普遍性——我们就克服了那扭曲一切的在事实与本质之间的对立——

一个社会的社会存在：是汇集了社会中所有交由其掌管的或明确或模糊的看法和意愿的这种整体，是通过这些看法和意愿 hinauswollt（想要走出去）的这个匿名整体，是没有任何人看到，既不是群体的灵魂，也不是客体或主体，而是它们所结合的织体的这种 Ineinander（相互蕴涵），它 west（本质化），因为将有一种结果，而且它是我们能合理地使一种“具有多个入口的哲学”唯一感到满意的东西（因为用来反驳萨特的二者择一思想的论据是：它不能产生一个世界，它不承认 Geist[精神] 的 Weltlichkeit[世界性]，它仍然属于主体性精神，这个论据不应被用于为这样一种哲学进行辩护，在这种哲学中，所有的**自我**都处在同一个平面上，它完全忽视了他人的问题，而只能作为**绝对主体的哲学**被实现）

229 桌子的 Wesen（成其本质）≠一个在己的存在（在其中，各种元素将自行排列）≠一个为己存在，一种**综览** = 在桌子之中“变成桌子”的东西，使桌子是桌子的那个东西。

可参梅洛-庞蒂《法兰西学院课程摘要》（王亚娟译，商务印书馆，2023 年）第 95 页的相关论述。——译者注

沉默的我思和言说的主体

1959 年 2 月

成为论题（陈述）的辩证法不再是辩证的（“防腐保鲜的”辩证法）。

这不是为了某个人们不能对之有任何言说的 Grund（基础）。论题的失败，它的（辩证的）颠倒揭示了诸论题的本源，即应该重新返回其中的那个物理－历史的 Lebenswelt（生活世界）。重新开始探讨知觉，Einfühlung（同感），尤其是言语，而不是放弃它们。我们完全知道，如果言语仍应该是辩证的，它就不能还是陈述、Satz（命题），它就应该是能思的言语，而无需参照一种 Sachverhalt（事态），言语（parole）而非语言（langage）（而且确实是言语而不是语言 [la langue]，它瞄向作为行为者而不是作为“心理”的他人，它在他人被理解为“心理”之前就在一种相遇 [这种相遇把他人的言说当作言说，当作事件来拒斥或接受] 中回应了他——确实，正是言说在我面前将一个交流的场所，将一个交互主体的可区分系统 [即现时的语言，而不是“人的”世界，客观精神] 构建为含义和含义的主体）——问题在于恢复这个，在现时和过去，恢复 Lebenswelt（生活世界）的历史，恢复一种文化的在场本身。作为论题或“辩证哲学”的辩证法的失败，就在于对这种非透视的而是垂直的交互主体性的发现，这种交互主体性延展至过去，是实存着的永恒，是野性的精神。

沉默的我思显然不能解决这些问题。通过揭示沉默的我思，就像我在 Ph.P.[①] 中所作的那样，我没有获得一种解决（我关于我思的章节不是衔接于关于言语的章节上的）：相反我提出了一个问题。沉默的我思应该让人明白语言（le langage）如何不是不可能的，然而却不能让人明白它是如何可能的——仍然存
230 在从知觉的意义向语言的意义、从行为向主题化过渡的问题。此外，主题化本身也应该被理解为更高层次的行为——从主题化到行为的关系是辩证的关系：语言通过打破沉默实现了沉默想要而没有获得的东西。沉默继续包裹着语言；绝对的语言、能思的语言的沉默。——但是，关于这些辩证关系的习惯发展为了不变成 Weltanschauung（世界观）的哲学和苦恼意识，应该通向一种作为实践精神的野性精神的理论。就像任何实践一样，语言假设了一种 selbstverständlich（不言而喻性），一种被建制者，它是酝酿一种 Endstiftung（终极创建）的 Stiftung（创建）——关键在于通过诸言说主体的连续而同时的共同体，去把握那愿望者、言说者，最后还有那思考者。

逻辑的系谱
存在的历史
意义的历史

1959 年 2 月

在引言中（基本思想）

---

①《知觉现象学》，前揭。——编者注

我应该指出，人们可以视作“心理学”(《知觉现象学》)的东西实际上是存在论。通过让人看到科学的存在既不可能是也不可能被看作 selbständig（自主的）而指出这一点。从这里再开始如下章节：**物理与自然**——动物性——作为 nexus rationum（理性连接）或 vinculum substantiale（实体链）[①] 的人的身体。

但是，存在不应该只相对于它与科学存在的差异来阐明——甚至在这一点上，关键在于通过与作为**客体**的存在的对照来阐明它——因此我应该在引言中指出科学的存在本身就是客观化的**无限**的一部分或一个方面，Umwelt（周围世界）的 Offenheit（敞开）与这两者都是对立的。由此开始关于笛卡尔、莱布尼茨、西方存在论的章节，它们指出了科学存在的历史－意向性的和存在论的蕴涵。

接下来（**物理和自然**——动物性——作为心理－物理的人的身体）关键在于实行还原，也就是说，对我来说，要一点点 231

① nexus rationum（理性连接，理性纽结）是法国著名的哲学史家 Martial Guéroult 在解释笛卡尔的我思与上帝关系时提出的一个核心概念。为了避免从我思推出上帝之存在而我思的存在又依赖于上帝的循环论证，Guéroult 坚持依据一种严格的理性秩序来重构笛卡尔诸“沉思”的论证，把它们呈现为一种从最简单到最复杂的“有序真理联系”，这种联系遵循着一种单一而统一的理性连接。而 vinculum substantiale（实体链）则是莱布尼茨为了解释诸单纯实体如何能够结合在一起而提出的一个概念。梅洛－庞蒂似乎借助这两个概念来说明社会层面的交互主体性关系。——译者注

地——和越来越多地——揭示“野性的”或“垂直的”世界。指出**物理**对于**自然**，**自然**对于**生命**，生命对于“心理－物理”的意向性指涉，——通过这种指涉，我们并不能从“外部”进到“内部”，因为指涉不是还原，因为每一“被超越的”层级实际上仍是被预设的（例如最初的**自然**根本没有被我将就人所说的一切“超越”：它是动物性和人的关联项）——因此，就应该通过开拓道路去建构我所实践的这种“反思”理论，它不是返回到“可能性的条件”——这就是为什么问题在于就地上升（ascension sur place）——反之，随后的一切已经在我对于**自然**所说的当中被预期了——这就是为什么我应该从一开始就指出这种对于**自然**的 Besinnung（感知，思义）的存在论蕴涵——在研究了逻各斯和历史之后，我们就将关闭这个循环，就像普鲁斯特在叙事者决定开始写作时关闭了循环一样。一种哲学的终结就是其开端的叙述——指出这种循环性、这种成圆圈状的意向性蕴涵，——同时指出**历史**－哲学的循环性[①]：我通过诉诸笛

① 作者边注：历史–Dichtung（诗学，虚构）由此得到辩护，与 Guéroult 相反。客观历史是独断的理性主义，是一种哲学，而不是它宣称所是的东西，即所是者的历史。在我的历史－Dichtung 中，可以批判的不是它作为哲学家向我表达——而是它并不完整地向我表达，是它也改变着我。哲学的历史就像科学那样，是 communis opinio（共同意见）。

关于历史—Dichtung 的概念，请参阅胡塞尔，他曾讲过一种 Dichtung der Philosophiegeschichte“哲学史的虚构”（*Die Krisis der Europäischen Wissenschaften und die transcendantale Phänomenologie. Husserliana vol. VI*. Nijhoff ed., La Haye, 1954, p. 513）。在作者拥有的《危机》样书里，相关段落被着重划线强调了。——编者注

卡尔和莱布尼茨来阐明我的哲学计划，这个计划单独就能让人知道什么是历史。把所有这些陈述为论题而不是停留在暗示中。

循环性：在每个层面被说的一切都预示了并将被重述：例如，我做了一个审美 Einfühlung（同感）的描述，它在绝对的意义上既不假也不“真”：因为这里涉及的明显是一个被抽象地分离出来的“层面”——它也不是假的，因为其余的一切都在其中被预示了：亦即我思的 Einfühlung（同感）。贯彻整个 232
第一部分的恒定而主要的蕴涵就是 λόγος（逻各斯）：我谈论事物，就好像这没有使语言成为问题似的！语言的主题化还超越了一个素朴的阶段，还较多地揭示了 Selbstverständlichkeiten（自明性）的视域——从哲学到绝对者，到先验场，到野性的和“垂直的”存在的过渡*从定义上*是渐进的，不完整的。不要将这理解为一种不完善（一种 Weltanschauung［世界观］哲学，对囊括一切者的苦恼意识），而是理解为哲学的*主题*：还原的不完全性（“生物学的还原”“心理学的还原”“先验内在性的还原”以及最终的“根本思想”）不是还原的障碍，它就是还原本身，是垂直存在的再发现。

因此将有一系列的野性存在层。应该多次地重新探讨 Einfühlung（同感），我思。——

例如：我将在人的身体的层面上描述一种前识（pré-savoir），一种前意义，一种沉默的知。

胡塞尔所提到的“哲学史的虚构”，参《欧洲科学的危机与超越论的现象学》第 627—628 页，王炳文译，商务印书馆，2001 年。——译者注

被知觉者的意义：度量前的“大小”，比如一个长方形的外观大小。

另一种被知觉者的意义：我对同一个人的各种知觉的Einigung（统一性），这是通过严格说来不是“被知觉”却在知觉中起作用的诸实存要素（des existentiaux）来实现的（沃尔夫[①]）。

“被知觉的生命”的意义（米肖特[②]）：就是使一种显象被激活，变成“爬行”之类的东西。

但是接着我应该揭示一种未经阐述的视域：我用来描述所有这些的语言的视域——它也一道规定了语言的最后意义。

因此，从引言开始，很重要的一点就是引入沉默的我思和语言的我思的问题。笛卡尔的天真：它没有看到Wesen（成其本质）的我思，含义的我思下面的沉默的我思，然而，一种沉233 默的我思若自以为与沉默的意识相即，而它对沉默的描述本身却完全依赖于语言的特性，那么这种沉默的我思也是天真的。对沉默世界的拥有，就像对人的身体的描述所实现的那样，已

① Werner Wolf, *Selbstbeurteilung und Fremdbeurteilung im wissentlichen und unwissentlichen. Ps. Forschung*, 1932.——编者注

② A. Michotte, *La Perception de la causalité*, Vrin éd., Louvain, Paris, 1946, pp. 176-177.——编者注

米肖特（Albert Michotte, 1881-1965），比利时心理学家，实验心理学的代表人物。此处的论述亦可参梅洛-庞蒂《知觉的世界》（王士盛、周子悦译，江苏人民出版社，2019年）第48—49页：光线在平面上的某种运动方式会让我们觉得光线的这种运动是一种生命运动。——译者注

不再是这个沉默的世界，它是一个被勾连的、上升到 Wesen（本质）的、被言说的世界——对知觉的 λόγος 的描述是对 λόγος προφορίκος（被说出的逻各斯）的运用。这种反思的分裂（它走出了自我同时想回到自我）能够结束吗？在人们发现言语包裹着心理重合的所谓沉默之后，应该有一种重新包裹言语的沉默，这种沉默将是什么呢？就像对于胡塞尔来说，还原最终不是先验的内在，而是对 Weltthesis（世界论题）的揭示那样，这种沉默将不是语言的对立面。

只有在进行了本书所展开的一系列还原——所有这些还原都在最初的还原中进行，但只有在最后一个还原后才真正完成——之后，我才能最终采取一种立足于存在论的立场，就像引言中所要求的那样，并且明确界定它的各种主题。这种颠倒本身——circulus vitiosus deus(神之恶性循环)[①]——不是犹豫、自欺和坏的辩证法，而是回到 Σιγή（寂静）深渊[②]。

我们不能构造直接的存在论。我的“间接”方法（诸存在者中的存在）是唯一与存在相符的——“否定哲学”一如“否定神学”。

---

① 这是尼采在《善恶的彼岸》的表达，第 56 节，p.100-101, trad. Fr. Mercure de France, 1929。——编者注

② 这无疑是克洛代尔的回忆说。“时间是供给所有那些为了不再存在而将要存在者的方法。它是死亡之邀请，是邀请每一个句子在解释性的总体和谐中解体，以完成献给深渊 Sigè（寂静）之耳的敬拜之言。”*Art Poétique*, op. cit., p. 57。——编者注

Geist（精神）的 Weltlichkeit（世界性）
“不可见的世界”
客体－存在中的非存在：Seyn（存有）

1959 年 2 月

人们总在谈论“他人”“交互主体性”等问题……

事实上，需要理解的是人之外的诸实存要素，我们依据
234 这些实存要素来理解人，而这些实存要素就是我们所有有意的和无意的经验所沉积的意义。这种有待寻找的无意识不在我们的深处，也不在我们“意识”的背后，而是在我们面前，就像我们场的各种勾连那样。它由于不是对象而是“无意识的”，但它是诸对象因之而成为可能的东西，是联系我们未来的星丛——无意识在诸对象中间，就像树与树的间隔在树与树之间那样，或者就像它们的共同层面一样。它是我们意向性生命的 Urgemeinschaftung（原始共同体），是他人在我们中和我们在他们中的 Ineinander（相互蕴涵）。

这些实存要素，正是它们造成了我们所说的东西和我们所理解的东西的意义（可改换的）。它们是这个“不可见的世界”的骨架，而这个不可见的世界则连同言语一起开始浸润我们看到的所有事物，——就像在精神分裂症患者那里，“另外的”空间占据了感觉的和可见的空间那样——不是因为它接着就变成了可见的空间：在可见者中，永远只有精神的废墟，世界始终像是广场的遗址，至少在不完全居于世界中的哲学家看来就是如此——

我们的“内在生命”：世界中的世界、世界中的区域、“我们由之进行谈论的地方”（海德格尔）、我们通过真正的言谈来

将他人引入其中的地方。

“不可见的世界”：它原本是作为非-Urpräsentierbar（原呈现者）被给出的，就像他人在其身体中原本是作为缺席者被给出的，——作为差异（écart），作为超越（《观念 II》）

描述这种名副其实的非存在的经验

在他人面前，事物就是这样的非存在，差异——有一种不逊色于与他人之关系的与事物的 Einfühlung（同感）和侧面的关系：当然，事物不是对话者，给出了事物的 Einfühlung（同感）是将它们作为喑哑者给出的——但是确切地说：它们是成功的 Einfühlung（同感）的诸变体。像疯子或者动物一样，它们是一些准同伴。它们从我的实体提取而来，是我的肉中之刺——说存在着超越，有距离的存在，就是说（萨特意义上的）存在也充斥着非存在和可能性，就是说它不仅仅是其所是。Gestalhafte（格式塔性）就是这（如果我们真的想定义它的话）。Gestalt（格式塔）这个概念本身就是这（如果人们想根据它本身而不是根据 a cortrario[相反者] 来把它定义为诸元素之总和“所不是”的东西）。

同时，对……的知觉、格式塔不能是离心的 Sinngebung（意 235
义给予），本质的强加，vor-stellen（前-置）——我们不能在这里区别 Empfindung（感觉）和 Empfundenes（被感觉到的东西）。它是敞开——

如果这样来理解感觉和知觉的话，我们就明白在 Wahrheit（真理）中有 Unwahr（不真的东西）。

科学与哲学 [①]

1959 年 2 月

通过相关者（le pertinent）来定义语言的方法；如有没有这个……就不——人们标记言语经过了哪里。但这不能在其全部的潜能中给出言语。如果人们相信言语是处在这些固定关系中的，人们就会被导向错误——这是一种唯科学主义的错误，是一种科学的错误，并显示自身为这样（不可能理解演化的语言学，历史——还原到共时性）——不过在科学态度中有好的和必要的东西：采取完全忽视语言的立场，不预先假定我们对于继承来的语言的理性化。将语言作为并非我们的语言来看待。参考弗洛伊德：采取不认识梦、意识的立场——人们毫无 Einfühlung（同感）地探究它们——否定地，就像对“未知”语言的揭示那样，这种态度是极其哲学的态度，它在其最好的情况下就构成了反思的态度。这种反思不是，也不可能是对诸 Erlebnisse（体验）的现象学限制。对于体验（vécu）的不信任是属于哲学的——人们假定意识在关于我们和关于语言的问题上欺骗了我们，而且他们是有道理的：这是看到它们的唯一方法。哲学与 Erlebnisse（体验）的特权与体验的心理学等等毫不相干。同样，在历史中，问题也不在于将“决断”重建为“过程”的原因。哲学家所寻找的内在性同样也完全是交互主体性，是 Urgemein Stiftung（原始的共创建），它远远地超出了

① 这条笔记是在 M. André Martinet 于 1959 年 2 月 27 日在高等师范学校所作的演讲后撰写的。——编者注

"体验"——Besinnung（思义，深思）反对 Erlebnisse（体验）。但是这种弃绝与语言、动物等的 Einfühlung（同感），导向了一种高级的 Einfühlung（同感），后者注定使弃绝成为可能。 236
对世界之"野性"看法的寻找完全不限于一种向前理解或前科学的回归。"原始主义"只不过是科学主义的对应物，还是科学主义的。现象学家们（舍勒、海德格尔）合理地指出了这种先于归纳性的前理解，因为，正是它质疑了 Gegen-stand（对象）的存在论价值。但是，向前科学的回归并不是目的。重新获得 Lebenwelt（生活世界）就是重新获得一种维度，在这种维度中，科学的客观化本身保持了一种意义，并应该被理解为真实的（海德格尔本人说到了这一点：每一种 Seinsgeschick[存在命运]都是真实的，都是 Seinsgeschichte[存在历史]的一部分）——前科学只不过是理解元科学的一种邀请，而元科学不是非科学。它甚至是通过科学的创制性活动而被揭示出来的，前提是人们重新激活这些活动，看到它们所 verdecken（掩盖）的东西被留给了它们自身。例如，结构主义的态度＝语词链，语言作为在我们面前的每一个言语行为中的再创造，决定在言语行为发生之处勾勒言语行为，这是决定回到起源，回到 Ursprung（本源）——前提是人们不自我封闭于事实的、共时性的规定中，——这是决心要抓住言语中的整个共时性－历时性的聚合，一种非同寻常的，也可以说神话式的言语——科学的创制性行为的含混性：对语词链、语音和语义交缠的全力关注，即：

1. 要求把握 Ursprung（本源） Ursprung（本源）的 Ent-deckung（发现）

2. 还原到 Gegenstand（对象），即 Ursprung（本源）的 Ver-

deckung（遮蔽）。

1959 年 2 月

写第一部分：存在论的初步纲要——

从现在出发：各种矛盾，等等
哲学的消亡——

指出，这不仅仅使古典哲学成为问题，而且也使各种上帝之死的哲学成为问题（克尔凯郭尔——尼采——萨特），因为后者是前者的对立面。（当然也使作为“操作手段”的辩证法成了问题）。

237 立足于“根本思想”来重新探讨整个哲学方法——

Ph. P.[①] 的结果——将这些结果引向存在论阐明的必要性：

事物——世界——**存在**
否定者——我思——**他人**——语言

在这初步的描述之后仍然存在的问题：即在于我部分地保留了“意识”哲学的东西

通过胡塞尔和他所开启的 Lebenswelt（生活世界）的道路，

① 《知觉现象学》，前揭。——编者注

揭示野性存在或原生的**存在**。什么是**哲学**？ Verborgen（遮蔽）的领域（哲学和神秘论）

完成这整个初步的框架之后，说明这只是一个框架，为什么需要一个框架和为什么这只是一个框架。为了更好地看到相关的东西：**存在**，这是必要的和充分的开端——但这还不是为了保障我们在这个国度中的步伐——应该有 Wiederholung（复现）：

解构笛卡尔的客观主义存在论

从我们的“文化”和我们的“科学”的诸 Winke（提示）出发，重新发现 φύσις（自然），然后是 λόγος（逻各斯）和垂直的历史——

本书的整个第一部分要以极其直接的、现时的方式来构思（就像胡塞尔的《危机》那样）：展示我们的非哲学，然后在一种历史的 Selbstbesinnung（自身思义）中和在一种对作为科学的我们的文化的 Selbstbesinnung（自身思义）中寻找其起源：人们将在这种起源中寻找各种 Winke（提示）

时间——

［无日期，可能在 1959 年 2 月或 3 月］

作为一种将把整个先前系列都推往过去的时间替补的创造，时间的涌现将是不可理解的。这种被动性是不可设想的。

相反，任何俯视时间的时间分析都是不充分的。

时间应该是自我构成的，——它总是从处于时间中的某人的视点被看的。

238 然而这看起来是矛盾的，而且将会回到前面的二者择一的两种观念之一。

只有当新的现在本身就是一个超越者时，矛盾才会消除：我们知道它不在那里，知道它刚刚才在那里，我们永远不可能与之重合——它不是将要占有其位的有着确定轮廓的时间的一部分。它是由一个中心的支配性区域及其伴随的不定轮廓所界定的一个圆圈，——一种时间的膨胀或一个时间泡——只有这种类型的创造能够：1. 使内容对时间的影响成为可能（时间过得“更快”或“更慢”），使 Zeitmaterie（时间质料）对 Zeitform（时间形式）的影响成为可能；2. 接受先验分析的真理：时间不是绝对事件的一个系列，一种节奏（tempo）——甚至不是意识的节奏，——它是一种建制，一个等值系统。

1959 年 3 月

勒莱（Leray）在法兰西学院（C. d. F.）的报告[①]：奇怪的粒子

一种可能只持存十亿分之一秒的粒子的“实存”……

这样的实存意味着什么？

人们基于宏观实存的方式来设想它：用一种放大法，一种充分的时间放大镜，那么，这种很短的绵延也许就像我们对之有经验的那些绵延中的某一种。

---

① 指 M. Jean Leray 于 1959 年 3 月 15 日在法兰西学院教授大会上所作的关于 M. Louis Leprince-Pinguet 的研究报告。——编者注

由于放大总是可以被设想得更大，——人们就既假定有一个最小值（没有它，人们就不会在宏观之下去寻找微观），又假定它总是在这一边，在视域中……

这就是视域的结构本身——但显然，它不意味着在己中的任何东西，——它只在一个肉身主体的 Umwelt（周围世界）中，作为 Offenheit（敞开），作为**存在**的 Verborgenheit（隐匿）才有意义。只要人们没有把自己建立在这种存在论领域内，人们就有一种错置的思想，一种空洞的和矛盾的思想……

康德的或笛卡尔的分析：世界既不是有限的，也不是无限的，它是不确定的——即是说，它需要被思考为人的经验—— 239
面对无限**存在**的一个有限知性（或者，康德：人类思维的一个深渊）

这根本不是胡塞尔的 Offenheit（敞开）或海德格尔的 Verborgenheit（隐匿）所意味的东西：存在论环境不是被思考为与一个在己领域相对立的“人的表象”的层次——问题在于理解在超越性关系之外，在向着视域的 Ueberstieg（超越）之外，真理本身没有任何意义，——在于理解“主体性”和“客体”是一个单一的整体，在世界中具有重要性的主体的“诸体验”构成了“精神”的 Weltlichkeit（世界性）的一部分，被写入了作为**存在**的“登记簿”中，而客体则只不过是这些 Abschattungen（侧显物）的集束而已……不是我们在知觉，而是事物在那里自我知觉，——不是我们在言说，而是真理在言语深处自我言说——生成人之自然（本性），即生成自然之人——世界是场，它因此总是开放的。

还要解决诸时间的唯一性和多样性的问题（爱因斯坦）：通过回到视域的观念——

可见者与不可见者的第二部分

1959 年 5 月

（存在与世界：
论笛卡尔、莱布尼茨等）

指出，我们在这里说的，就是事物本身吗？不是，这里有一个历史动机的问题。Lebenwelt（生活世界）是“主观的”——如何揭示这些动机？哲学的历史只能是这些观点的投射，——或者，哲学的历史由于想要成为“客观的”而将成为无意义的。我们的问题和一种哲学的内在问题：我们能够把我们的问题向这种哲学提吗？（古耶）[①] 只有一个解决办法：指出在各种哲学

① 暗示 M. Henri Gouhier 的著作 *l'Histoire et sa philosophie*, Paris, Vrin, 1952.——在此提及的问题显然涉及 Hamelin 对笛卡尔的解释，参 pp.18-20。——编者注

Henri Gouhier（1898-1994），法国哲学史家和戏剧批评家，著有《笛卡尔的早期思想》（*Les premières pensées de Descartes. Contribution à l'histoire de l'anti-Renaissance*, 1958）、《笛卡尔的形而上学思想》（*La pensée métaphysique de Descartes*, 1962）、《卢梭与伏尔泰：两面镜子里的肖像》（*Rousseau et Voltaire: portraits dans deux miroirs*, 1983）；Octave Hamelin（1856-1907），法国哲学家，著有《亚里士多德的体系》（*Le Système d'Aristote*）、《笛卡尔的体系》（*Le Système de Descartes*）

之间肯定存在着超越性，不是还原到唯一的平面上，而是说，在这种深度的分级上，它们仍然相互指涉，涉及的仍然是同一个**存在**——指出在这些哲学之间的知觉的或超越的联系。因此有垂直的历史，它在“客观的”哲学史一边有其权利——在这里应用知觉存在的概念和在第一部分已被展开的 Offenheit（敞开）的概念——探寻这如何区别于相对主义，一种思想在另一种思想中的“投射”如何仍然让一种“存在的内核”显现出来（参阅勒福尔关于马基雅维利的报告①：人们怎样，以及在什么意义上宣称能走向事物本身，同时却拒绝他人拥有这个权利呢？应该说明他们的观点和自己的观点，——但此外，需要被瞄向的还是探究，Befragung[探问]）。 240

哲学：彼此包含的诸圆圈：这第一部分已经是历史的实践，它是从历史的 Lebenswelt（生活世界）中涌现出来的——而反过来，我们将提及的哲学史已经是某种特定类型的 Umwelt（周围世界）——存在论历史的概念。西方存在论对 Umwelt（周围世界）的阐明，当它与我们的开端相对时，应该使它巩固，调整它——（诸概念的连接：**存在 自然 人**）。当然这不会被穷尽：这是一些纵向的、混乱的历史的线头，这不是一些本质。

同样，对**自然**的分析将是一种重新发现和调整开端的方法（所谓的与事物本身的接触）：人们通过集体的科学思想运动重

等。——译者注

① 未发表的报告，1959 年 5 月在法国社会学研究所进行。——编者注

新发现了相反的原发性。

对哲学史的回溯已经是一种历史理论、语言理论，等等。

可见者与不可见者

1959 年 5 月

第一部分：存在论纲要

第一章 世界与存在

第二章 **存在**与世界

（指出形而上学是一种素朴的存在论，是**存在者**的升华——

241 但是这明显地是对依据第一章的观点来解释的形而上学的一种移置）

应该建立这种移置的权利。这是一种永远无法证明的“视角设置”（mise en perspective）吗？我们仍然停留在辩证经验论和视角的相互性中吗？

不。这里不涉及“哲学史”。哲学史总是包含这种主观性。指出比如说盖鲁[①]（Guéroult）对笛卡尔的解释总是包含着一种主观的视角视置（“主观的”一词在此恰恰指这样的预设，即

---

① 盖鲁（Martial Guéroult, 1891-1976），法国著名的哲学史家，著有两卷本的《依理性秩序解释的笛卡尔》（*Descartes selon l'ordre des raisons*, 2 vols, 1953）、《斯宾诺莎 I：上帝》（*Spinoza I: Dieu*, 1968）、《斯宾诺莎 II：灵魂》（*Spinoza II: L'âme*, 1974）等。——译者注

哲学是由“诸问题”造成的——参就职讲座：这是他用来反对柏格森的东西[①]。）——我所提出的不是一种哲学史的“视野”。或者，它是历史的，但却是结构性的：即是说，不是作为“问题”的产生与解决的这样那样的哲学事件，而是这种处于**存在**的等级整体中和实存的永恒性中的哲学，即是说，处于探究的整体中，这个整体像勒福尔的马基雅维利[②]那样，不是一种教条主义。

参阅潘果（Pingaud）的《拉法耶特夫人》[③]：拉法耶特夫人的书是宫廷书籍（表象、禁止），但是一旦宫廷消失，她的书便从这些历史的根上被剥离出来，从1808年起就产生了一种神话。（神话的）含义就可能因对社会背景的无知而被创造出来。

在某种意义上，含义总是一种差异（écart）：他人所说的话对我来说充满了意义，是因为他人的空白从来就不在我的空白所在之处。视角的多样性。

但是这种向神话的还原假设了一个非神话的肯定性基础，它是另一个神话。人们应该明白，神话、神秘化、异化等都是第二阶的概念。

拉法耶特夫人就是一个神话，但不是在神话是一种建构那个意义上的神话。而是在任何象征功能的运用都是神话（列维—斯特劳斯）那个意义上的神话。

并非不论什么文本都能获得这种神话的权力 。当心新的

---

① 就职讲座，Martial Guéroult先生在获得“哲学体系：历史与技术”教授席位后于1951年12月4日在法兰西学院所作。——编者注

② 指一部正在酝酿中的著作。——编者注

③ Mme. de La Fayette par elle-même, Éd. Du Seuil, « Écrivains de toujours », 1959. ——编者注

Aufklärung（启蒙）。

242 在《克莱夫王妃》中具有的东西使她能够成为一个神话。

笛卡尔、形而上学也是如此：我不想说笛卡尔和形而上学是这样意义上的神话，即毫无真理可言的把戏，关于今天的存在论应该是什么的混乱见解——有笛卡尔的真理，但前提是人们必须在字里行间才能读出它；笛卡尔的思想氛围，笛卡尔式的运作方式；这不是强加给笛卡尔一种外部观点，强加给他的哲学一个不是其问题的问题。指出有一个绝对者，有一种内在于哲学史中的哲学，不过这种哲学并不是把所有的哲学都吸收到唯一的一种哲学中去，此外，也不是折衷主义和怀疑主义。如果人们能够成功地将哲学构成为知觉，将哲学的历史构成为一种历史的知觉，就能看到这一点——一切都归结到这一点：建立一种知觉和理解的理论，它表明理解不是在理智的内在之中建构，理解是通过共存，从侧面，从风格上把握，由此就一下子抵达这种风格和这种文化工具的远处。

我在此就哲学史所要说的东西预示了我在**我思**和逻各斯上所想说的东西——同样，我在第一章所讲的东西也预示了第二章的哲学史概念。而且，所有这些都预示了在随后几章中给出的对（**自然**）科学的理解。只有各种预示，Vorhabe（先有）。哲学作为各种同心的问题。但就是如此——

知觉——无意识——某人——真之逆推运动——积淀（真之逆推运动是其一部分）

1959 年 5 月 2 日

曼彻斯特的出租车司机对我说话（我在几秒钟后才明白，他已经快速地“涉及”了许多的词语）：我要去问警察布林斯顿大街在什么地方。——同样，在香烟店，女人的话：Shall I wrap them together?（要把它们包在一起吗？）我也在几秒钟后——才忽然——明白。参照：依据一个人的体貌特征认出他，或者，依据某种概略提示认出一个历史事件：意义一旦被给出， 243
符号就具有了符号的整体价值。但是，意义应该首先被给出。然而，它是如何被给出的呢？也许，语词链上的一段被辨认出来，投射出了意义，意义又返回到符号上——说“往返运动”（柏格森）是不够的。应该明白是在什么和什么之间往返，是什么构成了两者之间的这种往返。这不是一系列的归纳——而是 Gestaltung（格式塔化）和 Rückgestaltung（再格式塔化）。“真之逆推运动”（Mouvement rétrograde du vrai）[①] 这种现象就是：人们不再能使自己从一度被思考的东西中摆脱出来，而且人们在物质本身之中再次发现了它……

① “真之逆推运动”是柏格森提到的一个观点，它指的是，人们把在某一时刻判断为真的东西，赋予其一种溯诸既往的效力，推定它在过去也一直是真的。可参柏格森《思想与运动》，第 16 页，邓刚、李成季译，上海人民出版社，2021 年。梅洛-庞蒂在《哲学赞词》中亦曾谈到过它，参 Merleau-Ponty, *Éloge de la philosophie*, p. 35, Gallimard, 1953 et 1960。——译者注

意义是“被知觉的”，而 Rückgestaltung（再格式塔化）是知觉。这意味着：存在着将要被理解的东西的一种萌生。（洞见和 Aha Erlebnis[阿哈体验，即恍然大悟的经验]）——这意味着：知觉（最初的）自身是一个 Gestaltung（格式塔化）的场的在己开启——而这意味着：知觉是无意识的。无意识是什么呢？就是作为枢轴，实存要素而起作用的东西；在这个意义上，它是又不是被知觉的。因为人们只是在各个层面（niveaux）上知觉各种形象——而且人们只是相关于层面才知觉形象的，因而层面是未被知觉的。——对层面的知觉：总是处在诸对象之间，它就是在什么东西的周围……

精神分析中的玄奥（无意识）就属于这种（参照：一个女子在街上感觉到有人在注视她的胸部，就整了一下她的衣服。她的身体图式是为己－为他的——是为己和为他的交结点——有一个身体，就是被注视（不仅仅是这），就是成为可见的——在此有远距感应（télépathie）的印象、玄奥的印象＝对他人目光的瞬间敏察[①]——应该说阅读吗？正相反，人们是通过这种现象来理解阅读的——当然，如果人们询问一位捂紧大衣（或相反）的真诚女子，她也许不知道她刚刚所做的。她在习惯思维的语言中也许不知道这一点，但她像人们知道被压抑的东西那样——也就是说，不是作为背景中的图形，而是作为背景——知道这一点。一种细节的知觉：一道在 In der Welt Sein（在世

① 此处的“瞬间敏察”原文为：vivacité dans la lecture en éclair。可勉强直译为：“在刹那闪现的阅读中的明悟”。故下一句针对“阅读”（lecture）发问。——译者注

存在）的场中涌过的波浪——

言说－理解的关系：移动自身－知觉目标的关系，就是说：目标没有被设定，可它就是我所缺乏的东西，是在身体图式的指示盘上标出某种差异的东西。同样，我通过把语言空间的这样一种音调与语言器官相连接而言说——词语联系于其意义就像身体联系于其目标。

我知觉的并不比我言说的更多——知觉拥有我就像它拥有语言那样——就像我必须仍在那里以便言说那样，我也必须在那里以便知觉——但是在何种意义上呢？就像某人（*on*）[①]那样——在我这方面，是什么来激活被知觉世界和语言的呢？ 244

胡塞尔的 Zeitbewusstsein（时间意识）

1959 年 5 月

1. 什么是绝对意识中“易于接受的”因素？——胡塞尔合理地说，不是我构成了时间，时间自行构成，它是一种 Selbsterscheinung（自身显现）——但术语“易接受性”严格来说是不恰当的，因为它令人想起一个不同于现在却又接受了现在的**自我**——应该只通过与自发行为的对立（思维，等等）

① on，法语中的不定代词。梅洛-庞蒂在《知觉现象学》（法文本 p. 249）中曾说：“如果我想要正确地传达知觉经验，我就应该说，某人在我之中知觉，而不是我在知觉。”——译者注

来理解它。

2. 是处于其个体性中的新的现在把先前的现在推入过去，并填塞了将来的一部分吗？在这种情形下就不会有这个时间（le temps），而是各种时间（des temps）——时间必须被理解为包含一切的系统——尽管它只有对在那儿、在某个现在中的人来说才是可把握的。

3. 什么是印象深刻的意识，Urerlebnis（原体验）？就像外在事物的 Selbstgegebenheit（自身给予性）一样，它事实上并不是一个确实无法逾越的极限（时间瘤），而是一个超越者，一种最佳状态，一个 etwas（某物）……（一种格式塔而不是一个个体）——对这种 Urerlebnis（原体验）的“意识到”不是与……重合，融合，也不是一种行为或 Auffassung（把握）（胡塞尔说到了这点），也不是一种虚无化（萨特），这是差异（écart），就像作为空间和时间之基础的身体图式让人理解的那样——这是一种知觉－无知觉，即一种运作的而非主题化的意义。（这其实就是当胡塞尔将滞留看作根本性的时所想说的意思：这意味着我所是的绝对现在是像它不曾在的那样在的）——

4. 所有这些仍未触及问题：在笛卡尔式意义上的“知道”、“有意识”、“知觉”、“思维”是什么——一个从来没有被提出的问题——人们围绕着像“联结”、“关于看和感觉的思想”（在推定的意义上）、“意义”这样一些主题讨论——人们指出，需要一个联结者，需要一种“纯 denken（思）”或一种
245 Selbsterscheinung（自身显现），一种自动显现，一种作为纯粹显现的显现……但所有这些都假设了为己的观念，最后都不能解释超越——在一个完全不同的方向上探寻：为己本身作为

一种无可置疑但派生的特征，它是分化（differenciation）中的差异之极致——向着自我在场就是向着一个已分化的世界的在场——知觉差异构成“视景”（vue），就好像这种视景被隐含在（比如）反射之中那样——并借助作为分化的语言封闭为己存在。有意识=有在背景上的一个图形——我们不能回溯更远了。

事物的超越和幻觉的超越

1959年5月

事物的超越迫使人们说，事物只是由于是不可穷尽的，也就是说，由于它不是完全现实地在目光之下，所以才是完满的——然而，它许诺了这种完全的现实性，因为它在那儿……

相反，当人们说，幻觉是不可观察的，它是虚空，是非存在，那么它与可感者的对立就不是绝对的。诸感官是用来使那不可穷尽者变得具体化，形成诸实存者的含义的工具——然而，事物并不是真正可观察的，在任何观察中总是是跨行，人们从来不会达到事物本身。人们称作可感者的仅仅是被沉淀下来的诸Abschattungen（侧显）的不定项——然而，反过来，有一种想象物、诸实存要素、诸象征母体的沉淀或结晶——

［在同一页上］

“思想”“意识”和“向……而在”

滞留（因为它不设定、不瞄向直接的过去，只在自身之后拥有直接的过去），知觉在场（如在我背后的东西的在场），我的所有沉积的过去在诸实存要素中的在场，我在言语中对我想
246 说的东西的指涉，对可支配含义的区分工具的指涉，我对我想去的场所的运动指涉，Vorhabe（先行具有）（一种场或一个观念的 Stiftung[创建]），通过身体图式在一个空间中的安身，在行为胚胎学中一种时间的建立，所有这些都是围绕着一个不是关于实存的思维的实存问题——胡塞尔在作为绝对滞留之流的心理学反思的中心重新发现了这个实存（但在胡塞尔那里，在此有并不好的 Empfindung[感知]的时间观念：广义上的现在是象征母体，而不仅仅是一个向着过去爆开的现在）——亦即一种作为自我缺席的**自我**在场，一种经由**自我**的间距（écart）而与**自我**的接触——背景中的图形，最简单的 Etwas（东西）——格式塔掌握着精神问题的钥匙

参威特海默（Wertheimer）的《生产性思维》（*Productive Thinking*）[①]，以便确定格式塔在何种意义上包含和不包含最高程度的含义。

---

① Harper and brothers ed., New York and London, 1945.——编者注

交叉的目光 = eine Art der Reflexion（一种反身性的艺术）[①]

1959 年 5 月

正是诸事物的肉，已经在向我们谈论我们的肉，向我们谈论他人的肉——我的“目光”是属于“可感者”、属于原生的和原初的世界的这些与料之一，这个世界挑战着对存在和虚无、对作为意识的实存和作为事物的实存的分析，它要求哲学的一种完全重建。对存在和虚无的分析既揭示又掩盖了这种秩序：它将这种秩序揭示为存在对虚无的威胁和虚无对存在的威胁，它掩盖这种秩序，因为实在和否定性原则上仍然是可分离的。

杀人的目光
去中心化，不是乌有化
对萨特来说成了问题（虚无）
　　=杀人，成为问题=不再存在

① 据该书意大利语译者的注释，该词来自于胡塞尔，在 G. Pfeiffer 和 Lévinas 所译的《笛卡尔式的沉思》（*Méditations cartésiennes*, p. 81, Vrin, 1966）第 44 节中有这样一段话：“随后，通过我的知觉活动，我有（或我能有）关于每一种‘自然’的经验，其中包括对我自己的身体的经验，即通过一种‘反身性’的活动（une espèce de réflexion）而联系于自身的经验。”不过这句话在相应的德文版中被删除了。——译者注

247 ## （柏格森）超越——遗忘——时间

1959 年 5 月 20 日

我说过：我们在自身之中重新发现的那种向着世界的敞开，和我们在生命内部感觉到的知觉（一种既是自发存在［事物］又是自我存在［主体］的知觉——在《思想与运动》中一段谈论意识试图看到时间而不是度量时间的话中，柏格森有一次明确地说过，有一种既是自发的又是反思的意识[①]）相互交错，相互侵越，彼此缠结。

确定这里要说的意思。

这里让我们想起，在“客体的观点”和“主体的观点”之外，有一个共同内核，即“蜿蜒”[②]，作为蜿蜒的存在，（就是我称之为“向世而在的变调”的东西）。应该让人理解这（或整个格式塔）如何是一种“在事物中自行构成”的知觉。这还只是用主－客体语言近似地表达出要说的东西（华尔、柏格森）。要知道是事物拥有我们，而不是我们拥有事物。要知道已经存在了的存在不可能停止曾经存在。“世界的记忆”。要知道是语言拥有我

---

① 作者指的是这一段：“但是这种被科学排除、很难设想和表达的绵延，人们却能够感觉它和体验它。我们是否在寻找它之所是呢？它是如何向这样一个意识显现的呢，这个意识只想看到它而不想度量它，它因此将把捉它却又不中止它，总之，它将把自己当作对象，它既是观众又是演员，既是自发的又是反思的，它将自我固定的注意和逃逸的时间重新结合在一起，直至使它们融合到一块？”（*Le Pensée et le Mouvant*, Paris, 1934, p. 10）——编者注

② Ibid., p. 293.——编者注

们而不是我们拥有语言。要知道是存在在我们内部说话而不是我们在言说存在。[1]

可是这样一来又如何理解主体性呢？柏格森对于保存一切的灵魂的表象是不充分的（这使被知觉物—想象物之间的自然区别变得不可能）。马勒伯朗士对于上帝视觉的描述也是不充分的：这是先验意识的等价物，是以“含义”为形式的“保存”。 248
应到视觉本身中去寻找解决：人们只能通过视觉才能理解记忆。为了记忆能够成为和包含遗忘，视觉应该已经是在一者中（dans l'un）的变调或蜿蜒，是一种世界的知觉系统的变化。胡塞尔对于滞留的描述（和对于作为时间的主体性、对于绝对流、对于前意向的滞留的描述）是一个开端，但仍让问题保持开放：时间透视的“蜷缩”，远处的滞留进入到视域中，遗忘，它们来自哪里？

遗忘问题：本质上在于这个事实，即它是不连续的 。如果在 Ablaufphänomen（进程现象）的每一个阶段，都有过去的片断掉入遗忘中，我们就会有一个就像照相机的光圈那样的现在场，而遗忘就是因消除了有效刺激而产生的隐匿，它将成为这样的点，在那里，由于形体性的痕迹被消除，就不再产生清晰的形象。抑或，用唯心主义的语来说：遗忘将是现在—过去系统中的一部分，它与自未来降落的一个新的现在片断精确相符。

但事情并不如此：存在着一些不会被遗忘的滞留，甚至

① 页边有注释：“当鲁耶说在己和为己是同一个事物时，他的话中最终有某种深刻的东西，但是不能理解为：事物就是灵魂。”——编者注

是极其遥远的滞留。存在着刚“被知觉”就消失的片断（它们曾经被知觉吗？而且，被知觉和未被知觉之间的关系究竟是什么呢？）——而且，并没有一种自未来降落的现在的客观片断。胡塞尔的图示从属于这样一个约定的共识，即人们能够通过一条线上的诸点来再现现在的系列。当然，胡塞尔在这一点上补充了对滞留及由此导致的滞留的滞留的所有修正，也正因为如此，他才没有把时间设想为诸点状事件的系列和连续。然而，尽管如此复杂，流动现象的表象仍然是有缺陷的。不是因为它是空间性的。因为事实上空间并不比时间包含更多的点和线。要明白格式塔已经是超越：它让我明白一条线是一个矢量，一个点是一个力的中心——在事物中，既没有绝对的线，也没有绝对的点，也没有绝对的颜色。场的视觉和场的概念——柏
249 格森曾说蜿蜒也许不会制造任何真实的线[①]。但没有一条线会是“真实的”。因而，空间就不会像柏格森所做的那样成为问题。与此相关的是，不能满足于转入作为融合的时间来寻找解决——这是一个假反题——应该从作为同一的事物（空间的或时间的）过渡到作为差异，即作为超越，作为总是在“后面”、在那边、在远处的事物（空间的或时间的）……现在本身并不是没有超越的绝对重合，甚至 Urerlebnis（原体验）也包含着总体的非重合，但也有部分的重合，因为它有一些视域，它不能没有它们——现在也一样，是不能就近用注意力之钳进行捕捉的，它是一种囊括。仔细研究现在的 Erfüllung（实现）：这种隐喻的危险：使我相信有一种特定的空无，这种空无有它自

① *Le Pensée et le Mouvant*, p. 294.——编者注

己的维度，并被一定数量的现在（这总是由照相机的光圈所规定的场）所填充。当胡塞尔谈到一种“标准”时，他想说的恰恰是人们不能把这样一种标准预先设定为给定的。这里涉及的是一种Normierung(标准化),即一个测量者的位置(海德格尔)。于是我们看到标准和光圈等从一种总体现象中派生出来，而这种总体现象最终就是“世界”（参曼彻斯特学术讲座①：)（每个知觉都是“思想”，而且一切都被“铭写”在世界中——任何事件都是某种类型的历史事件，贝玑[Péguy]谈到它是“世界事件的节奏”——还是蜿蜒——知道什么是国家、战争等的主体问题与知道什么是知觉的主体问题恰恰是同一类问题：我们只有通过解决知觉问题才能解决历史哲学问题）

由此指出一种《存在与虚无》的哲学的不可能性：未来不是萨特意义上的虚无，过去不是萨特意义上的想象物——当然，有现在，但现在的超越恰恰使它能与一个过去和一个未来相衔接，反过来，过去和未来都不是虚无化——

简言之：虚无（或毋宁说非存在）是凹陷（creux）而不是洞孔（trou）。在洞孔的意义上，开放就是萨特，就是柏格森，就是难以区分的否定主义或极端的肯定主义（柏格森）。没有nichtiges Nichts（无化的无）。聚焦我关于柏格森的虚无观的讨论：我有理由说柏格森证明得太多，可是从中似乎得出 250
结论说萨特是有道理的却是错误的。对虚无的负直观应该被抛弃，因为虚无也总是在别处的。真正的解决方法：Umwelt

① 由作者于1959年5月1日在曼彻斯特大学所作的学术讲座。——编者注

（周围世界）的Offenheit（敞开），Horizonhaftigkeit（视域性）。

遗忘问题：我刚才说遗忘是非连续的。不应该将它设想为遮蔽（柏格森），设想为向虚无的过渡，虚无化，——也不应该将它设想为包含着它所藏匿的东西的知识的实证功能（弗洛伊德－萨特）[①]，而是应该设想为“向……而在的方式”，“使自己偏离……”——“有意识”本身要被设想为超越，设想为“被……超越”，并因此被设想为无知。但还有被知觉物［？］吗？——有的，但它不是接触意义上的直接性。（它不是萨特意义上的距离：一种我之所是的乌有，这种乌有使我脱离事物）——确实，我们不是通过把知觉与非知觉“混在一起”来解释遗忘的。

通过更好地理解知觉（并因此更好地理解非知觉）——即：将知觉理解为分化，将遗忘理解为去分化。“我们不再看到记忆”这个事实＝不是一种心理材料的毁灭（这种材料也许是可感物），而是它的“去分环勾连”使得不再有差异，起伏。这就是遗忘的黑夜。要理解“拥有意识”＝拥有背景之上的一个图形，并且它因“去分环勾连”而消失——图形－背景的区分引出“主体”与“客体”之间的第三项。首先是这个差异才是知觉的意义。

① 在括号下面的几行文字中间，按照作者的习惯，有这两个词：“肯定主义，否定主义”。前者明显指弗洛伊德，后者指萨特。——编者注

哲学与文学

[无日期，可能写于 1959 年 6 月]

哲学，正是作为“在我们之中言说着的**存在**”，作为暗哑经验经由自身的表达，是一种创造。这种创造同时是**存在**的重新整合：因为它不是历史制作的不论哪种 Gebilde（构造物）中的一种这个意义上的创造：它知道自己是 Gebilde（构造物）并且想作为纯 Gebilde（构造物）来自我超越，重新发现它的起源。所以它是一种彻底意义上的创造：同时又是相即的创造，251
是唯一能获得相即性的创造。

这极大地深化了苏利奥（Souriau）将哲学当作最高艺术的观点[①]：因为艺术和哲学整体上不是在“精神”世界（“文化”世界）中的任意创造，而是作为诸造物而与**存在**的接触。**存在**就是为使我们对之有经验而要求我们进行创造的那种东西。

在这个意义上对文学进行分析：作为**存在**的铭文。

---

① 在这个注释的开头，写着：参 Souriau, *L'instauration philosophique* [Alcan, 1939], Gueroult, *Mélanges Souriau: la voie de l'objectivité esthétique* [Nizet, 1952]。——编者注

苏里奥（Étienne Souriau, 1892-1979），法国哲学家、美学家。——译者注

存在与世界[1]**，第三章**

［无日期，可能写于 1959 年 6 月］

与超越的观念（作为差异的思想，而不是对客体的拥有）相一致，试图定义一种哲学的历史，它不是把历史压平在“我的”哲学中，——也不是偶像崇拜：对笛卡尔的恢复或重述，是把他的真理归还给他的唯一方法，通过重新思考它，也就是说从我们出发——具有多个侧面的理智世界——作为对其他哲学家的知觉的哲学史，对其他哲学家的意向性侵越，本己的思考不是要或者通过超越他们，或者通过模仿他们而杀死他们。在他们的问题中追随他们[2]（盖鲁），——但是他们的问题都内在于**存在**问题中：他们都公开表达了这一点，因此我们能够，我们应该在这个视域中思考他们。

在第三章开头讲所有这些。

还有：这个存在论纲要是对哲学的预期，——因此也是对哲学史的一种预期（它包含着语言的使用，在我们中运作的历史的使用）。应该揭示各种预设。但此外，这样做是从事哲学而不是从事历史。

252 指出论述**自然**与科学的第三章和第四章的关系：借助这种关系所要检验的是一种特定的存在论（客观主义的）。

困境：如何信赖意识？

---

① 《存在与世界》，作者最早为本书第一部分拟定的题目。——编者注

② 就职讲座，参前。——编者注

如何回避意识?

通过作为 Offenheit（敞开）的意识观念来克服——

知性与暗示——哲学的历史

1959 年 6 月

应该写的哲学史（相较于盖鲁而言），就是暗示（sous-entendu）的历史，例如：笛卡尔关于灵魂与身体的区别及其统一的论断，就不能在知性的平面上展开，也不能通过思想的连续运动获得整体上的辩护。只有当我们将它们连同其暗示一起来看待时，它们才能在整体上获得肯定——在暗示的领域内对本质和实存的探索就不是对立的，而是同一回事——不将语言，甚至不将哲学的语言看作陈述的总和或"解决"的总和，而是看作一道揭开的面纱，一个被编织的词语链……

1959 年 6 月 4 日

黑格尔的用语：an sich oder für uns（在己或为我们）＝有一种思维（反思思维），它正是由于想直接地抓住在己的事物，所以又落回到主体性上——而且，反过来，由于它被为我们的存在所纠缠，它就无法抓住在己的事物，而只能抓住"在己"的、在含义中的事物。

真正的哲学＝抓住那使人离开自身就是回到自身的东西，

反之亦然。

抓住这种交织（chiasma），这种颠倒，这就是精神之所在。

哲学。为了定义它的中心，就要从古耶的问题出发：我们能向一种哲学提出它没有向自己提出的问题吗？如果回答不能，
253 那就是把哲学变成了一些相互分离的工作，就是否定这种哲学（la philosophie）。如果回答能，那就是把历史还原到哲学中。[①]

我的观点：一种哲学就像一件艺术作品，是一种能引发更多的思想而非这些思想是其中之“内容”的东西（人们能将内容列举出来吗？人能计算一种语言吗？），它保持着一种在其历史语境之外的意义，甚至只在这个语境之外才有意义。给出这种垂直的或哲学的历史的例子：笛卡尔、马勒伯朗士。没有必要区别像他们所思考的、真正推动他们的问题和我们提出的问题。——这会导致各种总是相对主义的结论吗？也就是说总会在另一时间被颠覆的结论吗？不会，如果各种哲学在其总体上是问题的话，那么使它们言说的探究的思想就不会被那后面到来的东西所超越（勒福尔论马基雅维利[②]）。

① *L'Histoire et sa philosophie*, op. cit. 作者似乎特别参照了最后一章；在这一章中，强调了这种特定的哲学史与各种哲学的历史之间的区别，参第136—139页。——编者注

② 暗示一部正在酝酿中的著作。——编者注

二元论——哲学

1959 年 7 月

在 *Ph. P.*[①] 中提出的各种问题是不可解决的，因为我在那里是从“意识”–“客体”的区别出发的——

从这样的区别出发，我们将永远不会理解客观领域的这样一个事实（如大脑的损坏）如何能引起与世界关系的这样一种混乱，——实质性的混乱，它似乎表明整个“意识”都是客观身体的一个功能——这是些应该通过这样的询问而被打消的问题：什么是所谓的客观的制约条件呢？回答是：这是表达和记录原生的或野性的存在领域（它从存在论上讲，是最初的）内的一个事件的方法。这个事件就在于，这样一个恰当地构成的可见者（一个身体）在自身中发掘出了一种不可见的意义——所有的结构得以构成的共同织料，就是可见者，这个可见者本身根本不属于客观物和在己，而是属于超 254
越者，——它并不对立于为己，它只对一个**自我**来说才是一致的——这个**自我**不应被理解为虚无或某物，而应被理解为事物和世界（时间–事物，时间–存在）通过关联性的逾越和侵越而形成的统一体。

① 《知觉现象学》，前揭。——编者注

1959 年 8 月

指出：1. 现代知觉理论是一种现象学（米肖特[①]），它揭示了原生的存在，“垂直的”世界——

2. 应用于知觉的塑形（information）理论和应用于行为的操作主义理论，——这实际上模糊地瞥见了作为有机体之观看（vue）的意义观念和肉的观念。

3. 知觉—信息（设码与解码）的类比是有价值的，但条件是要识别：a）处于辨别行为之下的肉；b）言语及其处于塑形之下的“可理解的”区别系统。

知觉的主体，言说的主体，思想的主体

1959 年 9 月

正在知觉的主体，作为静默的“向……**存在**”（Être-à），它是沉默的，它从属于盲目地被指认的事物本身，它只是相对于事物的差异——知觉的自我作为尤里西斯意义上的“无人”，作为逃入世界中的匿名者，它还没有在其中勾勒其痕迹。作为非知觉的知觉，“非拥有”的明见性；正是因为我们太清楚地知道我们所涉及的这个不需要将它设定为对-象（ob-jet）的东西。匿名性和一般性。这意味着：不是一种 nichtiges Nichts（无化之无），而是一个“非存在之湖（lac de non-être）”，是陷入一

① 《知觉现象学》，前揭。——编者注

个局部的和暂时的敞开之中的特定虚无——实际的视看和感觉，而不是关于看和感觉的思想——如果人们说看和感觉的思想支撑着这种视看和这种感觉，那么世界和**存在**就将只是一个观念对象（idéat）。垂直的或野性的**存在**将永远不会被重新发现，“自然之光”的目的论就被转变成为一种观念性。 255

言说的主体：这是一种实践的主体。它没有在它面前持有被说的话语，并将它们理解为思想的对象或观念对象。它只是通过一种 Vorhabe（先有）才拥有了这些话语，这种先有属于我的身体所投身于其中的那个场所的先有类型。这就是说，它是这种或那种能指……的特定缺乏，这种能指不构成它所缺乏者的 Bild（图像）。因此，这里有一种新目的论；它并不比知觉目的论更允许自己受到一种对……的意识的支撑，或受到一种绽–出（ek-stase），一种构造性筹划的支撑。索绪尔对诸能指之间的关系的分析，对能指和所指及诸含义（和诸含义的差异）之间的关系的分析，确认并重新发现了作为相对于一个层面的作为差异（*écart*）的知觉观念，也就是说原初**存在**的观念，诸约定的**约定**，言语前的言语的观念。

应该阐明的，正是言语在前语言的**存在**中所引入的巨变。言语首先不改变前语言的存在，它本身首先是“自我中心的语言”。但它毕竟带来了一种改变的酵素，这种酵素将会给出可操作的含义；那么，问题是，这种酵素是什么？是这种实践思想吗？既知觉又言说的是同一个存在吗？这不可能不是同一个存在。而如果是同一个存在，那不就是重建“关于看和感觉的思想”，重建**我思**，“对……的意识”吗？

1959 年 9 月

重新进行立方体分析。确实，有六个等面的立方体本身，只对一种非处境化的目光，对处于立方体中心的精神的操作或审视，对于一个**存在**场来说才存在——而人们对立方体的各个角度所能说的一切都与此无关。

然而与各个角度相对的立方体本身是一个否定性规定。**存在**在这里就是那排除一切非存在、一切显象的东西；在己，就是那并非简单地 percipi（被感知）的东西。作为这个**存在**之载体的精神，就是那不在任何地方，却又包含任何地方的东西。

因此，对反思思维的这种分析，这种**存在**的提纯（笛卡
256 尔的“完全裸露”的蜡）绕过了那已经在那儿的、前批判的**存在**——如何描述后者呢？不再是通过它所不是的东西，而是通过它所是的东西。这样我们就拥有：通过对立方体的一种观看（vue）而向立方体本身的敞开，而这种观看是拉开距离，是超越——说我有对立方体的一种观看，就是说通过对之进行知觉，我从自身走向了它，我从自我中出来，进入它之中。我，我的观看和立方体一起被攫入同一个肉身性的世界中；即，我的观看和我的身体从同一个存在，即处于其他事物之中的立方体涌现而来——将观看和身体当作视觉主体的反思是这同一种厚实的反思，它使我触摸到自己在触摸，即，使在我之中的同一者（le même）既被看又在看；我不能看到我在看，但通过侵越我到达了我可见的身体，我把我的被看－存在延伸到我的可见－存在之外。正是为了我的肉，为了我的视觉

身体，才能有这个关闭了循环、达到了我的被看－存在的立方体。所以，最终是包括了自我和立方体的**存在**这一实质的统一体，是野性的、非纯化的和“垂直的”**存在**才使得有了一个立方体。

基于这个例子，把握纯“含义”的喷涌——立方体的“含义”（就像几何学为它下的定义那样）、本质、柏拉图式的理念、客体都是有的具体化，是动词意义上的 Wesen（成其本质），即本质化(ester)[①]——每一个 that(那个)都包含着一个 what(什么)，既然 that（那个）不是乌有，因而就是 etwas（某物），因而就是 west（成其本质）——

研究言语和算法使含义喷涌的方式。

分析的问题

1959 年 9 月

我们有权将儿童的时间和速度理解为我们的时间、我们的空间等等的未分化状态吗？这是人们在试图尊重各种现象的同时，又把儿童的经验压平到我们的经验中。因为这就将儿童的经验思考为我们的分化状态的否定。应该径直肯定地去思考它，径直通向现象学。

---

① Ester，作为对 wesen 的翻译，是从 Gilbert Kahn 那里借来的，参海德格尔《形而上学导论》，法译本，Coll. Épiméthée. PUF, 1958（德文术语索引），第 239 页。——编者注

257 然而，这同一个问题在涉及每一个他者，尤其是涉及另一个自我时又被提出了——对反思的我自己来说，这个不同于我的他者就是被反思的我。

解决之道：通过从侧面参与，前分析的参与，重新理解儿童，另一个我，在我之中未被反思的自我，这种参与就是知觉，从定义而言就是 ueberschreiten，意向的逾越。当我知觉儿童时，他恰好是出现在某种间距（不可呈现者的原初呈现）中，我的知觉体验对我来说也是这样，我的另一自我和前分析的事物也是这样。这里有我们得以被构成的那种共同织体。野性的**存在**。而对这种知觉的知觉（现象学的反思）是对原初的出离（我们随身携带着这种出离的证书）、对唤醒自身的这种 Ineinander（相互蕴涵）的清点，它是对 immer wilder（总是野生的东西）的使用，后者即可感者，肉身性本身（因为任何反思都属于触摸的手经由被触摸的手的那种反身模式[①]，是开放的普遍性，是身体配备 [volant] 的延伸），所以，反思不是与自身的同一化（关于看或感觉的思维），而是与自身的非-差异＝沉默的或盲目的同一化。当反思想要与这种视域的开放做个了结时，当它想要不通过一个视域，不根据一种自然的机制，而是直接地不保留地理解自身时，那么它所能做的一切就是通过诉诸语词而升华自己，就是给自己一个不只是自然的身体，就是使一种语言、"透明的"装置萌生，而这种装置产生了向着纯粹的或空无的自我

① 此句中的"反思"和"反身"在原文中为同一个词 réflexion。——译者注

在场的幻象，但它只是证明了一个确定的空无，关于这个或那个的空无……

重要的是，将垂直的或野性的**存在**描述为这种前精神的环境，如果没有这种前精神的环境，就没有任何东西是可思议的，甚至没有精神，而且经由这个环境我们才从一些进入到另一些之中，并且我们才进入我们自身中，以便拥有我们的时间。只有哲学才给出它——

哲学是对**存在**之 Vorhabe（先有）的研究，Vorhabe（先有）不是知识，当然，它也不是相对于知识、操作的一种缺乏，而是包含它们，就像**存在**囊括诸存在者（les êtres）一样。

皮亚杰（Piaget）的逻辑主义是我们的文化的绝对化——通向他的逻辑学的心理学也是如此。不能与一种人种学的经验 258
相容。心理学、逻辑学、人种学都是相互诋毁的对抗性的独断论；只有哲学能在将它们相对化的同时使它们彼此相容，恰恰是因为哲学瞄向**存在**的总体领域。被留给这些学科的知识的诸领域则处于冲突和矛盾之中。

格式塔

1959 年 9 月

什么是一个格式塔？就是一个不能还原为各部分之总和的

整体，这是否定性的、外在的定义——格式塔的外貌特征对立于人们所置身其中的在己领域——海德格尔说，Gestalhafte（格式塔特性）在此被抛在一边——

那么从内部看（也就是说：不是经由内在的观察，而是通过尽可能地接近格式塔，通过与之交流，这既可以通过思考其他的东西或可见者，也可以通过思考诸“意识状态”来进行），什么是一个格式塔呢？什么是一个轮廓，什么是一种分凝（ségrégation），什么是一个圆圈或一条线？或什么是一个深度组织，一种起伏？

这不是聚集在一起的处于时空中的诸心理个体的诸心理元素（感觉）。可究竟是什么呢？具有一个格式塔的经验，并不是对重合的感觉，那么这究竟是什么呢？

这是一种分布原则，一个等值系统的枢轴，是这样一些Etwas（东西），其碎片化的现象将是一种显示——可是，这是一种本质、一种观念吗？观念将是自由的、非时间性、非空间性的。格式塔不是一种空间－时间性的个体，它准备将自己整合到一个跨行时空的星丛结构中去——但它相对于空间和时间也不是自由的，它也不是非空间性和非时间性的，它只是逃避那被设想为在己事件之系列的时间和空间，它有特定的重量，这种重量无疑不把它固定在某个客观的地点和某个客观的时间点上，而是固定在它所统治，它所支配的一个区域和领域内，在那里，它无所不在，却没有人曾经说：就在这里。它是超越性。
259 这也是当人们谈到它的一般性，它的Transponierbarkeit（可转移性）时所表达的东西——它是体验的一个双重背景。

那么谁才有对它的经验呢？是一个将它把握为观念或含义的精神吗？不。这是一个身体——何种意义上的身体？我的身体是一个格式塔，它共呈现于所有格式塔中。它是一个格式塔，它也是并突出地是一种厚重的含义，它是肉；它构成的系统是围绕着一个核心的交接点或一个向……开放的枢轴而组织起来的，是联结而非自由的可能性——而且同时，它是所有格式塔的构成成分。格式塔之肉（颜色的颗粒，我无以名状者，但它激活了轮廓，激活了米肖特实验中那正在“爬行”的长方形[1]）就是那应和其惯性，应和其在一个“世界”中的嵌入，应和其对场的预断的东西。

因此格式塔包含着一个知觉的身体与一个可感的即超越的、有视域的、垂直的和非透视的世界的关系。

这是一个区分的、对立的、相关的体系，其枢轴就是 Etwas（某物）、事物、世界，而不是观念——

观念是这样一个 Etwas（某物），在其上以身体为中心，但不是可感的身体，而是能说的身体——

任何将格式塔重新置于“知识”或“意识”的框架内的心理学都错失了格式塔的意义——

仍有待于理解什么是确切意义上的格式塔经验的为己存在——这是一种为 X 的存在，这个 X 不是轻捷的纯虚无，而是在一个开放的登记簿上、在一个非存在之湖、一个 Eröffnung（开

① 前揭（p. 232）。——编者注

启），一种 offene（敞开）中的铭写。

完形，超越——

1959 年 9 月

指出这些概念①代表了一种与作为纯有的存在的接触。我们见证了籍之而有某物的这个事件。有某物而不是乌有，有这个而不是另一个东西。我们于是见证了实定者的临现：是这个，而不是另一个东西。

260 这种临现不是一个自因的、同一的、客观的存在的自我实现——甚至不是（莱布尼茨）逻辑可能性意义上的一种具有优势的可能性的自我实现。逻辑可能性的观念形态（idéologie）与必然性的观念形态并无二致：必然性只是唯一的可能性而已；可能性已经包含了内在共存的观念；如果说关于实存有好几种可能性的冲突，那是因为，由于一种真正的神秘（莱布尼茨），诸可能性不是共同可能的。

因此，gestaltung（格式塔化，完形）从定义上就不是本质实现（essentialisation）——这是（动词的）Wesen（成其本质），是本质化（ester）的活动，是一个闪光的 Etwas（某物）的显现——Warum ist etwas eine gestalt?（为什么是具有一个格式塔的某物？）为什么这个而不是那个才是一个“好的”形

① 作者边注：完形（prégnance），格式塔，现象。

式或有力的形式，或者才是通向一个可能性的定向呢？［参埃贡·布伦斯维克（Egon Brunswik）[①]，并指出《新观察》（*New Look*）和塑形（information）理论的努力就是找到一种对不是客体－存在和在己的东西的科学的和可操作的表达］——［在此再次提出我对在列维－斯特劳斯那里通过共享机遇，通过相遇解释 gestaltung（完形）的批评[②]——是的，应该有相遇，但是通过这种相遇建立的东西，即西方的象征母体却不是一种因果关系的产物］指出，由于格式塔是从多形态中涌现出来的，它就完全将我们置于了主体和客体的哲学之外。

---

① Cf. *Perception and the Representative Design of Psychological Experiments*, Berkeley, 1956. ——编者注

埃贡·布伦斯维克（1903—1955），美国心理学家，概率机能主义的创始人。——译者注

② 我们不了解这种批评。也许，作者是在一次课上或在某则个人笔记中提出这种批评的。我们还记得，列维-斯特劳斯先生曾通过将非累积式文化与赌徒们试图在轮盘赌上实现数字序列相比较，以新的术语提出了累积式或非累积式文化史的问题。他指出，各种文化的协作（不管是有意识的还是无意识的）所达到的结果类似于“赌徒们的联合”所获得的那种结果，“他们赌同样一些序列的绝对值，不过是在好几张轮盘桌上进行的，他们相互给予特权，共享对每个人的组合都有利的结果。”参阅《种族与历史》，联合国教科文出版社，1952，pp. 34-39。——编者注

261 经验的完形（prégnance）和几何的完形（E. 布伦斯维克）[①]

1959 年 9 月

关于完形的深刻观念，不仅仅是具有一些优势形式、出于几何均衡的原因而形成的完形，——而且是根据一种内在规则、一种 Seinsgeschick（存在命运）而形成的完形，而几何完形只不过是这种存在命运的一个方面。我就这样来理解“经验的完形”——被这样理解的完形在于用一个结构或一个等值系统来定义每一个被知觉的存在，后者就是围绕着那个结构或等值系统而被把握的，而画家的线条——弯曲的线条——或者画笔的笔触只是对那个结构或系统的不容置疑的昭示。这里涉及的是这样一种在每个可感物中都静默地自我宣示的 λόγος（逻各斯），因为它围绕着某种类型的信息而变化着，对于这个信息，我们只有通过对其意义的肉身性参与，只能通过我们的身体和它的“意指”方式相结合才能获得一个观念，——或者是这样一种说出的 λόγος，它的内在结构升华了我们与世界的肉身性关系。

批判“人中的小人”，——知觉作为一个对-象的认识，——最终重新发现与世界本身面对面的人，重新发现前意向性的现在，——就是重新发现这种对起源的视觉，那在我们之中看自己的东西，就像诗重新发现了在我们中自行勾连、不为我们所

---

① 经验的完形和几何的完形问题是由 Egon Brunswik 在 Experimentelle Psychologie in Demonstrationen (Springer, Vienne, 1935) 中探讨的。——编者注

识的东西（在夏尔伯尼耶书中的马克斯·恩斯特）。[①]

存在论原则：未分化的存在

262

1959 年 9 月

因此，每一种绘画，每一种行为，人的每一个事业都是时间的一种结晶，是超越的一个符码——如果我们至少将它们理解为存在与虚无的一种特定间距，白与黑之间的一种特定比例，未分化**存在**的一种特定抽样，时间和空间的一种特定的调制方式。

① Georges Charbonnier, *Le Monologue du Peintre I*, Julliard éd., 1959, p. 34. 在一次谈话中，Marx Ernst 回忆起他过去曾用来定义画家角色的话："正如诗人的角色，自从通灵者的著名信件以来，就在于在那自行思维者的驱使下，写出在他心中自行勾连的东西，同样，画家的角色就是勾勒并投射那在自己内部被看到的东西。"——编者注

梅洛-庞蒂在《眼与心》中也引用了 Marx Ernst 的这段话，参 *L'Œil et l'Esprit*, p. 30, Gallimard, 1964。其中提到的"通灵者的著名信件"指兰波于 1871 年 5 月 13 日和 15 日分别写给乔治·伊藏巴尔（Georges Izambard）和保罗·德莫尼（Paul Demeny）的两封信。他在其中提出，诗人要成为通灵者，要"打乱一切感觉，以达到不可知"；同时要找到一种语言，这种语言"综合了芳香、音响、色彩，概括一切，可以把思想与思想连结起来，又引出思想，这种语言将使心灵与心灵呼应相通。"（中译可参王道乾译《彩画集：兰波散文诗全集》，上海译文出版社，2012 年）——译者注

完形：心理学家们忘记了，这意味着爆开的能力，生产性（praegnans futuri[孕含未来][①]），丰产性——其次：这意味着“典型的”。这是达至自身、作为自身的形式，它通过自己的方式而自我设立，这是自因的等同物，这是在着的 Wesen（成其本质），因为它 este（本质化）[②]，是自动调节，自身与自身的一致，是深度中的合一（动态的合一），是作为有距离存在的超越，是有——

完形是在可见者中要求我有一种正确的调焦，并规定了其正确性的东西，我的身体服从于完形，它“应答”完形，它是把自己悬挂在完形中的东西，肉应答着肉。当一种“好的”形式出现时，它或者通过辐射改变其周遭环境，或者从我的身体获得直达……的运动。

这种把完形定义为暗含运动机能的做法更有理由将完形完全置于皮亚杰的二者择一之外：是场的效应还是感觉一运动机能的活动？当人们说形式是“前经验的”，“天生的”时，人们事实上想说的是，不管涉及的是被知觉者还是被思考者，那里有 Urstiftung（原创建），而不是简单的归并，有超越的意义，而不是概念的认识。

---

① praegnans futuri，这是莱布尼茨的术语，后为卡西尔采用。指每一个微知觉都充斥着未来，并潜在地包含着未来。——译者注

② 参前面第 256 页注释。——编者注

1959 年 9 月

最后，应该承认对知觉的素朴描述有某种真理：εἴδωλα（影像）或 simulacra（拟像）等等，从诸视角给出它自身的事物，等等。只不过，所有这一切都发生在一个不再是客观**存在**之层次的层次中，这是体验的或现象的层次，关键正在于要把它作 263
为客观层次的基础予以证成和平反。

人们能够声称，当人们只考虑诸客体的世间关系时，现象层次相较于客观层次是第二位的，它只是一个外省。然而，只要我们让他人，甚至让活的身体、艺术作品、历史环境介入进来，我们就能看到现象层次应该看作是自主的，而且如果我们不承认它的这种自主性，它最终就是不可理解的。

他人，不是作为“意识”，而是作为一个身体的居民，并通过身体而成为世界的居民。他人在我所看到的这个身体中的什么地方呢？他是（就像句子的意义那样）内在于这个身体中的（我们不能把它与这个身体相脱离而单独放一边），不过，他更甚于符号或由符号所承载的含义的总和。他是它们始终是其部分形象而非完整形象的那种东西，——不过他却在每一个形象中得到完全的证实。他总是处于未完成的肉身化过程中——处在客观身体之外，就像绘画的意义在画面之外那样。

1959 年 9 月

笛卡尔（《屈光学》）：谁将会看到在眼睛里和脑子里画出的形象呢？因此，最终应该有关于这种形象的一种思想——笛卡尔已经看出我们总是把一个小人儿放在人中，看出我们对于我们身体的客观化的看总是迫使我们在我们以为在我们眼前的这个正在看的人中寻找更深的内在。

然而，他没有看到的，则是他确实应该达至的原初的看不可能是看的思想——这种思想，这种最终是为了某个人的存在之揭示，仍然是人中的那个小人儿，但这次是被收缩在一个形而上的点上。因为最终我们只能认识一个复合实体的视觉，正是这个变得纤细的视觉被我们称作思想——如果说存在应该被揭示，那么这将是在一种超越面前，而不是在一种意向性面前被揭示，这将是一个回到自身中的被吞陷的原生存在，这将是一个正自行凹陷的可感者——

264 **存在论——**

1959 年 10 月

将拓扑空间当作存在的模式。欧几里得的空间是透视存在的模式，这是一个没有超越、实证的空间，各种直线所构成的网络，这些直线按照包含了所有可能位置的三维空间而相互平行或垂直相交——这种空间观念（还有速度、运动、时间的观念）与关于 Ens realissimum（最实在的存在者）、无限存在者的古典存在论深度契合。拓扑空间正相反，邻近、包含关系等被限定于其中的这个环境，是一个存在的形象，这个存在就像克利的色块一样，既比一切都古老，又处在“第一天”（黑格尔），回溯的思想会迎头碰上它，却无力通过自身直接或间接地（通过“最佳选择”）把它从**存在**那里演绎出来，它是个永久的剩余——它不仅在物理世界的层面上被遭遇，而且，它还构成了生命，最后，它奠基了**逻各斯**的野性原则——正是这种野性的或原生的存在介入了所有的层面，以便超越古典存在论的诸问题（机械论、目的论，总之：人工主义）——莱布尼茨的《神正论》概括了基督教神学的努力，以便在唯一可能的**存在**的必然概念与原生**存在**的无理由涌现之间找到一条道路，这个原生**存**在最终是通过妥协而与唯一可能的**存在**相连接的，而且，在这个范围内，隐匿的上帝为了 Ens realissimum（最实在的存在者）而被牺牲了。

1959 年 10 月 10 日，星期日

马尔罗询问：一位画家为何和如何通过临摹（凡·高对米勒作品的临摹）而向另一位画家学习，——以便成为他自己，在另一位画家那里学习自己，既依靠他又反对他。

同样，我们能够询问：为什么知道如何驾驭色彩的人也知道如何驾驭铅笔，或有时也知道如何驾驭雕刻——在其中共同的东西是什么？

只要人们认为素描或画画是从乌有中制造实定者，那么所

265 有这些实际上就都是模糊的。这样，素描或绘画的动作，——像自己的绘画动作和他人的绘画动作相互分离那样，我们就不再在它们之间看到联系。如果我们不是将绘画和素描理解为从乌有中制造某物，那么相反我们就会看到，线条，画笔的笔触和可见的作品都只是**言说**的整体运动的痕迹，这种言说走向整个**存在**，而这种运动既囊括了借助线条的表达，也囊括了借助色彩的表达，既囊括了我的表达，也囊括了其他画家的表达。我们梦想有各种等值系统，它们其实都在发挥作用。但是它们的逻辑，就像现象系统的逻辑一样，是落实在唯一的笔触和唯一的音阶上的，它们都是通过一个唯一的运动而被激活的，它们中的每一个以及全体都属于**存在**的唯一一个漩涡、唯一一个收缩。需要做的，是阐明这种并非综合的视域总体性。

野性的知觉——直接性——文化知觉——learning（学习）

1959 年 10 月 22 日

我说，文艺复兴的透视法是一个文化的事实，知觉本身是多形态的，如果说它成了欧几里得式的，那是因为它听任自己被这一系统引导。

由此提出问题：我们如何能够从这种被文化加工过的知觉回到“原生的”或“野性的”知觉？塑形（information）体现在哪里？我们籍以摆脱塑形（我们回到现象，回到“垂直的”世界，回到体验中）的行为是什么？

由此也引出这个问题：通过文化而获得的这个知觉塑形，

这种从不可见者到可见者的下降，会迫使我们说——比如说，就像埃贡·布伦斯维克那样——知觉的完形是对生态环境的learning（学习）吗？柏林学派[①]的自动构建的Gestalten（格式塔）是派生自“经验的Gestalten（格式塔）”[②]吗？

我所坚持的是：1.有一种来自文化的知觉塑形，它使人能够说文化被知觉了——有一种知觉的扩张，一种从“自然”知觉的Aha Erlebnis（啊哈体验，顿悟体验）向各种比如说工具 266
关系（如黑猩猩）的推进，这迫使我们将向世界的知觉开放（λόγος ἐνδιαθετος［内在的逻各斯］）和向文化世界（工具使用的习得）的开放置于连续性之中。

2.这个自然之上的原初层表明，learning（学习）就是In der Welt Sein（在世界中存在），而根本不是美国学派意义上和布伦斯维克的认知意义上所说的In der Welt Sein（在世界中存在）是learning（学习）。

在“回到直接性”的问题上，我的立场需要界定：在非投射的、垂直世界的意义上，知觉（le perceptif）——总是随同感觉体验（le sentir）、现象物、沉默的超越一道被给予的。可是皮亚杰却完全不知道这一点，他将他的知觉完全变换成了文

---

① 即以威特海默（Max Wetheimer）、苛勒（Wolfgang Köhler）和考夫卡（Kurt Koffka）等人为代表的格式塔心理学派，该派早期的主要研究都是在柏林大学的实验室里完成的，故又被称为柏林学派。——译者注

② Cf. *Perception and the Representative Design of Psychological Experiments*, University of California Press, Berkeley, 1956; 关于柏林学派的Gestalten的讨论，cf. pp. 132-134; 关于作为learning的知觉，cf. pp. 122-123.——编者注

化的一欧几里得式的知觉。那么我有什么权利将这种能被遗忘至此的原初物称作直接性呢?

精确地描述知觉掩盖其自身、使自己欧几里得化的方式。指出，几何形式的完形是内在地（非文化地）建立的——就它们比其他形式更允许个体发生而言（它们稳定了存在。这是皮亚杰在说各种“变形”在其中自我取消时不恰当地表达的东西①)，但是，为了保持其所有的意义，这种内在的完形必须被维持在超越的领域内，维持在前**存在**、Umwelt（周围世界）的Offenheit（敞开）的背景中,而不是独断地看作不言而喻的——欧几里得式知觉有一种特权，但不是一种绝对的特权，超越否认它是绝对的,它要求将欧几里得的世界看作其诸面貌之一——

与生命一道，自然知觉（连同野性的精神）永久地给予了我们某种东西，以安排内在性的世界——不过，这个世界就其自身而言倾向于自主，就其自身而言实现了一种对超越的抑
267 制——*关键就在这样一个观念，即知觉就其自身而言是忽视自身为野性的知觉、非知觉的*，就其自身而言它倾向于将自己看*作行为*，而遗忘自己是潜在的意向性，是向……*存在*——

同样的问题:为什么整个哲学是语言，却在于重新发现沉默。

① 尤其参阅 la Perception, Symposium de l'Association psychologique scientifique de langue française, Louvain, 1953, Paris, 1955.——皮亚杰讨论了几何完形和经验完形，并以这样的文字写道:“同样，我们认为一种好的形式是这样一种形式，它在一切都被变形的知觉结构中产生了最大程度的弥补，因此导致了最小程度的变形。”（p. 19）——编者注

知觉与语言

1959 年 10 月 27 日

我将知觉描述为区分的、相对的、对立的系统，——将原初的空间描述为拓扑空间（也就是说，是从我周遭的总体容积中凿出的，我处于这种容体中，它既在我后面，也在我前面……）

这很好。可是在知觉和语言之间还是有差异，以致我看到被知觉的事物，而含义则相反地是不可见的。自然存在栖息于它自身之中，我的目光可以停留在它上面。以语言为其家园的**存在**不能被固定、被注视，它只是远远地在。因此应该说明被知觉物的相对肯定性（即使它只是非否定，即使它不抵制观察，即使从某个方面看，任何结晶都是虚幻的），尤其是因为不可见者的肯定性正是栖息在它之上的。没有理智的世界，有可感的世界。

（但是，什么是这个可感世界之有，什么是自然之有呢？）

可感者恰恰是这样一个环境，在它之中可以有存在，而无需它被设定；可感者的可感显象，可感者的沉默说服力是使**存在**自行显现而不变成肯定性、不停止其含混性和超越性的唯一手段。我们在其中失去平衡，使我们和他人结成纽带，使他人为我们而在的那个可感世界本身正因为是可感的才暗示性地被"给出"——可感者，就是这：在沉默中成为明见，成为暗示的这种可能性；可感世界的所谓肯定性（当我们深入探索直至其根柢处，当我们超出经验的可感者，超越我们表象的次级可感者，当我们揭示**自然的存在**时）恰恰表明自己是一种不可把握者，最终是唯一在完满的意义上被看到的总体性，诸可感者 268

就是在这个总体性中被切分的。思想只是离 visibilia（可见者）更远一些而已。

交织

1959 年 11 月 1 日

——区分(clivage)在本质上并不是为**己**为**他**(主体—对象)的，更精确地说，它是某个走向世界但从外部看似乎仍处于其“梦”中的人的区分。交织是这样一种东西，通过它，那些作为存在向我宣示的东西显现在其他人眼里只是“意识的一些状态”——但是，正如双眼的交织那样，上面说的交织也是那使我们属于同一个世界的东西，——一个不是投射的世界，但它通过像我的世界和他人的世界的不相容性这样的一些不相容性来建构其统一性——这种经由颠倒的调解，这种交织，使得为-**己**、为-**他**并不是简单的反题，使有了包括所有这一切的**存在**，首先是作为可感的**存在**，然后是作为无限制的**存在**——

交织不是**为他**：这意味着，不仅仅有我—他之间的对抗，还有我—他之间的共同起作用。我们像唯一一个身体那样起作用

交织不仅仅是我他之间的交换（他收到的信息也传到了我这里：我收到的信息也传到了他那里），这也是我与世界之间的交换，是现象身体与“客观”身体之间的交换，是知觉者与被知觉者之间的交换：作为有限事物来开始的东西作为事物的意识结束，作为“意识状态”开始的东西作为事物结束。

人们不能通过**为己**的利刃和**在己**的利刃来说明这种双重“交织”。应该有一种发生在**存在**内部的与**存在**的联系——这其实就是萨特一直在寻找的东西。但是，由于对他来说，除了我以外没有内在，所有其他的都是外在，在他的理论中，存在一直未被这种在他那里进行的减压所触动，它仍然是纯粹的肯定性，客体；**为己**只通过一种疯狂才参与其中——

1959 年 11 月 **269**

意义是不可见的，但不可见者不是可见者的对立面：可见者本身有一种不可见的骨架，不-可见者是可见者的秘密对等物，它只出现在可见者中，它是如此这般地在世界中向我呈现的 Nichturpräsentierbar（不可原呈现者）——我们不能在世界中看到它，所有为在世界中看到它而做的努力都会使它消失，然而它处在可见者的线条中，它是可见者的潜在家园，它铭刻在可见者中（以暗含的方式）

不可见者与可见者之间的各种比较（思想的领域、方向……）不是比较（海德格尔），它们意味着，可见者孕育着不可见者，为了充分理解各种可见的联系（家），就应该径直走向从可见者到不可见者的联系……他人的可见者是我的不可见者；我的可见者是他人的不可见者；这个说法（萨特的说法）不予保留。应该说：**存在**是这样一种奇特的侵越：它使我的可见者向他人的可见者开放，尽管我的可见者并不与他人的可见者相重叠，它使这两者都向同一个可感世界开放——正是同一种侵越，同一种有距离的连接使我的诸器官的信息（单目视像）聚合成一个唯一的垂直实存和一个唯一的世界。

所以，意义不是虚无化，也不是**为己**对**在己**的牺牲。——设想这样一种牺牲，这样一种真理的创造，这还是基于**在己**的模式，从**在己**出发来思考的，而且，既然它逃避，就把使之存在的英雄使命交托给了**为己**。——这样来设想，这还是基于笛卡尔空间的 Weltlichkeit（世界性）模式来思考诸精神的世界性。由于没有一种诸**为己**的**在己**，人们就派**为己**去制造它。可是我不根据**在己**来思考诸精神的 Weltlichkeit（世界性），——在未来中寻找那不存在的东西是一种空想。诸精神的 Weltlichkeit（世界性）是由它们所长的根来保证的，当然不是长在笛卡尔的空间中，而是长在感性世界中。感性世界要被描述为超
270 越性的空间，诸不相容性的空间，爆开的、开裂的空间，而不是内在－客观的空间。接下来思想、主体也要被描述为有其特定“地点”的空间性处境。由此，各种空间性的“隐喻”要被理解为存在和虚无的非分化。由此，意义就不是虚无化。

这种在最初的接近中构成意义的间距并不是一种使我感到不安的否，一种我通过给予自己的一个目的的出现而作为缺失来构成的缺失，——这是一种自然的否定性，一种最初的、总已经在那儿的建制——

思考右、左：这不是在一种关系空间性中的单纯内容（即实定的）：这不是空间的各部分（康德的推理在此是有效的：

整体是在先的），这是总体的各部分，是在一个囊括性的拓扑空间中的切块——思考两、对，这不是两个行为，两个综合，这是存在的片断，是间距的可能性（两只眼睛，两只耳朵：区分的可能性，区别运用的可能性），这是差异的临现（因此是在相似性的基础上，在 ὁμοῦ ἦν παντα[万物本为一体][1] 的基础上）。

可见者与不可见者

1959 年 11 月

是否可以说

超越的观念＝将我们以为触摸到或看到的一切遣回到无限者之中呢？

可是不能：总是"更远的"可见者是如其所是地呈现的。它是 Nichturpräsentierbar（无化着的原呈现者）的 Urpräsentation（原呈现）——看见，恰恰就是：尽管无限的分析总是可能的，尽管没有任何 Etwas（东西）会一直留在我们的手中，但仍有某个 Etwas（东西）。

那么，这完全就是一种矛盾吗？根本不是：如果我不是根据接近的思想来设想可见者，而是将它设想为囊括性、侧面的包围、肉，可见者就不再是不可通达的。

① 亚里士多德《物理学》卷一，187a30。——译者注

271 # 诸“感官”——维度性——存在

1959 年 11 月

每个“感官”都是一个“世界”，亦即，对所有其他感官来说是绝对不可交流的，可是由于它建构了一个某物，后者通过它的结构，一开始就是向其他感官的世界开放的，并与它们一道构成了一个唯一的**存在**。感觉性：例如一种颜色，黄色；它超出其自身：一俟它成为照明色，即场的主导色时，它就停止作为这样的颜色，因此它就其自身而言就拥有了存在论的功能，它开始倾向于代表所有的事物（就像《屈光学》第四论中的各种铜版画）。通过一个唯一的动作它把自己确立为特殊者，但不再是作为特殊的可见者。“世界”是这样一个整体，在那里，每一部分——当人们把它当作它本身时，它就突然打开了各种无限制的维度，——成了总体的部分。

然而颜色、黄色的这种特殊性，和这种普遍性并不是矛盾，而共同地是感觉性本身：正是通过同一种特性，颜色、黄色既作为一个特定的存在被给出，又作为一个维度，即所有可能存在的表达而被给出——可感物的特性（像语言的特性一样）在于可以表示一切，这不是由于通过含义符号的联系，或通过各部分的相互内在性和内在于全体，而是因为每一部分都是从全体中被扯出来的，连同它的根一道开始侵越到全体之上，逾越了他者的边界。各部分就这样彼此覆盖（透明性），现在并不停留在可见者的界限内（在我的背后）。知觉为我打开了世界，就像外科医生打开一个身体那样，通过他所开启的窗户，察看那些正在运作的器官，这些在其活动中被把握的器官是从旁边被看到的。可感者就这样把我引入世界之中，就像语言把我引到他人之中那样：通过侵越、Ueberschreiten（跨越）。知觉首先不是对诸事物的知觉，而是对来自世界射线、来自事物射线的诸元素（水、气……）的知觉，这些元素就是诸维度，就是诸世界，我溜到了这些“元素”上，然后我就在世界中了，我从主观性溜向了**存在**。

作为某物的黄色和作为世界之称号的黄色之间的所谓“矛盾”：这不是一种矛盾，因为正是在黄色之特殊性的内部，并 272
多亏了这种特殊性，黄色才变成一个世界或一种元素——一种颜色可以成为一个平面，一个事实可以成为范畴（完全像在音乐中那样，将一个音符描述为特殊的，即在具有另一种音调的场中，——这“同一个”音符就成了一种乐曲得以被写成的调音）=走向普遍性的真正步伐。普遍性不是在上面，而是在下面（克洛代尔）。它不在我们前面，而是在我们后面——无调式音乐=未分化存在之哲学等价物。就像没有可辨认之物，没有事物之皮，但却给出其肉的绘画那样——Ttransponierbarkeit（可移调性）是一种更一般的移位的特例，无调式音乐是这种更一般移位的主题化。所有这些都预设了未分化的**存在**——

这种可感者的普遍性=不是Urpräsentierbar（原呈现者）的Urpräsentation（原呈现）=从无限制的存在中挖出来的可感者，这个**存在**处在我的视角和他人的视角，我的过去和我的现在之间。

被知觉者的特性：已经在那儿的存在，不是通过知觉行为而存在，而是这个行为的理由，而非相反。感觉性＝超越，或超越的镜子。

深度

1959 年 11 月

深度和“背面”（和“后面”）——就是超卓的隐匿之维——（每一种维度都属于隐匿者）——

既然有一个我由之观看的点，——既然世界包围着我，就应该有深度。

深度是事物保持纯粹、保持为事物，而不完全是我现在所注视者的手段。这尤其是同时性的维度。如果没有深度，就不会有一个世界或者**存在**，就只会有一个明晰的移动带，这个移动带不可能在不离开其余一切的情况下被带到这里，——也只会有一个对这些“视景”的综合。由于深度，这些视景不是越来越近地共存，而是相互溜进对方之中，并整合在一起。所以，
273 深度使事物有一种肉：也就是说它使事物抵制我对各种障碍的探视，它是一种抵抗，但这种抵抗恰恰就是事物的实在，事物的开放，事物的 totum simul（全然同时性）。目光不是征服深度，而是绕着它转。

在明晰视觉中，在我看作那滞留于现在中的东西中，深度就是 urstiftet（原创建），——无“意向性”——

参梅茨格[①]（Metzger）所说：当不可能同时有在两个点上的明晰视觉时，深度就显露出来。这时，两个错开而不相重叠的形象在深度中突然“呈现”为同一事物的诸侧影。[②]——这不是一个行为或一种意向性（这种意向性将走向一个在己并将只给出一些并置的在己）——一般说来，借助场的属性，这两个不相容的视景的合一化就产生了，因为深度向我敞开了，因为我有了这个维度，以便将我的目光移到其中，移到这种敞开中——

1959 年 11 月

指出事物是各种结构、骨架、我们生命中的恒星，不是像透视景观那样摊开在我们面前，而是围绕着我们移动的。

这样的事物并不预设由事物的肉构成的人，可是它们的突出存在却只有通过进入知觉，并依靠知觉与它们保持有距离的接触的人才能被理解。

本质，Wesen。在本质与知觉之间的深层亲缘关系：本质，它也是骨架，它不是在可感世界之上的，它在下面，或在它的

---

① 梅茨格（Wolfgang Metager, 1899-1979），格式塔心理学的重要代表，他是威特海默、苛勒和考夫卡的学生和助手。——译者注

② Wolfgang Metager, *Gesetze des Sehens*, Frankfurt am Main 1936, 2 éd., Augmentée 1953, p. 285.——编者注

深度中、在它的厚度中。它是一种秘密的联系——诸本质是言语层面的一些 Etwas（东西），就像事物是自然层面上的本质一样。事物的普遍性：为什么每个事物都有好几个样本呢？这是由事物作为场的存在的定义本身所强加的：怎么会有无普遍性的场呢？

我借助超越指出，可见者就是不可见者，视看原则上是这
274 样的东西，它通过已经在那儿的显象使我相信没有地方去寻找近端的存在了。知觉则使我确信有未被知觉的东西（被揭示的—遮蔽者：透明性，侵越）。这种可见者的不可见者，正是它后来使我能够在生产性思想中重新找到所有视看的结构，并把思想彻底地同操作、逻辑区别开来。

我—他，不充分的表述

1959 年 11 月

我—他关系要被设想为（就像两性关系及其不确定的替代者那样，参希尔德《形象与外观》第 234 页）[①] 互补的角色，其中的每一个都只有在另一个也同样进入角色时才能成为角色，男性隐含着女性，等等。基本的多态性使我不需要在**自我**（Ego）

① P. Schilder, *The Image and Appearance of Human Body*, London, 1955.——编者注

希尔德（Paul Schilder, 1886-1940），奥地利的精神病学家和精神分析学家，亦是自我心理学的先驱人物之一，他提出了“身体意象”（body image）这一概念。——译者注

面前构建另一个人，他已经在那里了，**自我**是基于他而取得的。描述前自我性（pré-égologie），“儿童混沌性”（syncretisme），未分化或可转递性。在这个层面上有什么呢？有垂直的或肉身的世界，以及它的多态母体。知识在其上被建立的白板的荒谬：不是因为在知识之前就已经有了一些知识，而是因为有了场。我－他问题，西方的问题。

1959 年 11 月

哲学从来不说话——我不是谈论被动性：我们不是结果——
但我要谈论我们的主动性的被动性，就像瓦雷里谈论一个精神
的身体那样：我们的始创性是如此地新，它们诞生于存在的中心，
它们被连接到了在我们中流溢的时间上，它们倚靠在我们生命
的枢轴或结合点上，它们的意义是一个“方向”——灵魂总是
在思考：这是它之中的一个状态属性，它不可能不思考，因为
有一个场已经被打开了，某物或某物的缺席总已经被铭写于其 275
中了。在那儿的不是灵魂的一种主动性，也不是复数思想的生
产，我甚至不是通过从现在到滞留的过渡而在我这里自行产生
的这个凹陷的作者，并不是我使我思考，就像并不是我使我的
心脏跳动那样。由此从各种 Erlebnisse（体验）的哲学中出来，
进入我们的 Urstiftung（原创建）的哲学中。

1959 年 11 月 26 日

思想的一个“方向”——这不是一个隐喻——在可见者与不可见者之间没有隐喻（不可见者：或为我的我的思想，或为我的他人的可感者）：隐喻，或是太多或是太少：如果不可见者真的是不可见的，那就是太多；如果不可见者把自己交给移位（transposition），那就是太少——

没有隐喻。（1）因为思想包含着一个有待被描述的准地点（不内在于一个时空点上的地点，——而是通过某种有弹性的联系构成的地点：人们不能说一个精神在这里，但人们能够说一个精神不在那儿——这种否定逐渐地扩展到世界和本己身体的各个部分，——不过有一个被包围 [investissement] 的地点，当所有这些被说出时，就有一个他人显现的舞台）

（2）因为，原初的地点——即使在与事物，或与事物的某个运动“方向”相关时——也不是在对-象性的空间（l'espace ob-jectif）中可被认出的，也不同于在对-象性空间中的关系——一个方向不是在空间中，它是暗含地透过空间的——所以它对于思想来说是可移位的——

精神不在这里、这里、这里……但它是“依附性的”，“被连着的”，它不是没有联系的——否定之否定和肯定：人们不需要在它们之间进行选择。精神不在任何客观的位置上，不过它被赋予一个位置，它通过其周遭与这个位置相关联，它划定这个位置，就像我的所在地对我来说是我的风景的所有逃逸线向我指出的那个点那样，而这个点本身是不可见的。

莱布尼茨 276

1959 年 12 月

通过否认知觉－再现概念（在己的外在事物在我的在己身体上），我打开了通向一个原生**存在**的入口，与这个原生**存在**在一起时，我就不处在主体和客体的关系中，更不处在结果与原因的关系中。In der Welt Sein（在世界之中存在）的关系将占据在莱布尼茨那里对世界所持的诸视角的交互性表达关系所占的位置，进而将占据作为这些不同视角的唯一作者的上帝的位置——这些不同的视角就是作为思想从他那里流溢出来的。无疑，如此被发现的**存在**不是莱布尼茨的上帝，如此被揭示的"单子论"不是诸单子——诸实体——的系统，——但莱布尼茨的某些描述——关于世界的每一种看法都是单独的一个世界，但是"对一个来说是独特的东西对全体来说却是公共的"，诸单子相互之间以及与世界都处于一种表达的关系之中，诸单子作为诸视角，既彼此有别，也与世界有别——需要全部被保留，需要在原生**存在**中恢复它们，需要与莱布尼茨让它们经受的本体神学的和实体主义的构造分离开来——

在我们之中对于世界的表达，当然不是在我们的单子与其他的单子之间的和谐，不是所有事物的观念在表达之中的在场——而是我们在知觉中看到的东西，要如其所是地看待它而不是解释它。我们的灵魂没有窗户：这就意味着 In der Welt Sein（在世存在）——

前定和谐（如偶因论）一直坚持在己的存在，并通过奠基在上帝中的一种从实体到实体的关系而简单地将在己与我们体验到的东西关联起来，——而不是将在己作为我们思想的原因——但问题恰恰在于要完全抛弃**在己**的观念——

正是知觉主题的重新发现在其意涵上改变了莱布尼茨的表达观念。

垂直的世界和垂直的历史

277 **“世界”**

1959年12月

一个世界（这是一整个世界，声音的世界，颜色的世界，等等……）＝一个有机的整体，它是封闭的，但奇怪的是，它又是其他一切的代表，对一切不是它者来说，它都拥有其象征物和等值物。如绘画对于空间来说。

一个世界有诸维度。从定义上看，这些维度并非唯一的可能（通过进到第三维，在前两维中分开着的空间存在就可能被重新连接起来），但是同样从定义上来看，这些维度都有内在骨架的值，它们更甚于内容的独特性：在一幅铅笔素描中的明暗值可以代表一切。

这样，一幅画就是与唯一且“实在的”世界相对照的一个“世界”——无论如何，它与所有其他的画一起形成了一个世界——“同样的”可感因素在其中意指不同于平凡世界中的其他东西。

用维度、关节、平面、结合点、枢轴、构型等术语来替代概念、观念、精神、表象等术语——出发点＝对事物及其属性的习惯概念的批判→对主体的逻辑观念和逻辑内在性观念的批判→对实定含义（诸含义的差异）、作为差异（écart）的含义、谓词理论的批判——就建立在这种区分概念之上。

向一个更高的维度过渡＝一种意义的 Urstiftung（原创建），重组。在什么意义上它已在给定的结构中被酝酿了呢？就像可感的结构只能通过它与身体、肉的关系才能被理解，——不可见的结构只能通过它与逻各斯、言语的关系才能被理解——不可见的意义是言语的内在骨架——知觉的世界侵入了运动的世界（后者也是被看到的）之中，反过来，运动也有［眼？］。同样，观念的世界也侵入了语言（人们思考语言）之中，反过来，语言也侵入了观念中（人们思考：因为人们说，因为人们写）——

其他人的言语使我说，使我思，因为它们在我之中创造了
一个不是我的他者，一种相对于……我所见者的间距，并因此 278
而向我指出了这个他者和这种间距。他人的言语构成一道栅栏，我通过那栅栏看到了我的思想。在这种对话前我有思想吗？有的，那是作为独一无二的根本之音，Weltthesis（世界论题），而不是作为思想、含义或陈述——当然，应该为了言说而思考，但这是在向世而在或向着作为 Vorhabe（先有）的垂直**存在**而在意义上的思考。各种思想都是这个总体存在的货币——划界——在总体存在内。

胡塞尔的 lebendige Gegenwart（活的当下）[①]

1959 年 12 月

我的身体从来不像其他事物那样处于 perspektivisch（透视）运动中——

它也不像其他事物中的某些那样处于静止状态，它在客观的静止和运动之下——

它通过 Ich gehe（我走）完成的运动（这种运动不是“透视的”）在每个时刻都总是可能的静止——什么意义上的可能呢？这里涉及的肯定不是我的身体可在那儿存在的某个特定 Ort（地点），即不是我的身体能在那儿的逻辑对可能性的展示。这里涉及的是一种力量——一种我能。

Veränderung（变化）和 Unveränderung（不变化）——基于这些现象建立一个否定者理论。肯定者和否定者是一个**存在**的两个“面”，在垂直的世界中，一切存在都有这种结构（意识的含混性，甚至某一种意识盲、知觉中的非知觉都是与这种结构相联系的——看到，就是没看到，——看他人，本质上就是将我的身体作为对象来看，以便他人的对象身体能够有一个心理的“方面”。我的身体的经验和他人的身体的经验本身就是同一个**存在**的两个方面：在我说我看到了他人之处，事实上很

① 指胡塞尔被归在 D.12.IV 中的一个未出版的文本，后以 Die Welt der lebendigen Gegenwart und die Konstitution der ausser-leiblichen Umwelt 为题发表在 *Philosophy and Phenomenological Research*(vol. 6. n° 3, mars 46) 上。——编者注

可能是我将我的身体对象化了，他人是这种经验的视域或另一面——我们就是这样与他人说话的，尽管我们要做的事只与自己相关）。

反对有关矛盾、绝对否定、或此或彼（ou bien ou bien） 279
的理论——超越，就是差异中的一致。

科学与存在论

1960 年 1 月 4 日星期一

证明科学是在给定的知识情境中的操作，——并由此使“补充”了这种操作科学的存在论的必然性显现出来——

对存在、时间、演化等的科学探讨应被描述为是对宇宙诸“特征”或诸存在“特征”的一种标记定位，是根据这些特征所起到的连结（charnières）作用而对其所隐含的东西的一种系统解释。原则上，科学不是穷尽分析，而是面貌描绘——其操控的自由、操作的自由直接就是一种内存在论的同义词。分析几何在空间和数字之间建立起来的等值不应被理解为空间的精神化（布伦什维克[①]），而其实应被理解为理智的空间化，理解为对空间与数字在一个属于世界的知识主体面前之本体性等值的直觉。

① 布伦什维克（Léon Brunschvicg, 1869-1944）为二十世纪前半期法国哲学界的主导性哲学家，他的哲学糅合了观念论和新黑格尔主义，并寻求根据自然科学的出现来解释自我意识的进步。——译者注

科学演绎－实验事实之间的平行性既不能被质疑，也不能被理解为科学实在论的证明。它奠基于这一点上：演绎的科学阐释了世界的结构、枢轴、其内在骨架的某些特征。这种科学的真理，远不是要使哲学变得无用，而是只有通过一种与**存在**的超越联系，通过科学的主体和客体之内在于一个前客观的**存在**之中，才是有根据和有保障的。

梯度——这个概念的存在论含义。
内-存在论 参胡塞尔的现象学的绝对者。

1960 年 1 月 20 日

梯度是对**在己**存在论的超越，——并依据在己表达了这种
280 超越——梯度：投射的概念：人们想象一个被标记在在己平面上的在己存在，它依照特定的大小关系而被转移显现于那个平面上，以至于不同梯度上的表象就是同一个在己的不同“视觉图像”——通过取消在己的模型，人们更朝前进了一步：除了处于不同梯度上的诸表象外，没有更多的东西。但是，只要人们没有进入哲学的问题域，那么它们就会由于一种不可避免的不一致而仍然停留在“视觉图像”或在己的秩序内。——问题在于理解：不同梯度上的“视景”不是在诸形体性——一种不可通达的**在己**的屏幕——上的投射，这些视景及其彼此之间的侧面蕴含都是实在，准确地说：实在是它们的共同的骨架、它们的内核，而不是在它们后面的某物：在它们的后面，只有其他的还是遵循在己－反射图式来设想的诸“视景”。实在是在

它们之间，在它们之下。宏观现象和微观现象不是对在它们后面的一个真实在己的两种或多或少的扩大的投射：变化的宏观现象并非更不实在，微观现象并非更加实在。它们之间没有等级。

我的知觉内容、微观现象和在大尺度上的各种囊括性现象的视景并不是**在己**的两个投射：**存在**是它们的共同骨架。每一个场都是一种维度性，**存在**是维度性本身。因此它也可以完全为我的知觉所通达。我的知觉甚至在景观中向我呈示了从显象到本质（作为［动词的］Wesen［成其本质］的核心）的侧面超越的指向——在大于或小于（宏观现象－微观物理学）尺度上的知识都是对存在之核的约略规定（借助数学工具，即各种结构的发明），只有知觉才能给我这种存在之核的现实，而且这种存在之核只有借助其内在骨架才能被设想。

应该取消因果思维，因为它总是：来自外部的世界观点，一种宇宙之神（Kosmotheoros）的观点，以及作为其反题的既对立又不可脱离的反思回复的运动——我不应再在对-象性（ob-jective）空间意义上的世界中思考自己，这等于是要在Ego uninteressiert（无关利害的**自我**）中进行自我定位和自我安置——代替因果思维的，是超越观念，也就是说，一种从内在于这世界被看到的世界观念，以及由于这种内在性而产生的一种**内在存在论**的观念，一个囊括－被囊括的**存在**观念，一个垂直的、有维度的、作为维度性的**存在**的观念——用来代替既 281
对立又互联的反思活动（“唯心论”的内在性）的，就是原则上拥有一个外部的**存在**的褶折和凹陷，就是诸构型的建筑术。

不再有
——意识
——投射
——**在己**或对象

有一些交叉的场，就像胡塞尔在关于目的论和现象学的绝对者的未刊文本中指出的那样，在一个诸场之场（un champ des champs）中，诸主体性被整合在一起，因为在它们的基础结构中包含着一种 leistende subjectivität（行为的主体性），后者是完全依托于诸主体性的。

不可见者、否定者、垂直的存在

1960 年 1 月

可见者与不可见者之间的某种联系，在这种联系中，不可见者不仅仅是非-可见的（non-visible）[①]（已被看到或将被看到的东西，而不是不被看到的东西，或者被不是我的其他人而不是被我看见的东西），而且它的缺席在世界中是重要的（它是在可见者的“后面”，是内在的或明显的可见性；它恰恰是作为 Nichturpräsentierbar[无化着的原呈现者]、作为另一维度的 Urpräsentiert[原呈现者]），在那儿，标志着其位置的空隙是“世界”的诸过渡点之一。正是这种否定使垂直的世界、诸不相容者的联合、超越的存在、拓扑空间、关节和骨架的时间、脱节

① 或可能是可见的（在可能性的不同程度上：过去能被看见，而未来也将能被看见）。——作者注

和散架[1]的时间成为可能，——还使作为实存诉求的可能性（过去和未来只是其部分的表达）成为可能——使雄性－雌性关系（孩子所见的两片木块无可抗拒地拼合在一起，因为每一片都是另一片的可能性）成为可能，——使“间距”以及越过诸间距的总体成为可能，——使思与非思的联系（海德格尔）成为可能——使 Kopulation（交配）关系成为可能，在这种关系中，两种意向有一种唯一的 *Erfüllung*（实现）。

1960 年 1 月

胡塞尔也认为，一个唯一的世界是可能的，这个唯一的世界就是这个世界（参索邦演讲，未发表[2]：世界的唯一性，就如上帝的唯一性）。“所有其他可能的世界”都是这个世界的观念变体。——然而我们的世界之所是的这种唯一可能性就其织体本身来说，不是由现实性构成的——莱布尼茨式的作为非矛盾、作为不包含否定性的可能性观念并不是与现实性相对立的：它是现实性的对等物，它像现实性一样是肯定性的。总之，莱布尼茨的现实性只是这种可能性的极限情形，是完全的可能性，它是那不包含道德矛盾的东西，是那种不坏的东西，或那种双重意义上的最好可能性的东西：尽可能地好和作为最好的 282

① 这是同一个东西：这种［？］就是 Kopulation（交配）（胡塞尔）。——作者注

② 未发表文稿档案，1930，被编入 E.III.4 卷中。——编者注

世界那种诸可能性中的可能性。在胡塞尔那里，世界的唯一性所意味的不是这个世界是现实的，而任何其他的世界都是想象的，不是这个世界是在己，而任何其他的世界都只是为我们的，而是说它根植于整个诸可能性的思想中，它甚至被诸可能性的光环所围绕，这些可能性是它的属性，是 Möglichkeit an Wirklichkeit（现实的可能性）或 Weltmöglichkeit（世界可能性），是说由于它本身具有世界的形式，这个独特的和被感知的存在就有一个自然的目的，即要成为、要包含人们所能设想的所有可能性，要成为 Weltall（世界整体）。我们世界的普遍性，不是根据其“内容”（我们远不能认识一切），不是作为记录的事实（被“知觉者”），而是根据它的构型，它的包含一切可能性而任何可能性又都重新归向其中的本体结构。因此，本质变更不会让我进入一种独立的本质秩序，进入一种逻辑可能中，它给我的不变是一种结构的不变，一个基础结构的**存在**，后者说到底，只在这个世界的 Weltthesis（世界论题）中才有其 Erfüllung（实现）。

可见者与不可见者的问题域

1960 年 1 月

原则：不将不可见者设想为另一种“可能的”可见者，或者对另一个人来说的一个“可能的”可见者：这将会摧毁使我们与之结合的骨架。此外，既然这个“将会看见”不可见者的“另一个人”，——或者他将要构成的这“另一世界”必然地与

我们的世界相连，那么真正的可能性就必然将重新出现在这种联结中——不可见者就在那儿，不是作为对象，它是纯粹的超越，283
没有存在者状态上的伪装。说到底，诸“可见者”本身也只是集中出现于一个缺席的内核之中。

提出如下问题：不可见的生命，不可见的共同体，不可见的他者，不可见的文化。

构建一种“另一个世界”的现象学，把它当作想象物和“隐匿者”的现象学的极限

知觉——运动——可感场的原初统一性——与肉身化同义的超越——内–存在论——灵魂与身体——性质的整合与分化——

1960 年 1 月

当我移动时，被知觉物就有明显的位移，这种位移是与它们的距离成反比的——离得越近移动越快——移动的幅度可以作为距离的标识。

要点：像几何光学所做的那样重构现象，从影像（它对应着这个或那个点）在视网膜上的角曲位移出发构建它是绝对人为的。我要忽视这种几何学，从现象上看，给予我的不是这一类的位移或非位移的系列，而是在这样或那样的距离上发生的事情之间的差异，是这些差异的整体，几何–光学分析所给出的点不是现象意义上的点，而是一些很小的结构、单子、形而上的点或超验性。如何命名这个 Veränderung（变化）和

Unveränderung（不变）的差异体系呢？事实上，像这样来形容它，像这样来描述它，就已经是以它在一个客观分析的空间上的投射来替代它了。事实上，运动、静止、距离、视大小等等，都只是透明环境（这个环境使我与事物本身分离）折射的不同标志，都只是这个内聚的肿胀的不同表达（**存在**就是透过这个肿胀来显示自己或隐藏自己的）。将这样或那样的距离标识所具有的潜能问题像心理学所做的那样提出来，就已经打断了世界
284 的结构性统一，并在秉持一种分离的态度了。对一种真正在现时看待知觉的“垂直”哲学来说，**世界**和**存在**是绝对首要的——

因此，对这同一种哲学来说，“局部的”现象（这里的 Veränderung[变化]，那里的 Unveränderung[不变]）就不需要被看作是实定的，不需要通过一种几何图式来表现它——在这种几何图式中，中性背景上的实定线条连接了那些实定的点。相反，这些线条中的每一条，这些点中的每一个都（通过差异化和客观化）来自于 Übergang（过渡）运动和掠过整个场的意向侵越。运动的绝对首要性，不是作为 Ortveränderung（位置变化），而是作为由机体本身建立的不稳定性（参梅耶[1]），作为由它组织，并因此由它操纵的波动。我的移动是事物的移动的补偿方式，因此也是理解和俯视事物运动的方式。从原则上说，任何知觉都是运动。而世界的统一性，知觉者的统一性，就是这种补偿性移动的活的统一性。在我的身体运动中有一个不动

① François Meyer, *Problématique de l’évolution*, PUF, 1954. ——编者注

的固定点（由眼睛的运动所补偿）；在该点的这一边，当我的头转动时有明显的对象的移动，在该点的那一边则有一些相反方向的明显移动；这两者或多或少是固定点之Unveränderung（不变）的变异（这来自于我的眼睛的移动补偿了我的头的运动）——固定点的固定性和在它这一边或那一边的东西的移动性都不是部分的、局部的现象，甚至不是一个现象集：它是一个唯一的超越，是唯一有梯度等级的差异（écarts）系列——要使超越、整个超越的样式存在，则视觉场的结构，连同它的近处、它的远处、它的视域都是不可或缺的。将我就（胡塞尔的）时间知觉所说的应用到空间知觉中去：胡塞尔的图示是时间性的分化漩涡的实定主义投射。[①]试图用意向线来构成场的意向性分析并没有看到：这种线是一个织体的流溢和理想化，是织体的分化。

如果人们恢复了对世界和存在的这种垂直－知觉的观点，285
就没有必要像神经心理学所作的那样，试图在客观身体中建构一整团隐匿的神经现象，而被客观地确定的刺激则由于这些现象而被转化到总体知觉中。同样的批评也适用于生理学的构建和意向性的分析上：这两者都没有看到，我们不可能用这些实证的术语和关系来建构知觉和被知觉的世界。这种尝试是实证主义的：用innerweltlich（世界之内的东西），用世界的特性来构造Welt（世界）的建筑术。这是一种这样进行的思想，就好像完全实定的世界已被给予，问题只在于使最初被看作并不实存的对于世界的知觉从这个世界中涌现出来。这是这样一个类

① 参前面第248页注释。——编者注

型的问题：为什么有对世界的知觉，而不是没有任何知觉。这是一种因果的、肯定主义、否定主义的思想。它从肯定者出发，被迫在肯定者中凿出一些空隙（作为空腔的机体，作为为己避难所的主体性），并自相矛盾地希望这些空隙成为装置，成为神经功能的配置……这是精卫填海（la mer à boire）。而这又引出了这样一个错误观念：我们只有这些复杂的操作活动的结果，我们处于一个我们对其一无所知的过程之海上。假设精神的唯一的 Weltlichkeit（世界性）属于由环环相扣的因果性构成的 Weltlichkeit（世界性）类型，属于在笛卡尔的 Blosse Sachen（纯粹的事物）之间进行统治的 Weltlichkeit（世界性）类型——这，就是人们［？］心理学过程（无意识的）或生理过程（大脑的"神秘"）。用迂回的方式批判弗洛伊德的无意识：就像应该回到现象中以便理解所谓的知觉"标志"的游戏那样——当人们重新发现世界等价物的明见性时，这种游戏就一下子变得清楚了——同样，也应该通过相当简单和没有任何隐秘的诸实存因素，重新发现我们与人类世界之间的准知觉关系，以理解多因决定，诸动机的含混性：这些实存因素就像所有的结构那样，只处在我们的行为和我们的目的之间，而不是在它们的后面——用下面这些术语重新描述整个人际间的生活，甚至是精神生活：精神的 Weltlichkeit（世界性），它的非孤立性，它和其他精神以及真理之间的联系也要被理解为一种空间－时间性建筑结构的分化。

一旦做完这些，就不再需要提出作为两种肯定性实体的灵
286 魂和身体的关系问题了，也不再需要引入一种迫使灵魂根据身体的装置运转、迫使身体向灵魂提供现成思想的"自然的机制"

了——也不再需要设想一种平行论了，这种平行论完全违背常理，因为它预先假定灵魂和身体各自包含着一个与现象或观念相联接的严格的连续系列。灵魂与身体的联系不再是平行论的（最终是在一个客-观的 [ob-jectif] 无限**存在**中的同一，而总体的身体和总体的灵魂则是这个存在的两种表达）——它也不是一种通过 [决定性的？] 效应连接两种各自自足的秩序的机制的绝对不透明——而是要被理解为凸起与凹陷、坚实的拱顶与它所导致的窍穴之间的联系，——在知觉中，在发生“在身体中”的东西和发生“在灵魂中”的东西之间没有任何对应（平行论或偶因论）可寻找：在物理世界中找有机体的严格对应物，或在有机体中寻找一种完整的微观因果解释是同样的悖理的。——灵魂栽于身体之中，就像木桩栽于土地中一样，在土地与木桩之间没有精确的对应性，——或者不如说，灵魂是身体的凹陷，身体是灵魂的凸起。灵魂附着在身体上，就像它们的含义附着在文化事物上一样，而灵魂是文化事物的反面或另一面——

但是这（充实或凹陷）还不够：因为观念论也这样说，而我们不是在同一个意义上说的。灵魂、为己是一个凹陷而不是一个空无，不是相对于一个将是充实和硬核的**存在**而言的绝对的非存在。他人的可感性是他们的感性身体的“另一面”。而这 nichturpräsentierbar（非原初呈现的）另一面，我可以通过他人的身体在我的可感身体之上的勾连猜出来，这种勾连不会将我掏空，不是我的“意识”的一种流失，而是相反地将另一个自我叠加给我。他人是通过这个身体的悬伸（porte à faux），通过我所见证的这个身体在一个 Verhalten（行为）中的投入以及它的内在变化而在（他人的）身体中诞生的。身体的配对，也就是说，它们的意向向着唯一的 Erfüllung（充实），向着唯一的墙（它们从两个侧面出发得以在那里遭遇）的调整，是潜在于对唯一的可感世界的考虑之中的，这个唯一的可感世界是所有人都可以参与的，并给予每一个人的。可见世界和通过侵越所发现的不可见世
287 界的唯一性，就像它通过对垂直**存在**的重新发现而自行呈现的那样，是“灵魂与身体关系”问题的解决之道。

我们在开始时就我的知觉作为整合－分化，就我之嵌于一个普遍的区分系统之上所讲的东西使我的肉身化不再成为一种“困难”，一种哲学之透明钻石上的瑕疵[1]，——而是使之成为典型的事实，成为我的创制性超越的本质勾连：如果我应该能够不对自己无知，那么一个身体就应该知觉到诸身体——

当胚胎的机体开始知觉时，并不是通过在己的身体创造了一个**为**己，并不是一个预先存在的灵魂降临到了身体中，而只是胚胎发生的漩涡突然集中在它所准备的内在凹陷中——某种根本的差异（écart），某种创制性的不一致出现了——这种奥秘类同于一个婴儿跌入了语言中开始牙牙学语那样，类同于一个缺席者突然到达，（重新）变得在场那样。缺席者也是属于在己的；不再列入“垂直的”凸起部分了[2]。正是在世界的普遍

① 此处“透明钻石上的瑕疵”（un défaut dans le diamant）典出瓦雷里的诗《海滨墓园》（Le cimetière marin）：“我的后悔和拘束，我的疑虑 / 就是你宏伟的宝石发生的裂缝”（卞之琳译文）（Mes repentirs, mes doutes, mes contraintes/ Sont le défaut de ton grand diamant）。在《知觉现象学》中，梅洛－庞蒂借用这同一个意象来比喻知觉，参 *Phénoménologie de la perception*, p. 240, Gallimard, 1945.——译者注

② 参弗洛伊德，哀悼。——作者注

结构中，——一切对一切的侵越、混杂的存在，——才找到了这个新的绝对生命所自来的源头。一切垂直性都来自垂直的**存在**——

应该习惯于理解："思考"（cogitatio）不是自身与自身的不可见接触，它是在与自身的这种亲昵性之外生活的，它是在我们面前，而不是在我们之中的，它总是离心的。就像我们重新发现了可感世界的场是内在－外在的那样（参开头：如对运动标记和动机之无限性的总体依附，如我对这个 Wetl[世界]的隶属），同样，也应该重新发现一个在自我与他人之间的分离的界面（作为人际间世界和历史的实在），它也是我们之联合的场所，是他的生命与我的生命之唯一的 Erfüllung（实现）。这个分离和联合的界面，我个人历史的诸实存要素正是走向它的，它是投射和内投的几何地点，它是不可见的结合点，我的生命和他人的生命围绕着这个结合点而彼此翻转，它是交互主体性的骨架。

人的身体 笛卡尔 288

1960 年 2 月 1 日

笛卡尔的人的身体的观念——作为非封闭的、开放的人，因为它受思想的支配——也许是灵魂与身体之联合最深刻的观

"哀悼"可能指弗洛伊德的《哀悼与忧郁》（Deuil et mélancolie）一文。——译者注

念。这就是灵魂介入一个并不属于在己的身体（如果它是在己的，它就会像动物的身体那样是封闭的）之中，这个身体只有通过在一种作为思想的关于“自身的观点”中实现自己才能是活的身体，人的身体——

胡塞尔：思想和历史性的 Erwirken（获得物）
思想的“垂直”观念

1960 年 2 月

胡塞尔：Gebilde（构成物）——其 Seinsart（存在方式）是 Gewordenheit aus menschlichen Aktivität（出自人类活动的生成物）——是在一种纯粹 Erwirken（获得物）中的 originär “erfasst”（原初领会）（芬克提供的关于“起源”的文本[①],未被卢汶拥有）

奇特的是：我所拥有的关于产生了我的思想、我的含义的意识与我对其“人类”起源的意识是一致的——正是作为进入不可见者之中的步伐，处于一切自然、一切**存在**之外，因而是彻底的自由，思想才是与人类活动相关的纽带——正是在我的绝对的非存在中我才与人重新相遇。人类是不可见的社会。正是通过其绝对孤独，自我意识才与他人的自我意识构成了一个

① Edmund Husserl, „Die Frage nach dem Ursprung der Geometrie als intentional-historisches Problem“, *Revue internationale de philosophie*, January 15, 1939, p. 209.

系统——

我不喜欢这些——这太接近萨特——但这设定了主动性－被动性之间的一种断裂，胡塞尔本人也知道，这种断裂并不存在，因为还有第二层次的被动性，因为每一个 Vollzug（实行）都是一个 Nachvollzug（再实行）（甚至是最初的：语言及其对先于任何 Vollzug[实行] 的一种 Vollzug[实行] 的意指），因为沉积是观念性存在的唯一方式——

我想在如下的意义上展开这一点：不可见者是可见者中的一个凹陷，是被动性中的一个褶折，它不是纯粹的生产。为此进行语言分析，指出在何种程度上它是准自然的位移。 289

不过严格地把握思想的 Erwirken（获得物）这种观念是恰当的：它是真正地属于空无，属于不可见者的——所有关于“概念”、“判断”、“关系”的实证主义旧货都被排除了，低沉的精神像水那样处于**存在**的缝隙中——不需要寻找精神的东西，有的只是空无的结构——我只想把这种空无植入可见的**存在**中，指出它是可见存在的反面——尤其是语言的反面。

就像应该重建垂直的可见世界那样，同样存在着关于精神的垂直观点，根据这种观点，精神不是由众多的回忆、意象和判断构成的，它是人们唯一能在判断和回忆中兑现的运动，但是它在唯一的集束中维持着判断和回忆，就像一个自发的词语包含其整个生成，就像手的一个单一的抓取包含着一整块空间那样。

本质——否定性

1960 年 2 月

我不把质量与数量对立起来，也不把知觉与观念对立起来——我在被知觉的世界中寻找意义之核，这种意义之核是不一可见的，但它完全不是绝对否定意义上（或在“理智世界”的绝对肯定意义上）的不可见者，而是在另一个维度性意义上的不可见者，就像深度是在高度和宽度后面被挖出来的，就像时间是在空间后面被挖出来的——另一个维度性从比如深度的零度出发被嫁接到前面的维度中。但是这个维度本身也是被包含在作为普遍维度性的**存在**之中的。

胡塞尔的本质变更与其不变项只是指**存在**的这些结合点，这些既可能通过性质也可以通过数量而被通达的结构——

为了研究每一种维度性在**存在**中的嵌入，——研究深度在
290 知觉中的嵌入，以及语言在沉默世界中的嵌入——

指出没有言语就没有本质变更：从作为本质变更之支撑的想象物出发，从作为想象物之支撑的语言出发指出这一点。

否定与概念问题
梯度

1960 年 2 月

否定性的问题就是深度的问题。萨特谈论一个不是垂直的而是在己的世界，亦即平面的世界，他这样谈论是为了一个作

为绝对深渊的虚无。在他那里最终是没有深度的，因为深度是无底的——对我来说，否定者并不意味着绝对地乌有，肯定者也不是（它们是同义词），这并不是通过诉诸存在与虚无的模糊“混合”，结构不是“混合”。我将萨特的终点作为我的起点，即被为**己**所占有的**存在**——这是他所达到的终点，因为他从存在和否定性出发，并建构它们的联合。对于我来说，是结构或超越在解释；存在和虚无（在萨特的意义上）是它们的两个抽象属性。对于一种内在存在论来说，是不需要建构超越的，作为以虚无为衬里的**存在**，它一开始就是超越，但是需要解释的正是它的两分（而且这种两分从来没有被完成）——描述结构，一切都在那儿，描述 Sein（存在）中的结构整合，描述作为赋予的意义的意义（我向某人说的话语的意义“落到了他的头上”，在他理解之前就占有了他，然后从他那里得到了回答）——我们处在作为**存在**之视域的人类中，因为视域是围绕着我们的东西，而我们同样是事物。但是视域，而不是人类才是存在——就像人类（Menschheit）那样，任何概念首先是视域、风格的一般性——当我们明白了可感者本身是不可见的，黄色可以构成基准面或地平线时，就不再有概念问题、一般性问题、观念问题——

在萨特那里，总是我在制造深度，挖掘深度，它制造了一切，291
并从内部关闭了我加之于我自己的监狱——

相反，在我看来，甚至最具特点的行为，甚至决定（一位共产主义者与党的决裂）都不是一个非存在在使自己存在（成为共产党员或非共产党员）——这些决绝的决定在我看来是含混的（如果我脱党了，那我就是共产主义运动之外的共产主义者，如果我再一次入党了，那我就是共产主义运动之内的共产主义者），这种应该被承认、应该被说出的含混性，当它将我们以前的选择或者以前的理论置于真和假之外时，它就和过去历史的不偏不倚属于同一类型。对我来说，真理就是这种对真理的超逾，就是这种其中还有好多种关系需要考虑的深度。

概念、含义是维度化了的个别者，是被明确表述的结构，没有关于这种不可见的结合面的视觉；唯名论是有道理的：含义只不过是被确定了的差异（écarts）——

梯度：不是线性存在，而是被结构化的存在。

“表象”行为与他者——意识与实存

1960 年 2 月

胡塞尔承认（*L. U.*[1]）：表象行为总是相对于他者而被建立起来的，——他者不能被还原为这种行为——意识首先被定义为认识——但是应该承认这种 Werten（评估）是原初的——

在一种意识哲学中，这是唯一可能的立场——

这种立场还保留在那些“从先验的观点”看待（例如）性
292 本能的未发表著作中吗？[2] 这不是意味着非表象“行为”（？）

① Edmund Husserl, *Logische Untersuchungen*, 1901-1902, Niemeyer-Halle, Édition remaniée en 3 vol.（1913 et 1922）. ——编者注

② 题为 *Universale Teleologie* 的未刊文本，被归在 E. III. 5 中，被

具有存在论的功能吗？然而它们如何与认识具有同等的权利呢——它们不给出“对象”，并且是 fungierende（运作性的），而非行为[①]？（就像时间）

事实上，《逻辑研究》的解决是暂时性的，与本质方法，亦即反思性的全能有关——这种方法对应着这样一个时期：彼时胡塞尔冷静地区分了作为 Wesen（本质）和 Tatsache（实事）的反思项和非反思项（运作着的语言与作为观念性的语言）——如果我们还停留在那个时期的话，“非对象化行为”的介入，它们的存在论功能就将是完完全全的意识颠倒，就将是非理性主义。

只要我们还在思考“意识”和“行为”，我们就走不出理性主义－非理性主义的两难困境——决定性的一步是，承认意识实际上是无行为的、fungierende（运作着的）意向性，承认意识的“诸对象”本身不是我们面前的实定的东西，而是先验的生命绕着其枢轴而转的诸含义内核，是一些特定的空无，——承认意识本身是一个为己的 Urpräsentierbar（原呈现者），而后者又作为为他的 Nichturpräsentierbar（无化着的原呈现者）被呈现出来，承认感觉行为是对那原则上是 Nichturpräsentierbar

---

译为意大利文并发表在 Tempo e Intentionalità, in *Archivio di Filosofia*. Organo dell' Istituto di Studi filosofici. Anton Milani ed., Padoue, 1960。——编者注

① 梅洛-庞蒂特别强调了胡塞尔那里两种意向性的区分：运作意向性与行为意向性，前者是更原初的、前反思的，而后者则已经是明确的、主题化了的（参 *Phénoménologie de la perception*, pp. XII-XIII）。此处对于“运作着的”和“行为的”区别亦与此有关。——译者注

（无化着的原呈现者）的 Urpräsentation（原呈现），是对超越者、事物、变成了“基准面”或维度的“感受质”（quale）的原呈现，——承认交错、意向的“侵越”是不可还原的，这引导我们去抛弃主体概念，或将主体定义为场，定义为被一个开创性的有所开启的诸结构的等级系统。

这种“意识”的改造随即就使非对象化的意向性不再处于从属性的或支配性的这种两难选择之中，就使情感性的结构与其他结构一样是创制性的：仅仅因为它们作为语言结构就已经是认知的结构了。不需要再问我们为什么除了“诸表象性感觉”之外还有各种情感，因为表象性感觉（就其“垂直地”嵌入我们的生命中而言）也是情感，它是通过身体而面向世界的在场，是通过世界而面向身体的在场，它是肉，而语言也是如此。**理性**也是在这个视域中的——与**存在**和世界的混杂。

293 **言语的哲学和文化的烦恼**

1960 年 3 月

一种言语的哲学具有这样的危险：要为书写的无限增殖辩护，——甚至要为前-书写的无限增殖辩护（工作笔记——胡塞尔的 Forschungsmanuskript[研究手稿]。他的 Arbeitsprobleme[研究问题] 的笔记——Arbeit[工作]：基于事实把握先验意识这样一种不可能的事业），——说而不知道在说什么的习惯、风格和思想的混淆等等。

不过，（1）事实上一直就是这样的——摆脱了这种丰饶性的活动就是“大学的”研究；

（2）有一个解决办法，就是不回到美国式的那种大学—分析方法——这将是回到问题的这一边——而是通过使自己面对事物而绕过那种大学分析方法。

过去的射线
世界的射线

1960 年 3 月

内心独白，——“意识”本身不被理解为一系列个人（可感的或不可感的）的我想，而是被理解为向总的构型或星丛的开放，向来自过去的射线和来自世界的射线的开放，在过去的射线和世界的射线的末端，通过许多布满空隙和想象物的“记忆之屏”，闪烁着一些几乎是可感的结构和一些个人的记忆。正是既应用于精神也应用于事物的笛卡尔式的观念化作用（胡塞尔）使我们相信我们是一道个体的 Erlebnisse（体验）之流，但我们却是一个**存在场**。甚至在现在，风景也是一种构型。

精神分析的“联想”实际上是来自时间和世界的“射线”。

例如，一只黄翅纹蝴蝶的记忆屏（弗洛伊德的狼人，第394 页）[①] 向分析揭示了与黄纹梨的关联，而黄纹梨则令人联想 294

① S. Freud, *Cinq Psychanalyses*, trad. fr., PUF, 1954.——编者注

到俄语中的格鲁莎（Grouscha），这是一位年轻女仆的名字。这里并没有三种记忆：蝴蝶——梨——“被联想到的”（同名）女仆。在颜色场中有某种特定的蝴蝶游戏，有蝴蝶和梨的某种特定的（动词的）Wesen（成其本质），——这个 Wesen 与格鲁莎的语言 Wesen 进行交流（根据语言的肉身化力量）——有三种通过其中心联系在一起的 Wesen，它们属于同一种存在的射线。此外分析还显示：女仆像蝴蝶展开双翅那样张开双腿。因此就有联想的*多因决定*——也许大体有效的是：只有当存在着多因决定时，也就是说存在着一种诸联系的联系，一种不可能是偶然的而是有着 ominal（预兆的）意义的藕合时，才会有联想起作用。沉默的我思只“思考”多因决定，亦即象征母体——多因决定性*总是*突然到来：真之回溯运动（＝理想的先在）（即：在胡塞尔看来，**言语**这一事实本身是对可命名者的召唤）总是为一种已知的联想提供其他理由——

以上所述可参日常生活的精神分析学——（参阅《精神分析五论》第 397 页：主体梦见一棵被人砍掉了侧枝的 Espe[山杨树]——但这是马蜂 [Wespe]——而他的起首字母是 SP——他是被阉割者——分析这种词语去势的运作，这种词语去势也展示了他的起首字母（多因决定）——进行阉割的主体不是一个了解真实并且切割真实的**思想者**。这是 SP 和阉割的侧面连接）——总的说来，弗洛伊德的*词语*分析看起来是不可信的，因为它们是在一个**思想者**中实现的。但它们不应该如此这般地被实现，一切都发生在非惯常的思想中。

“世界射线”的概念（胡塞尔——未刊稿）（或宇宙之线）

1960 年 3 月

这不是关于在我和视域之间的客观世界的一个切片的观念，也不是关于一个综合地组成的（根据一种观念）客观总体的观念，而是一个等值轴的观念——在这个轴上，所有能在那 295
儿相互遭遇的知觉都是等值的，但这不是相对于它们所认可的客观结论（因为在这一方面，它们是极其不同的）而言，而是因为它们全都处在我即时的视觉权力之下。

基本例子：所有的知觉都包含在我当下的我能之中——

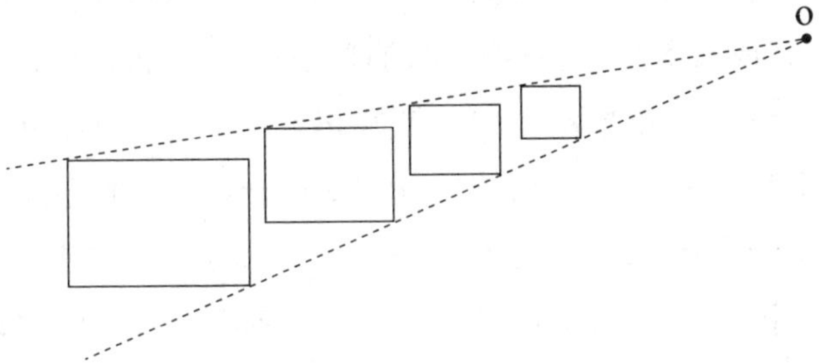

被看见的可能是近而小的对象或大而远的对象。

世界射线没有被表现在这里：我在此所画的是一系列“视觉图像”和它们的规则——世界射线既不是这种逻辑可能性的系列，也不是确定逻辑可能性的规则——（对象之间的关系）——这是一种目光，在其中，诸逻辑可能性是同时性的，是我之我能的果实——这甚至是对深度的视看本身——世界射线不接受一种意向相关项－意向活动的分析。这并不意味着它预设了人。它是**存在**的叶片。

“世界射线”不是综合，不是“接受”，而是分凝，也就是说，它意味着人们已经在世界上或存在中了。人们凿入一个仍处于其位的存在之中，但人们不构造这个存在的概貌，——而且这个存在也不是在己——

可见者与不可见者

1960年4月

本书的第二部分（我正开始撰写）伴随着我对作为不-可见的可见者的描述，应该导向在第三部分中与笛卡尔存在论的一种对立（完成对盖鲁的笛卡尔书的评论——读他的《马勒伯朗士》
296 一书——看《莱布尼茨》和《斯宾诺莎》）。这个对立由这样一个观念引导：笛卡尔＝精神的无 Weltlichkeit（世界性），精神被交给了一个超越思想的上帝——这开启了诸实体的交流的问题（偶因论、和谐、平行论）——我的描述，我对被知觉世界的平反及其对“主体性”而言的所有结果，特别是我对身体性和“垂直”**存在**的描述，所有这些将导向一种精神－身体、精神－精神之间的交流，导向一种 Weltlichkeit，后者不像在莱布尼茨那里那样只是被移位了的**自然**的 Weltlichkeit，在那里，微知觉和作为实测地图的**上帝**在精神一边重建了一种与**自然**的连续性对称的连续性。这种连续性甚至在**自然**中都不再存在，在精神这一边就更不存在了。然而，有着一种精神的 Weltlichkeit，精神不是孤立的。胡塞尔指出，精神是有距离的行为（记忆）处于其中的环境（该文发表在《国际社会学期刊》上[①]）在单子中对自然投射的莱布尼茨式公设（点状对应）是典型的“视觉图像”的公设，是“野性的”或被知觉世界的无意识。

“不可摧毁的”过去，和意向性分析，——以及存在论

1960 年 4 月

弗洛伊德的无意识观念和作为“不可摧毁的”、“非时间性的”过去的观念＝作为“Erlebnisse（体验）系列”的时间的共同观念的消除——有建筑学上的过去。参考普鲁斯特：真正的山楂花是过去的山楂花[②]——恢复这种没有 Erlebnisse、没有内在性的生命，——这就是皮亚杰确实不妥当地称作自我中心主义的东西，——事实上，它是“纪念碑式的”生命，是 Stiftung（创建），是始创性。

这种“过去”属于一种神秘的时间，属于时间前的时间，

---

① *Cahiers Internat. Social.*, vol. XXVII, juill.-déc. 1959, P.U.F., 1960. *L'Esprit collectif*, inédit de Husserl, traduit par R.Toulemond, p.128. ——编者注

② 普鲁斯特在《追寻逝去的时光》（或译《追忆逝水年华》）第一卷《去斯万家那边》中对童年时所曾见过的英国山楂花的盛景有过极其绚丽的描述，以致他最后说：“也许真实性本就是在回忆中形成的，我如今见到人家给我看的花儿，如果是以前没见过的，我总觉得那不是真花。”（见周克希译本，第 202 页，上海译文出版社，2004 年）——译者注

属于先前的，“比印度和中国还遥远”[1]的生命——

297 这方面的意向性分析价值何在呢？它告诉我们：任何过去 sinngemäss（按意义来说）都曾经是现在，也就是说它过去的存在奠基于一种在场——当然，这对它［？］是如此真实，以致它依然是现在。然而正是在这里有意向性分析所不能把握的某种东西，因为它不能上升（胡塞尔）到这种作为元意向的“同时性”（参芬克关于《遗稿》[Nachlass] 的文章[2]）。意向性分析暗含着一个绝对沉思的场所，意向性解释就从那里作出，这个场所能够包含现在、过去，甚至向未来开放——这是含义“意识”的领域，在这个领域中，没有过去－现在的“同时性”，而是有其差异（écart）的明见——相反，由胡塞尔描述并使之成为主题的 Ablaufsphänomen（进程现象）在自身中包含着完全不同的东西：它包含着“同时性”，过渡，nunc stans（瞬时的永恒），作为过去之守望者的普鲁斯特的身体性，沉浸入一个不能被还原为“意识”之“视角”的超越**存在**之中——它包含着一种意向的指涉，这种指涉不仅仅是从过去[3]指向事实的、经验的现在，而且也相反地从事实的现在指向维度的现在或 Welt（世界）或**存在**，在这里，过去是与狭义上的现在“同时的”。这种相互的意向指涉标志着意向性分析的限度：这是它得以成为一种超越哲学的点。每当意向指涉不再是从一种 Sinngebung（意

① 出自波德莱尔诗“苦闷与流浪”。——译者注

② E. Fink, „Die Spätphilosophie Husserls in der Freiburger Zeit“, in *Edmund Husserl (1859-1959)*, *Phaenomenologica*, 4. 1960.——编者注

③ 在“过去”一词上，作者在括号中注明“从属的”。——编者注

义给予）到一种引发它的 Sinngebung 的指涉，而是从一个“意向相关项”到一个“意向相关项”的指涉时，我们就会碰到这种 Ineinander（相互蕴涵）。实际上，正是在这里，是过去依附于现在，而不是过去的意识依附于现在的意识：“垂直的”过去在其自身中包含着已被知觉的要求，而不是被知觉的意识带有过去的意识。过去在这里已不再是 Bewusstsein von（对……的意识）的“改变”或模态化；相反，恰恰是 Bewusstsein von，被知觉者受到作为团块**存在**的过去的支撑。我曾知觉它，因为它曾在。胡塞尔的所有分析都被意识哲学强加给他的行为框架束缚住了。应该重启并展开运作的或潜在的意向性，这种意向 298
性是内在于存在中的意向性。这是与“现象学”不相容的，也就是说，是与这样一种存在论不相容的，后者迫使所有不是乌有的东西通过 Abschattungen（侧显）而自行呈现给意识，就好像是来自于一种原初的赠予（donation），而这个赠予则是一个行为，亦即一种处于其他体验之中的 Erlebnis（体验）（参阅芬克早先在现象学讨论会上对胡塞尔的批评[①]）。应被视作最初的，不是意识和带着其不同的意向之线的 Ablaufsphänomen（进程现象），而是这种 Ablaufsphänomen 所图式化的漩涡，是正在空间化—时间化的漩涡（它是肉，而不是面对一个意向相关项的意识）。

① E. Fink, 《L'analyse intentionnelle》, in *Problèmes actuels de la Phénoménologie*, Desclée de Brouwer, 1952. ——编者注

远距感应——为他的存在——身体性

1960 年 4 月

将被看的器官（波特曼[①]）——我的身体作为将被看的器官——亦即：知觉我身体的一部分，也就是把它知觉为可见的，亦即为他的。当然，它具有这种特点，因为，确实有某个人在看它——但是，如果刚刚提及的身体部分预先并不是可见的，如果身体的每个部分的周围没有一个可见性的光环，那么他人在场的这个事实本身就将是不可能的——然而这个非-现实地被看到的可见者并不是萨特的想象物：向着缺席者在场或者缺席者的在场。它是迫近者的在场，是潜在者或隐匿者的在场——参巴什拉所说：每个意义都有其想象物。

我的身体的这种可见性（对我而言，但也普遍地和卓越地
299 对他人而言），正是它制造了人们所说的远距感应（télépathie）的东西。因为只需要他人行为的一丁点提示，就足以激活可见

---

① A. Portmann, *Animal Forms and Patterns: A Study of the Appearance of Animals*, Londres, Faber and Faber, 1952 (Trad. Angl. De Tiergestalt). 作者将波特曼对动物机体的某些观点运用到人类身体上，尤其参 p.113 ：某些动物的身体模式“必须被当作一个与注视着的眼睛和中央神经系统相关的特殊指涉器官来进行评价。根据像从食物和消化器官的关系中获得的规则那般严格的规则，眼睛与要被看到的东西一起形成了一个完全适配的功能体”。——编者注

波特曼（Adolf Portmann, 1897-1982），瑞士动物学家和人类学家。——译者注

性的这种危险。例如一位女子通过不被察觉的迹象就感觉到她的身体被人欲求和注视，甚至无需她自己看到那些正在注视着她的人。在这里，“远距感应”是由于她先行于他人的实际知觉（被爱幻想），参《精神分析学与神秘学》[①]——人们感觉到自己被注视（颈项灼热），并不是因为有某种东西从目光传到了我们的身体中，并开始在被看的那个点上烧灼起来，而是因为感觉他的身体，亦即感觉其为他的一面。在这里，应该探求在何种意义上他人的感觉是被隐含在我的感觉之中的：感觉到我的眼睛，就是感觉到它们是被暴露于被看见的危险之中的——但是，这种关联并不总是像这样从看者到被看者，或者说从说到听的：我的手、我的脸也属于可见的。这种互逆性的情形（看者被看），（在紧紧握手时触摸到被触摸）是一种重要的和完美的情形，在其中有一种*准反射*（Einfühlung[同感]），Ineinander（相互蕴涵）；一般情况是一个为我的可见者与一个为我的可触摸者的调适，以及这个为我的可见者与一个为他的可见者的调适——（例如我的手）

’Eγω（自我）和 οὖτις（他人）

1960 年 4 月

我，真的就是无人（personne），就是匿名者；在任何对象

① Georges Devreux, *Psychoanalysis and the Occult*, Intern. Univ. Press., I. N. C., New York, 1953.——编者注

化之前，它就必定被如此命名，以便成为**行为者**（Opérateur），或者成为所有这些都要发生于其上者。被命名的**我**，被具名的**我**（Le Je dénommé, le dénommé Je），是一个对象。最初的**我**——被命名的我是它的对象化——是无名者，对于它，一切都供给它看，供给它思，对于它，一切都在发出吁请，在它面前……有某物。所以这是一种否定性，当然是不可切身把握的，因为它是乌有。

可是，这是在思考、推理、言说、争论、受苦、享乐的那个人吗？显然不是，因为这是乌有——那在进行思考、知觉等活动的，是这种通过身体向世界开放的否定性——应该通过身体，

300 通过与身体自身、言语自身的关系来理解反思性。说-听的二元性处在**我**的心中，它的否定性只是说与听之间的凹陷，是它们的等值得以形成的那个点——否定-身体或者否定-语言的二元性就是主体——身体、语言就像另一自我——我的身体和我之间的那个“我们之间”（米肖[①]）——我的双重性——这并不妨碍被动身体和主动身体在Leistung（成就）中融合——相互覆盖，成为非差异的——即使各种Leistung（成就）都被实现了（被激活的讨论等），这也总是给我留下“出离自我”的印象——

① 米肖（Henri Michaux, 1899-1984），法国诗人，画家。——译者注

可见者——不可见者

1960 年 5 月

当我说任何可见者（1）都包含着一个并不是在图形意义上可见的背景；（2）甚至就它所具有的图形的或具象的东西而言，它也不是一种对-象性的感受质（quale），一个被俯视的在己，而是在目光下滑动，或是被目光扫视，它是在目光的沉默中诞生的（当它从正面出现时，它是从视域上出现的，当它从侧面进入舞台时，它是“无声”的——在尼采说伟大的思想都是*无声地*诞生的意义上）——因此，如果我们借由可见者意指对象性的*感受质*，那它在这个意义上就不是可见的，而是 Unverborgen（无蔽）。

所以，当我说任何可见者都是不可见的时，说知觉是非知觉时，说意识有一个“punctum caecum”（盲点）时，说看总是比人们所看的看到更多时——不应该在一种*矛盾*的意义上来理解这些说法——不应该设想我在完美地被定义为在己的可见者之上加上了一个非可见者（这个非可见者只是客观的缺席）（也就是说*别处*的客观在场，在一个在己的*别处*中）——而应该理解为：是可见性本身包含着一种非可见性——在如下意义上而言：在我看的时候，我不知道我之*所看*（一个熟悉的人是不可界定的），但这并不意味着那里有*乌有*，而是说，这里所涉及的 Wesen（成其本质）是来自默示地被触及的世界射线的本质——被知觉的世界（就像油画那样）是我身体诸路径的整体，而不是诸时空个体的杂集——可见者之不可见性。这是它对于世界射线的隶属——有一种红色的 Wesen，它不是绿色的 301

Wesen；但这是一种原则上只有通过看才可通达的本质，一旦看被给予，它就是可通达的，因此就不再需要被思：看，就是这样一种不需要为拥有 Wesen（本质）而思的思——它 este（本质化）[①] 在红色中，就像对中学的回忆本质化在气味中那样 [②]——这个来自红色本身的能动的 Wesen（成其本质），或许可把它理解为在其他颜色之上，或在光亮之下的红色关节（articulation）。由此就明白红色在其自身中就有成为中性色（当它成为照明色时），成为维度性的可能性——这种成为中性不是将红色变成“另一种颜色”，这是红色通过其自身的绵延而产生的一种变化（就像一个图形或一条线对我视觉的冲击倾向于成为维度性的，并倾向于给眼睛提供一种空间弯曲的指示值）——而且由于存在着一种性质通过空间（透明性、恒定性）以及通过其他性质而产生的这样一些结构性的变化，因此，就应该明白，可感的世界是这种知觉逻辑，是这个等值系统，而不是一些时空个体的堆积。而这种逻辑既不是我们的心理物理结构的产物，也不是我们的范畴能力的产物，而是对一个世界的取样，而我们的范畴、我们的结构、我们的“主体性”则阐明了这个世界的内在骨架——

① 参前面第 256 页脚注。——编者注

② 暗指海德格尔《形而上学导论》，Niemeyer, ed., Tübingen, 1953, pp. 25-26. Trad. fr., *Introduction à la Métaphysique*, coll. Épiméthée, P.U.F., 1958, p. 42.——编者注

亦可参前文第 154 页脚注。——译者注

“意识”的盲点（punctum caecum）

1960 年 5 月

意识没有看到的东西，是出于原则的原因而没有看到它，这是因为它意识到它没有看到。意识没有看到的东西，就是那在意识中准备了对其余者之视觉的东西（就像视网膜对于在其上布满纤维而使我们得以有视觉的点是盲的一样）。意识没有看见的东西，就是那使它能看见的那个东西，就是它对**存在**的依附，就是它的身体性，就是世界由之而成为可见的诸实存要素，就是对象在其中诞生的肉。意识不可避免地是神秘的、倒 302
置的、间接的，原则上它是通过另一端来看事物的，原则上它不知道**存在**，它偏爱对象甚于**存在**，也就是说它更偏爱一个它已与之分离的**存在**，它通过否认这种否定而越过这种否定并设定了那个**存在**——它不知道在它之中的**存在**的非-隐、Unverborgenheit（无蔽）、非中介化的在场（这种在场不属于实定之物，它是远距离的存在）。

世界之肉——身体之肉——存在

1960 年 5 月

世界之肉，描述为（关于时间、空间、运动）分凝、维度性、连续性、潜在性、侵越性——接着，再次探究这些问题－现象：它们把我们遣回到知觉者－被知觉者的 Einfühlung（同感）中去，因为它们意味着，我们已经处在被如此描述的存在中，我们属于这个存在，在它和我们之间，有 Einfühlung（同感）。

这意味着，我的身体是用与世界（它是一个被知觉者）同样的肉做成的，还有，我的这种身体之肉也被世界所分享，世界反映我的身体之肉，世界侵越到我的身体之肉上，我的身体之肉侵越到世界之上（被感觉物既充满了主体性，也充满了物质性），它们进入了一种逾越或跨行的关系中——这还意味着：我的身体不仅仅是被知觉者中的一个被知觉者，它是一切的测量者，是世界之所有维度的 Nullpunkt（零度）。比如，它不是各种运动物或驱动物中的一个运动物或一个驱动物，我意识不到身体相对于我而言的远离活动，当事物被移动时，身体则 sich bewegt（自己运动）。这意味着某种“反身性”（sich bewegen），身体由此而在己地自行构成——同样地，它自己触摸自己、自己看自己。由此，它又能够触摸或看某物，也就是说能够向着事物开放，在这些事物中（马勒伯朗士）它识读自己的变化（因为我们没有灵魂的观念，因为灵魂是一种没有与之相关观念的存在，一种我们之所是、我们所不见的存在）。自己触摸自己，自己看自己，“通过感觉得到的认识”——

303 身体的触摸自己和看自己需要根据我们就看和可见者、触摸和可触摸者所说的来理解，也就是说这不是一个行为，这是一个面向……的存在。因此，触摸自己、看自己就不是将自己作为对-象来把握，而是面向自身开放，是致力于自身（自恋主义）——因此也不是抵达自己，相反是逃避自己，忽视自己，所涉及的这个自身是属于差异（écart）的，因而是 Verborgen（遮蔽）的 Unverborgenheit（去蔽），于是它不再是被隐匿的和潜在的——

人们所感觉的感觉，人们所看到的看，并不是关于看或者感觉的思想，而是视看，感觉，一种喑哑意义的喑哑经验——

准“反身”的重叠，身体的反身性，它触摸到自己在触摸、看到自己在看的事实，不在于在被联结者后面突然发现一个联结活动，不在于将自己重新置于这种创制性的活动中；自我知觉（黑格尔所说的自我感觉）或者对知觉的知觉并不把它所把握的东西变成对象，并不与知觉的创制性源头重合：事实上，我并没有完全成功地在触摸到自己在触摸，看到自己在看，我对正在知觉的我所具有的经验没有超出某种迫近，它止于不可见者，只是这种不可见者是它的不可见者，也就是说是它的镜像知觉的反面，是我从镜子中所得的我的身体的具体视觉的反面。自我知觉仍然是一种知觉，也就是说它给了我一个 Nicht Urpräsentierbar（无化着的原呈现者）（一个非-可见者，自我），但它是通过一个透明的（即作为潜在）Urpräsentierbar（原呈现者）（我的触觉或视觉表象）而将这个无化着的原呈现者给予我的——对于我来说，我的不可见性不在于我可能是一个精神、一个“意识”、一种肯定的灵性，一个作为意识的实存（即作为纯粹的自我显现），而在于我是这样一个人：（1）拥有一个可见的世界，亦即一个维度性的和可分享的身体；（2）亦即一个为自己的可见的身体；（3）因此，最终拥有一个面向自身的在场，而这种在场又是自身之缺席——探究朝着中心的进展不是从被条件制约者朝着条件的运动，不是从被奠基者朝着 Grund（基础）的运动：所谓的 Grund（基础）就是 Abgrund（无基础）。但人们由此发现的深渊却不是这样的缺乏基础，它是从一个被高处所维系的 Hoheit（高贵）（参海德格尔《通向语言之途》[1]）中涌现出来的，也就是说从一种来到世界的否定性中涌现出来的。

304 世界之肉不是通过身体之肉来解释的，或者，身体之肉也不是通过否定性或寓于其中的自我来解释的——这三个现象是同时的。

世界之肉不是像我的肉那样自我感觉的——它是可感的而不是能感的——不过我还是称它为肉（如米肖特实验中的起伏、深度、生命等[2]），以便说它是诸可能性的完形（prégnance），是 Weltmöglichkeit（世界可能性）（作为这个世界之变体的诸可能世界，在单数和复数的世界之下的世界），所以它绝不是对-象；blosse Sache（纯然之物）的存在方式不过是对它的一种局部的和次要的表达。这并不是物活论（hylozoïsme）：相反，物活论是概念化——是在解释性的存在者领域内对我们肉身在场经验的虚假主题化——我们说到底是通过世界之肉来理解本己的身体的——世界之肉，就是被看到的**存在**，亦即，是一个卓越地被知觉（*percipi*）的**存在**，正是通过世界之肉，我们才能够理解知觉（*percipere*）：这种我们称作我的身体的被知觉物把自己应用到其余的被知觉者之上，也就是说，将自己

---

① *Unterwegs zur Sprache*, Neske ed., Tübingen, 1959, p. 13.——“语言是：语言。语言说。如果我们听任自己掉入这个命题所指示的深渊，我们也不会掉进空无，我们会落在一个高处，其高贵会开启一种深度。”——编者注

参中译本《在通向语言的途中》，第 3 页，孙周兴译，商务印书馆，1997 年。——译者注

② 参前面第 232 页脚注。——编者注

当作一个被自己所知觉的，并由此又能知觉的；最终，这一切之所以可能，这一切之所以意味着某种东西，只是因为有**存在**，不是那种自身同一的、在黑夜中的在己**存在**，而是也包括着它自己的否定，它的*被知觉者*（*percipi*）的那种**存在**——参柏格森所说：我们在设定诸“形象”的同时已经给予自身以意识了，因此我们无需在“有意识的”活物层面上推导意识，这种活物并不比形象的世界更多，而是*更少*，它是诸形象的集中化或者抽象化——这完全不意味着要这样在意识面前实现意识。这就是为什么我们说，对我们来说，最初的不是对诸“形象”的弥散的“意识”（弥散的意识是乌有，因为柏格森解释说只有通过不确定性中心和身体的“暗室”才有意识[①]），而是**存在**。

形而上学——无限 305

世界——Offenheit（敞开）

1960 年 5 月

世界和存在：

---

① 从文本上来看，柏格森先说：“各种有生命的存在在世界中构成了诸‘不确定的中心’”……他在后面又明确地指出：“如果我们思考世界中任何一个地方，我们都能说，所有物质的作用都能毫无阻拦、毫无损耗地通过其中，在那里，整体的照片是半透明的：它缺乏一个形象得以显现的黑色屏幕。我们的‘不确定区域’在某种程度上将起到屏幕的作用。” *Matière et Mémoire*, 10 éd., Alcan, Paris, 1913, pp. 24, 26-27.——编者注

它们的关系就是可见者与不可见者之间的关系（潜在性），不可见者不是另一个可见者（逻辑意义上的“可能性”），一个只是缺席的肯定者。

不可见者是原则上的 Verborgenheit（遮蔽），亦即可见者之不可见性，是 Umwelt（周围世界）而不是 Unendlichkeit（无限）的 Offenheit（敞开）——Unendlichkeit（无限）从根本上说是在己、对-象——对于我来说有可能成为问题的“**存在的无限**”是运作的、起作用的有限：Umwelt（周围世界）的敞开——我反对经验意义上的有限、有各种限制的事实的实存，这就是为什么我赞成形而上学。但是形而上学并不比在事实的有限中更多地在无限性中。

作为文学的可感者的哲学

1960 年 5 月

科学的心理学认为，对于作为现象的性质没有任何可说的东西，认为现象学“在极端的情况下是不可能的”（布莱松[①]），

---

① François Bresson,《Perception et indices perceptifs, in Bruner Bresson》, Morf et Piaget, *Logique et Perception*, Et. Epistem genet., IV. Bibl. Scient. Intern., PUF, 1958, p.156.——“现象学的描述在极端情况下是不可实现的，是无法表达的内在经验。因此，它就不再是任何交流和任何科学的对象，只需要承认这种经验的实存就够了，无需更多地操心它。”——编者注［布莱松（François Bresson, 1921-1996），心理学家，认知科学专家。——译者注］

（然而即使是在科学的心理学中，如果我们不谈论现象，那我们谈论什么呢？各种事实在此除了唤醒沉睡的现象外，没有其他的作用）——事实上，感受质（quale）看起来是不透明的、无法表达的，就像生命对于一个不是作家的人来说并无什么启示一样。可感者则相反，对于是哲学家的人（也就是说作家）来说，它就像生命一样，是一个总是盈溢着可说之物的宝藏。正如每个人都发现作家就生命和感觉所说的是真的，而且在自身中重新发现了这些东西，同样，现象学家也被那些说现象学是 306
不可能的人所理解和利用。事情的底蕴是，如果人们不是哲学家或作家，可感者确实不会提供任何可说的东西，但这不是因为可感者是一种不可描述的在己，而是因为人们不知道如何言说。关于真之"回溯性实在"的问题——它源于这个事实，即世界、**存在**是多态性的、神秘的，根本不是一个平面的存在层或在己的一个层。

"视觉图像"→"世界表象"

Todo y Nada（**全和无**）

1960 年 5 月

把对视觉图像的批判普遍化为对 Vorstellung（"表象"）的批判。

因为对视觉图像的批判不只是对实在论或对观念论（综观）的批判——而主要是对实在论和观念论给予事物和世界的存在意义的批判。

也就是说**在己**存在的意义——（在己无关乎那独自给予其意义的东西：距离、差异 [écart]、超越、肉）

然而，如果对“视觉图像”的批判就是这个，那它就已被普遍化为对 Vorstellung（表象）的批判了：因为如果我们与世界的关系是 Vorstellung（表象），那么“被表象的”世界就具有了**在己**存在的意义。比如说，他人为自己表象世界，也就是说对他来说有一个内在对象，它不在于任何地方，它就是一种观念性，在它之外，实存着世界本身。

我想做的，是将世界恢复为绝然不同于“被表象者”的**存在**的意义，也就是说，恢复为任何“表象”都不可穷尽却又为所有表象所“触及”的垂直的**存在**，野性的**存在**。

这不仅仅可以应用于知觉，也可以应用到有关述谓真理和含义的世界中。在此也应该将（野性的）含义设想为完全不同于**在己**和“纯粹意识”的东西——将（述谓的－文化的）真理设想为这种（先于单数和复数的）**个体**，各种赋义行为就在这个个体之上相互交错，而且它们是它的片断。

307 此外，（自然和文化）这两个平面的区别是抽象的：在我们中的一切都是文化的（我们的 Lebenswelt[生活世界] 是“主观的”）（我们的知觉是文化－历史的），在我们中的一切也是自然的（甚至文化也栖息于野性**存在**的多形态之上）。

存在的意义有待于揭示：问题在于指出：存在者层次上的各种 Erlebnisse（体验）、“感觉”、“判断”，——（对-象、“被表象者”，简言之，一切**心理**和**自然**的观念化），所谓实定的心理“实在”（它们是充满间隙的，“孤立的”，没有本己的 Weltlichkeit[世界性] 的）的陈词滥调事实上都是在存在论的织体中，在“精神的身体”中的抽象切分——

存在是这样一个“场所”，“意识的各种样式”就作为**存在**的结构化活动（一种在社会中思考自己的方式就被隐含在其社会的结构中）被铭刻于其中；在这里，**存在**的所有结构化活动都是意识的样式。在己－为己的整合不是在绝对意识中形成的，而是在混杂性的**存在**中形成的。对世界的知觉是在世界中形成的，真理的验证是在**存在**中进行的。

萨特与古典存在论

萨特总是假设存在着历史的**总体化**，——这是他的“虚无”的反映，——因为乌有，为了“面向世界存在”，应该依托于“全体”。

触摸－触摸自己
看－看自己
身体，作为自身的肉

1960 年 5 月

触摸与自己触摸自己（自己触摸自己＝被触摸的触摸者）。它们不会在身体中重合：触摸者从来不完全就是被触摸者。这并不意味着它们“在精神中”或在“意识”层面上重合。要使这种结合得以产生需要有不同于身体的某种东西：它是在不可触摸者之中产生的。我永远触摸不到的他人的不可触摸。不过，我所不能触摸的东西，他人也不能触摸，在这里，自我相对于他人没有任何特权，因此，不可触摸的就不是意识——“意

308 识”可能是实定的东西，对于它可能重新开启，也确实重新开启了反思者与被反思者的二元性，就像触摸者与被触摸者的二元性那样。不可触摸者不是事实上不可通达的可触摸者，——无意识不是事实上不可通达的表象。这里的否定不是一种*在别处的肯定*（一个超越者）——这是一个真正的否定者，亦即，一种 Verborgenheit（遮蔽）的 Unverborgenheit（去蔽），一种 Nichturpräsentierbar（非原初呈现）的 Urpräsentation（原初呈现），换言之，一个*在别处*的原发性，一个是**他者**的 Selbst（自身），一个**凹陷**——因此，说触摸－被触摸的结合是通过**思想**或**意识**来实现的没有任何意义：**思想**或**意识**是身体性向着……**世界**或**存在**的 Offenheit（敞开）。

不可触摸者（也是不可见者[①]：因为同样的分析可以用于视觉：对立于我的自看的东西，首先是事实上的那个不可见者（对于我来说就是我的不可见的眼睛），然而越过这种不可见者（其空隙被他人和我的一般性填满），有一个原则上的不可见者：我不能看到自己在运动，不能见证自己的运动。然而，这种原则上的不可见者其实意味着 Wahrnehmen（知觉）和 Sich bewegen（自己运动）是同义词：正是由于这个原因，Wahrnehmen 从来没有与它想把握的 Sich bewegen 相结合：它是另一种自己运动。然而，这种失败，这种不可见者正好证明了 Wahrnehmen 是 Sich bewegen，这里有一种失败中的成功。Wahrnehmen 没有抓住 Sich bewegen（对于我来说，即使在运

① 这里的括号没有闭上：该段接下来的部分是探讨不可见者的。——编者注

动中，我仍然是零运动，*我没有离开我*），恰恰是因为它们是同质的，而这个失败就是这种同质性的证明：Wahrnehmen 和 Sich bewegen 一个从另一个中涌现出来。某种通过绽-出（Ek-stase）而实现的反射，它们是同一簇（touffe）。

触摸，就是自我触摸。要理解为：事物是我的身体的延伸，而我的身体是世界的延伸，通过这种延伸，世界包围了我——尽管我不能触及我的运动，这种运动却完全是在与我的接触中被编织的——应该将自我触摸和触摸理解为互为反面——寓于触摸中的否定性（我不能降低这种否定性的重要性：正是它使得身体不是经验事实，并使得身体有了存在论的含义）。触摸之不可触摸者，视看之不可见者，意识之无意识（它的中央盲点，这种盲让它变成了意识，也就是说间接而*逆向地*抓住了所有事 309
物）是可感**存在**的*另一面或反面*（或另一种维度性）；我们只能说它就在*那儿*，尽管确定地有它*所不是的*一些点——它是通过投入另一维度性中的在场，一种具有“双重背景”的在场而在那儿的。肉、Leib（身体）不是*自我触摸*（“触感”）的总和，但也不是触感＋“运动觉”的总和，这是一种“我能”——如果身体图式不是这种*自身与自身*的接触，它就将不是*图式*（毋宁是*非差异*）（面向……X 的共同表象）。

世界之肉（“感受质”）是我之所是的这种可感**存在**与在我之中被感觉（se sent）的其余一切的未分化状态，是快感－实在的未分化状态——

肉是*镜子现象*，镜子是我与我的身体关系的延伸。镜子＝事物的一个 Bild（图像）的实现，我－我的影子的关系＝一种（动词的）Wesen（成其本质）的实现：事物之本质、**存在**之薄皮或其“**显象**”的萃取——触摸自己、看自己，就是从自身中取得这样的镜像片断。也就是说，显象与存在的分裂——这种分裂已经在触摸中发生（触摸与被触摸的二元性），它连同镜子（**自恋**），只是对**自我**的更深依附。世界在我之中的视觉投射不应被理解为事物－我的身体的内部－对象关系，而要被理解为影子－身体的关系，动词意义上 Wesen 的共同体，因而，最终是“相似”现象、超越。

视看－触摸的差异（écart）（不是可重叠的，一个世界悬伸于另一个世界之上）要被理解为实存于每一感觉内部的悬伸状况的最显著的一种，它把感觉构成为“eine Art der Reflexion”（一种反身性的艺术）。

人们会说，这种差异只是由我们的有机组织、由具有这样一些阈限的这样一些感受器的在场造成的，如此等等……

我不说反对的话。我所说的是，这些事实没有解释力。它们用不同的方法说明了一种存在论的层次，它们无法通过将这个存在论的层次并入物理因果性的单一平面来消除这个层次，因为对于我们的身体之所是的“奇点”的构成不存在物理学的说明（参梅耶[①]），因此也没有我们的感性学——

310 现象学在此就是要承认这一点，即那个理论上完全的、充分的物理解说的世界其实并不如此，因此，应该将我们对可感存在和人的经验的总体视作终极的、不可解释的，进而视作世界本身。世界本身：也就是说应该把科学和实证心理学作为**在己**之 absque praemissis（无条件的）碎片来对待的东西翻译成

① 参前面第 284 页脚注。——编者注

知觉的逻辑。

触摸－自我触摸
（事物
本己的身体）
看－自看
听－自听（无线电广播）
理解－言说
听－唱

脉络的统一性
前对象——

触摸＝进行触摸的运动和被触摸的运动

为了阐明 Wahrnehmen 和 Sich bewegen，指出任何 Wahrnehmen 只有在成为运动的**自我**的条件下才能知觉。

本己的运动，对一个事物－主体的证明：一种就像事物的运动那样的运动，但这是我做出的运动——

从这里出发，以便将语言理解为我思的基础：语言对于我思就像运动对于知觉那样。指出运动是肉身性的——正是在肉身（le charnel）中，才有**运动**与其“自身”（米肖特所描述的运动的**自身**）连同 Wahrnehmen 的关系。

可见者与不可见者

1960 年 5 月

不可见者是：

（1）并非实际可见的，但可能存在的东西（事物隐藏的和非实显的方面——隐藏的、位于“别处”的事物——“这里”和“别处”）

311 （2）与可见者相关，但不是像事物那样可以被看见的东西（可见者的各种实存因素，它的诸维度、其非-具象的内在骨架）

（3）只在触觉或运动觉等方面实存的东西

（4）λέκτα（意谓，所说的东西）[①]，我思

我不是在不-可见者（l'in-visible）的范畴下逻辑地统一这四个层次的——

这是不可能的，首先基于简单的理由，即可见者不是一种客观的实定者，所以不可见者也不可能是一种逻辑意义上的否定——

这里涉及的是一种否定－指涉（……的零度）或差异（écart）。

这种否定－指涉是所有的不可见者共有的，因为可见者已被定义为**存在**的维度性，也就是被定义为普遍的，因此，所有事实上不是其组成部分的东西必定被包含在其中，并只是同样的超越的一个样态。

---

① 参前面第 121 页注释。——译者注

不可见的可见者

1960 年 5 月

可感者、可见者对我来说应该是谈论何谓虚无的契机——

虚无不比不可见者多（也不比它少）。

从对总体哲学的一种谬误分析出发，这种哲学相信可见者是客观的在场（或者是这种在场的观念）（视觉图像）

这就引出了作为在己的感受质（quale）的观念

指出感受质总是某种特定的潜在性

萨特说在非洲的皮埃尔的形象只是皮埃尔的存在本身的一种“体验方式”（manière de vivre），是他的可见的存在，可能有的唯一存在——

其实，这是和自由形象有所不同的东西：这是某种知觉，一种远距知觉——

应该将可感者和可见者定义为不仅是我事实上通过实际的视觉与之相联系的东西，——而且也是我接着能够对之有远距知觉的东西——因为被看到的事物就是这些“形象”的 Urstiftung（原创建）——

像 Zeitpunkt（时间点）一样，Raumpunkt（空间点）是一个**定在**（Être-là）的一劳永逸的 Stiftung（创建）。

312 **历史，先验地质学，历史时间，历史空间。 | 哲学**

1960 年 6 月 1 日

与一种历史哲学，如萨特的历史哲学（它最终是一种个体实践的哲学——在这种哲学中，历史是这种实践与惰性的“被加工物质”相遇，是本真的时间性与那凝固它的东西相遇）相对立的哲学，无疑不是一种地理哲学（无论将个体实践与空间性在己的相遇看作轴心，还是将它与惰性物的相遇看作轴心，无论是由空间中介化的“个人之间的关系”，还是由时间中介化的个人之间的关系，都是徒劳的）——而是一种结构哲学，它在与地理的联系中实际上比在与历史的联系中能更好地形成自己。因为历史过于直接地与个体实践，与内在性联系在一起，它过多地隐藏了它的厚度和它的肉，以至于不容易把整个个人的哲学重新引入它之中。相反，地理或毋宁说，作为 Ur-Arche（元－挪亚方舟）的**地球**阐明了肉身性的 Urhistorie（元历史）（胡塞尔的《颠覆》[①]）。事实上，问题在于把握联结（nexus）：既非“历史的”，也非“地理的”联结，而是历史和先验地质学的联结，是我通过对可见者和肉的分析将会发现的这种作为空间的时间，这种作为时间的空间，是时间和空间的同时的 Urstiftung（原创建），正是这种原创建使得有了历史的风景，有了历史的准地理的铭写。基本问题：积淀和再激活。

---

① *Umsturz der Kopernikanischen Lehre: die Erde als ur-Arche bewegt sich nicht* (inédit)。——编者注

肉——精神

1960 年 6 月

将精神定义为身体的另一面——我们对于那不伴生着一个身体、不是建立在这块土地上的精神没有任何观念。

“另一面”意味着，身体由于它有了这另一面，所以就不可 313
以用客观的语言和在己的语言来描述了——这个另一面真的是身体的另一面，它溢出身体（Ueberschreiten[超越]），侵越到身体之上，隐藏在身体中，——同时它又需要身体，并终止于身体中，扎根于身体中。有一个精神的身体和一个身体的精神，以及两者之间的一种交错。这另一面不应像在客观的思想中那样，在同一个投影图上的另一种投射的意义上来理解，而是要在 Ueberstieg（超越）的意义上来理解，它是身体向着一种深度、向着一种不是广延维度的维度性的超越，是否定者向着可感者的超越。

对于这样一种哲学来说，最重要的概念是肉的概念，肉不是客观的身体，也不是被灵魂思考为属于它的身体（笛卡尔），它是人们所感觉到的东西和在进行感觉的东西这双重意义上的可感者。人们感觉到的东西＝可感物，可感世界＝我的能动身体的关联物，即“回应”身体的东西——进行感觉者＝如果不将一种唯一的可感者设为取自我的肉，是对我的肉的取样，我就不能设定这种可感者，我的肉本身是可感者之一，所有其他可感者都记录在这种可感者之中，我的肉是可感的轴心，所有其他的可感者都参与到其中，我的肉是可感者－钥匙，是维度性的可感者。我的身体处于一切事物之所是的最高点：一个维度性的这一个。它是普遍的事物——然而，当事物只有在一个场中被接收才变成诸维度时，我的身体就是这个场本身，亦即，一个自身就是维度性的可感者，作为普遍的测量者的可感者——我的作为可感者的身体和我的作为能感者的身体的关系（我所触摸的这个身体，正在触摸的这个身体）＝被触摸的存在浸入正在触摸的存在中和正在触摸的存在浸入被触摸的存在中——感受性，它的 SICH-bewegen（自己运动）和它的 SICH-wahrnehmen（自己知觉），它到达自身——一个有其周遭、是这种周遭之反面的自身。在进一步的分析中，我们将会看到，重要的是运动中的反身者（refléchi en bougé），在其中，能触摸者总是处于把自身把握为可触摸者的边缘，却没有把握到，他只能在一种有中才实现这一点——wahrnehmen-sichbewgen（知觉－自己运动）的相互蕴涵就是思想－语言的相互蕴涵——肉是这整个的循环，而不仅仅是内在于时空性地个体化了的这一个之中。此外，时空性地个体化了的这一个是
314 一个 Unselbständig（非自立者）：只有各种（动词性的）成其本质的辐射，没有空间时间的不可分。可感物本身是由超越来承载的。

指出，哲学作为探究（亦即，作为围绕着这一个和在那儿的世界、围绕着一个凹陷、一个问题的设置，在这种设置中，这一个和世界必须自己说出它们之所是，——也就是说，不是作为对语言之不变项、对词汇之本质的探寻，而是作为对沉默之不变项、对结构的探寻）只能在于指出世界如何从并非虚无的存在之零度出发而被勾连起来，也就是说，在于把自己置于

存在的边缘，既不在为己中，也不在在己中，而是在连接处，世界的多个入口就在那儿交汇。

看者——可见者

1960年11月

在何种意义上才是确切的可见者？——我所见之我从来就不是严格意义上的看者，无论如何不是即时的看者——而是属于可见者的看者（可见的看者），它处在可见身体之各种符号的虚线的（对另一个人来说是可见的）延伸中，——说真的，即使对于另一个人来说，它真是严格意义上的作为看者的可见者吗？——不是在如下这个意义上，即它总是处在另一个人所见之物的*后面一点*——说真的，既不在后面，也不在前面，——也不在另一个人看的*地方*。

它总是比我看到的地方，比另一个人看到的地方，比我所是的看者所在的地方*更远一点*——*落在*可见者之上，像一只鸟衔住可见者那样，而不是*在它之中*。然而与它处于交错中——

触摸－被触摸也是如此。这种结构实存于一个单一的器官中——我的诸手指的肉＝它们中的每一个都既是现象的手指又是客观的手指，手指的外部和内部处于互逆中，呈交错状，是主动性和被动性的耦合。一者侵越到另一者之上，它们处于真实的对立关系中（康德）——是手指的局部*自我*：它的空间是能感－被感的。

不存在看者与可见者的重合。但每一个都借鉴了另一方，

315 都占有或侵越另一方，与另一方交织，与另一方呈交错状。在何种意义上这多重的交错只构成了唯一的交错：不是在综合、综合的原初统一性的意义上，而总是在 Uebertragung（传输）的意义上，在侵越，因而是存在之辐射的意义上——

事物触摸我，就像我触摸事物和触摸自己一样：世界之肉——不同于我的肉：外部与内部的双重铭写。内部接收而没有肉：不是“心理状态”，而是内-身体的，是我的身体呈现给事物的外部的反面。

在何种意义上看者和可见者是同一个：既非在观念性，也非在真正的同一性意义上的同一个。是结构意义上的同一个：同样的内在骨架，同样的 Gestalthafte（格式塔特性），“同一个”存在之另一维度的开启意义上的同一个。

自我－世界之预先存在的统一，世界和它的各部分，我的身体的各部分，分离之前、多维化之前的统一，——甚至时间的统一——不是那种意向活动－意向相关项的建筑结构，一个设定在另一个之上，彼此相关却并未成功地统一：而是首先有它们通过非-差异的深层联系——这一切都显示在：可感者和可见者中。一个可感者（甚至是外在的）包含了这一切（正是它构成了所谓的综观、知觉的综合）——

看者－可见者＝投射－内投。它们两者应该是同一个织物的抽象。

此外，看者－可见者（对于我、对于其他人）不是某一种心理之物，也不是一种视觉行为，而是一种视角，或更恰当地说：带着某种一致的变形的世界本身——交错，前定和谐的真理——比之更准确：因为它处于个别－局部的事实之间，而交织把在分化过程中被预先统一在一起的诸总体像正面和反面那样联系在一起。

总而言之，由此得出的世界不是客观意义上的一个或两个世界——它是前个体的，一般性——

语言与交错

梦 316

想象物

1960年11月

梦。梦的另一个舞台——

哲学中不可理解的东西，它把想象物加在实在物之上——因为这样一来就只需要理解所有这一切是如何属于同一个意识的——

从身体出发来理解梦：作为没有身体、没有"观察"的向世存在，或更恰当地说，带着一个没有重量的想象的身体的向世存在。通过身体想象物来理解想象物——因此就不是理解为对于观察有用的虚无化，而是理解为**存在**的真正的Stiftung（创建），而观察和勾连的身体则是这种创建的特殊变体。

——在梦中，交错还剩下些什么呢?

在外部可感者的内部复本是内在的意义上，梦是内在的，在所有不是世界的地方，梦都在可感者一边——这就是弗洛伊德所说的那个"舞台"，那个"剧场"，即我们梦幻般的信仰之所在，——而不是“意识”及其想象性疯狂。

梦的（以及焦虑的、整个生命的）“主体”，就是人们（on），亦即，身体作为被围困者（enceinte）。——

（这就是）我们要走出的围困，因为身体是可见的，是“某一种反思”。

交错——可逆性

1960 年 11 月 16 日

言语确实应该是作为沉默进入儿童之中的，——透过沉默并作为沉默（亦即，仅仅作为被知觉的事物——Sinnvoll[充满意义的] 词语与被知觉的词语的差别）而径直钻入儿童之中——沉默＝应得言语的缺席。这个丰产的否定者是由肉，由它的开裂建立的——否定者，虚无就是身体的一分为二，就是身体的两页，就是一个勾连到另一个之上的内部和外部——虚无，毋宁是诸同一者的差异——

317 可逆性：从里面翻出的手套的手指——不需要一个站在两边看的观察者。我只需要从一面看与手套的正面相接的反面，我只需要通过另一面来触及这一面（从场的一个点或一个面看到的双重“表象”）。交错就是这：可逆性——

只有通过可逆性，才有从“**为己**”到**为他**的通道——事实上并没有实定的自我或他人，实定的主体性。他们是两个洞口，两个开口，两个舞台，某种事情将要在其中发生——所有这两者都属于同一世界，属于**存在**的舞台。

没有**为己**和**为他**。它们一个是另一个的另一面。这就是为什么它们彼此融合：投射－内摄——我面前的某种距离处就有这条线，这个界面，而我－他人、他人－我的转化就在那里进行——

唯一给定的轴——手套指头的一端是虚无，——但这是人们能够倒转的虚无，在那儿，人们就看到了事物——否定者真正所在的唯一"场所"就是褶折，是内和外相互贴敷，是翻转的点——

交错　我－世界
　　　我－他人——

我的身体－事物的交错，是通过我的身体一分为二成为内部和外部——以及事物的一分为二（它们的内部和外部）来实现的。

正是因为有了这两种一分为二，才可能有：世界嵌入我的身体的两页之间，我的身体嵌入每一个事物和世界的两页之间

这并不是人类学主义：通过研究这两页，我们应该能够发现存在的结构——

从这里出发：不存在同一，也不存在非同一，也没有非重合性，存在的是相互倒转的内部和外部——

我之"中心的"虚无，就像频闪螺旋点那样，即人们不知道在哪儿，即"无人"——

我—我的身体之交错：我知道这个，即一个[确定的？]身
318 体是 Wahrnehmungsbereit（预备好知觉的），它是自行呈现给……的，是向临近的观察者敞开的，是有负载的场——

肯定、否定、否定之否定：这一面，另一面，另一面的另一面（l’autre que l’autre）。我带到同一和他者问题中的究竟是什么？就是这个：同一（le même）就是他者的他者（l’autre que l’autre），同一性（l’identité）就是差异的差异——这（1）没有实现扬弃，即黑格尔意义上的辩证法；（2）它是通过侵越、厚度、空间性而现场实现的——

1960 年 11 月

主动性：被动性——目的论

交错，可逆性，是这样一种观念：任何知觉都伴生着一种反知觉（康德的真正对立），是双面的行为，人们不再知道究竟是谁在说，谁在听。说—听的循环性，看—被看存在的循环性，知觉—被知觉存在的循环性（是它让我们觉得知觉是在事物本身中自行形成的）——主动性＝被动性

当人们思考虚无，亦即乌有是什么时，这一点是不言而喻的。这个乌有如何是主动的、有效的呢？如果主体性不是虚无，而是虚无＋我的身体呢？主体性的活动怎么会不受身体目的论（téléologie）的支持呢？

那么，面对目的论（finalisme），我的处境如何呢？我不是目的论者，因为身体的内在性（＝内页和外面的契合，它们

的相互折叠）不是由这两页的组合所制成的实际某物：它们从来就不曾分开——

（我对进化论的观点提出质疑，我在下面的意义上用可见者的宇宙论来代替进化论，即思考内时间和内空间对我来说不再是起源问题，或界限问题，也不是走向第一因的事件系列的问题，而是一个一直都在的**存在**之唯一爆炸的问题。描写这个来自诸“世界射线”的世界，它超出了任何永恒系列或理想系列的两者择一——提出实存的永恒性——永恒的身体）。

我不是目的论者，因为存在着开裂，而不是某个人——通过身体的目的性——的肯定的产生，我们的知觉和我们的思想将会拓展这个人的目的论的组织。 319

人不是身体的目的，有机的身体也不是组成部分的目的：毋宁说，人是每次进入一个新开启维度之空白中的附属物，在下者和在上者相互吸引，就像高和低那样（这一面－另一面关系的变体）——说到底，我把高－低区分引入了漩涡之中，在这种漩涡中，高－低区分和这一面－另一面的区分结合在一起，而这两种区分又融入了作为**存在**的普遍维度性（海德格尔）。

除了肉身、图形和背景以外没有其他的意义——意义＝它们的脱节，它们的吸引（这就是我在 *Ph.P.* 中称之为“溢出”[échappement] 的那种东西[①]）。

① *Phénoménologie de la perception*, p. 221.——编者注

梅洛-庞蒂在该处写道：“在人这里，一切都是人造的，一切又都是自然的，因为就像我们想要说的，没有一个词、没有一种行为不把某种

政治——哲学——文学

1960 年 11 月

交错的观念，也就是说，与存在的任何联系同时是占有和被占有，占有就是被占有，占有就是铭刻，并被铭刻在他所占有的那个存在中。

从这里出发，构造一个哲学观念：它不可能完全地和主动地被占有，智性的拥有，因为存在着那有待被把握的东西就是一种剥夺——它不是在生命之上的、悬在上面的。它是在下面的。它是在所有领域中对占有者与被占有者之同时性的经验。它之所说，它的含义，都不是绝对的不可见者：它通过词语让人看到。就像所有的文学一样。它并不置身于可见者之反面，它同时是两面。

所以，在哲学或先验与经验之间（更恰当地说：在存在论层次和存在者层次之间）没有绝对的差异，——没有绝对纯粹的哲学语言。比如，当涉及一个宣言时，就没有纯粹哲学的政治，也没有哲学的严格主义。

320 不过，哲学并不直接就是非哲学——它抛弃非哲学中实证主义的东西，好斗的非哲学——后者以更好地遵循历史为借口，把历史还原为可见者，并正好剥夺了历史的深度：非理性主义、

东西归功于人的单纯生物性的存在——但与此同时，由于某种溢出，由于一种模棱两可的特性（它们可用来规定人），又没有一个词、没有一种行为不摆脱了动物生活的简单性，不把它们的方向转向了生命行为。”——译者注

Lebensphilosophie（生命哲学）、法西斯主义和共产主义，它们确实有哲学意义，但这些意义是向它们自身隐藏的。

想象物

1960 年 11 月

对萨特来说，想象物是否定之否定，是一个虚无化在其中被用于其自身的领域，由此又等同于存在的肯定，尽管它绝对不是存在的等价物，尽管真实的、超越的存在的一丁点的碎片都会立刻削弱想象物。

因此，这假设了一种双边分析：作为观察的知觉，没有任何“缝隙”的严密织物，以及单纯或即时的虚无化的场所。

作为自身否定之场所的想象物。

对萨特来说，存在和想象物都是“对象”，“存在物”。

对我来说，它们都是元素（在巴什拉的意义上），也就是说，不是诸对象，而是一些场，是顺服的、非正题的存在，是存在前的存在，——而且包含着它们的自动－铭写。

它们的“主观关联项”，是它们的组成部分。Rotempfindung（对红的感觉）是 Rotempfundene（感觉到的红）的组成部分——这不是重合，而是自知其如此的开裂。

自然

1960 年 11 月

“自然处于第一天”：它今天还处于第一天中。这并不意味着：作为回归的原初未分化和重合的神话。

Urtümlich（原始），Ursprünglich（起始）不属于从前。

关键是要在现在，世界之肉（而不是在过去）中，找到一个“历久弥新”和“始终同一”者——一种处于睡眠状态的时间（即柏格森的最初绵延，它是历久弥新和始终同一的）。可 321
感者、**自然**超越了过去与现在的区分，从内部实现了从一个到另一个的过渡。实存的永恒性。不可摧毁的、野蛮的**本源**（Principe）。

对**自然**做一个精神分析：就是肉，母亲。

一种肉的哲学是一个条件，没有这个条件，精神分析就仍停留在人类学阶段。

在何种意义上，在我眼前的可见风景不是外在于时间的其他时刻和过去，并综合地维系于它们，而确实是同时地在它身后，在它内部拥有它们，而不是它和它们并列“在”时间“之中”？

时间与交错

1960 年 11 月

从我们将时间理解为交错的时刻起，时间之某一点上的 Stiftung（创建）就能够在心理上毫无“连续”、毫不“保留”、无需虚拟“支撑”地被传送到其他的时间点上。

这样一来，过去和现在就是 Ineinander（相互蕴涵），每一个都是囊括着的被囊括（enveloppé-enveloppant），——这本身就是肉。

1960 年 11 月

可感者的肉浆和它的不可定义性只不过是“内在”和“外在”在可感者中的融合，只不过是自身与自身在厚度中的接触——“可感者”之绝对性，就是这种稳定的爆发，亦即包含性的回返。

（我的身体－可感者）各种循环性之间的关系不会导致在诸“层次”间的关系或在线性次序间的关系所产生的难题（也没有内在－超越的二者择一）。

在《观念 II》中，胡塞尔“梳理”、“澄清”了那纠缠在一起的东西

交错和 Ineinander（相互蕴涵）的观念与任何使问题变得 322
不可理解的梳理性的分析观念相反——这与问题的意义本身相关，而这个问题不要求陈述式的答案——

问题在于创造一种新的可理解性（通过如其所是的世界和存在而产生的可理解性，——“垂直的”而非水平的）。

知觉的沉默
沉默的言语，没有明确表达的含义但却充满意义——语言——事物

1960 年 11 月

知觉的沉默＝铁丝构成的对象，我说不出它是什么，也不知道它有多少个面，等等，不过它确实在那儿（按照在此受到反驳的萨特的观点，这正是可观察者的标准，——而按照涉足知觉问题的阿兰的观点，这是想象物的标准）——

有一种与此类似的语言的沉默，也就是说，一种并不比这种知觉包含更多的被激活的赋义行为的语言——而且这种语言仍在起作用，而且正是它创造性地参与到了一本书的构造之中——

“他人”

1960 年 11 月

令人感兴趣的，不是为解决“他人问题”而采取的迂回办法——

这是对这个问题的变形。

如果我们从可见者和视觉，从可感者和感觉出发，我们就获得了一种全新的“主体性”观念：不再有各种综合，而是有一种通过其各种转调和起伏而与存在的接触——

他人不再是从外面看就像命运和宿命那样的一种自由，一个与主体相匹敌的主体，他被拖进了那将他与世界联系在一起的循环之中，就像我们自己这样，进而他也处于那将他与我们联系在一起的循环之中——而且这个世界对于我们来说是共同的，是交互世界——而且有一种普遍的可传递性——甚至自由也有其普遍性，是被当作普遍性来理解的；主动性不再是被动 323
性的对立面

由此得出肉身性的联系，这种联系既来自下面又来自上面和细微之处。缠绕

由此得出主要问题＝不是在从无之中创造共同处境，共同事件＋通过过去的介入这个意义上构成共同的东西，而是在说的意义上构成——语言——

他人是一个凸起，就像我是一个凸起一样，而不是一个绝对垂直的实存。

身体与肉——
爱欲——
弗洛伊德主义的哲学

1960 年 11 月

对弗洛伊德主义的肤浅解释：他是一位雕刻家，因为他是

肛欲期的，因为粪便已经成了黏土、制作，等等。

然而，粪便不是原因：如果粪便是起因，那么每个人都是雕刻家

只在当主体以这样一种方式经历它们，以便在其中发现一种存在的维度时粪便才造成了一种性格（Abscheu[厌恶]）——

问题不在于更新经验主义（粪便赋予了儿童的某种性格）。问题在于理解，在儿童那里，与粪便的关系是一种具体的存在论。要从事的不是一种实存主义的精神分析，而是一种存在论的精神分析

多因决定（＝循环性、交错）＝任何存在者都能作为**存在**的标记来强调（＝性格）→应该这样来解读

换言之，肛欲期的存在没有解释任何东西，因为要成为肛欲期的，就应该有存在论的能力（＝将一个存在作为**存在**的代表来对待的能力）——

因此，弗洛伊德想要指出的，不是这些因果性的链条；而是从一种与具有混杂性、可传递性的**存在**相接触的多形态或无形态出发，通过沉浸入某一向**存在**开放的**存在者**（Étant）中，而使某一种“性格特征”固定下来——这种“性格特征”自此以后就经由该**存在者**而形成了

324 因此，弗洛伊德的哲学不是身体的哲学，而是肉的哲学——

本我，无意识，——以及（相关的）自我要从肉出发被理解

当我们不再将心理－学的这些概念（知觉，观念，——情感，愉悦，欲望，爱情，**爱欲**）思考为实定项（或多或少具有“精神的”厚度），从而不将它们思考为诸否定项或否定性（因为这将带来同样的困难），而是将它们思考为那唯一的且浑然未

分的存在的各种分化（也许是各种“边饰”），而这个**存在**就是肉，这时心理－学的整个概念建筑，所有这些术语的陈词滥调就突然被照亮了——于是，一些问题，如舍勒的问题（如何理解意向物和它横贯地与之交错的情感之间的关系，如何理解一种横贯地与快乐与痛苦的波动交叉的爱→人格主义）就消失了：因为不存在各种秩序，或层次，或层面（总是建立在个体－本质的区分之上）的等级，而只有每一事实的维度性和每一维度的事实性——这依据了“存在论差异”——

在世界中的身体。
镜像——相似性

1960年11月

在可见者中的我的身体。这不仅仅意味着：我的身体是可见者的一部分，在那里有可见者，在这里（作为那里的变体）有我的身体。不。我的身体是被可见者包围着的。这不发生在我的身体只是其点缀的一个平面上，身体真的是被包围的，被笼络的。这意味着：它自己看自己，它是一个可见者，——而且它看到自己在看，看到身体在那的我的目光知道它在这里，就在自己的旁边——这样，身体就挺立在世界面前，世界也挺立在它的面前，在它们之间有一种拥抱关系 。而且，在这两个垂直的存在之间有的不是一种边界，而是一个接触面——

肉＝这个事实：我的身体是被动－主动的（可见者－看者），是在己的团块和动作——

世界之肉＝其 Horizonthaftigkeit（视域的粘连性）（内部和外部视域）围绕着在这两个视域之间的严格可见者的薄膜——
325 肉＝这个事实：我所是的可见者是看者（目光），或者，它具有一个内部（这是一回事），再加上这样一个事实，外面的可见者也被看到，也就是说，它延伸到我的身体的内部，而我的身体则构成了其存在的一部分。

镜像、记忆、相似性：基本结构（事物与被看之物的相似性）。因为这是直接来自于身体－世界关系的结构——映像相似于被映现者＝视觉始于事物之中，某些事物或事物的配对呼唤视看——指出：我们的所有表达和精神的概念化都借鉴自这些结构，例如：反射。

“垂直的”与实存

1960 年 11 月

萨特：圆不是不可解释的，它可以通过一条直线绕着其尾端的旋转得到解释[①]——但这个圆又并不实存——实存是不可解释的……

我称之为垂直者的东西，就是萨特称之为实存的东西，——不过它对他来说马上就变成了使世界出现的虚无的闪耀，成了为己的活动。

① 出自萨特的小说《恶心》（*La Nausée*），可以参中译本《厌恶及其他》（郑永慧译）第 227 页，上海译文出版社，1986 年。——译者注

事实上，圆实存着，而实存并不是人。当我不仅仅考虑圆—对象，也考虑这个可见的圆，考虑任何理智的发生、任何物理因果性都无法解释，并且有我尚未认识的各种特性的这个圆的面貌时，循环就实存着，且不可解释。

应该唤醒的就是这整个“垂直的”场。萨特的实存不是“垂直的”，不是“直立的”：它肯定切割了诸存在的平面，它相对于这个平面来说是横贯性的，不过正因为它太有别于这个平面了，所以我们能说它是“直立的”。这个受到重量威胁的实存是直立的，它走出了客观存在的平面，但并非没有随身拖着它曾带入存在平面中的所有敌意和善意。

身体总是“从同一面”呈现自己——（原则上如此：因为这明显地与可逆性相背）。

这是因为*可逆性*不是触摸和被触摸的现实*同一性*。可逆性是它们的原则同一性（总是缺失的）——不过这不是理念性， 326
因为身体并不简单地是诸可见者之中的一个事实的可见者，它是可见者–能看者，或目光。换言之，诸可能性的织体（它把能看的身体交给外在的可见者）维持着它们之间的某种间距（écart）。但这种间距不是*空无*。它恰恰被肉充满而成为一种视看涌现的场所，一种带有主动性的被动性——同样，外在可见者与身体之间的间距也是如此，它构成了世界的填充物。

说身体总是从同一边呈现自己（或：我们总是处在身体的某一边——身体有一个内部和一个外部），这是错误的描述，因为这种单边性不简单地是对身体现象的事实抵抗：它有一个存在的理由：身体的单边表象是为使身体成为看者，亦即，为使它不是诸可见者之间的一个可见者的条件。它不是一个被截肢的可见者。它是可见者－原型（visible-archétype），——如果它是一览无余的被俯视者，它就不可能成为这样的可见者。

笛卡尔

1961 年 3 月

研究前方法论的笛卡尔，各种 *spontaneae fruges*[①]（自发的产物）这种“总是先于习得者的”自然思维——以及研究后方法论的笛卡尔，即第六沉思后的笛卡尔，他在对世界做了方法论的探索之后，生活在世界之中——灵魂和身体的“垂直的”笛卡尔，而不是 intuitus mentis（精神直观）的笛卡尔——研究他选择其模型（如光线等）并最终超越这些模型的方法，研究理性秩序之前和之后的笛卡尔，**我思**之前的**我思**的笛卡尔，他总是知道自己在思考，具有一种终极性的，不需要被阐明的知识——询问这种自发思维的明见性、sui ipsius contemplatio reflexa（自身的反思观照）由什么构成，询问这种拒绝去构成**心理**（Psyché）意味着什么，比任何构成都要清晰而且是他所依赖的这种知是什么。

① 出自笛卡尔《指导心灵的规则》之“规则四”。——译者注

笛卡尔——Intuitus mentis（精神直观） 327

1961 年 3 月

Intuitus mentis（精神直观）的定义建立在与视觉类似的基础上，它本身被理解为关于一种未分化的视觉物的思想（工匠们所看到的细节）。——对“大海”的把握（作为“元素”，而不是作为个体事物）被思考为不完善的视看，由此产生了分明的（distincte）思想的理想。

对视觉的这种分析有待被彻底地重新思考（它假设了成问题的东西：事物本身）——它没有看到视觉是远距－视觉（télé-vision），是超越，是不可能性的结晶。

接下来，对 Intuitus mentis（精神直观）的分析也要重新进行，没有思想所不可分的东西，没有单纯的自然——单纯的自然，“自然的”知识（我思的明见，比人们所能加于它之上的任何东西更加清晰），这种知识要么完全被把握，要么根本不被把握，所有这些，都是思想的“图形”，而没有考虑到“背景”或“视域”——只有当人们通过对 Sehen（看）的分析开始时，“背景”或“视域”才是可通达的——和 Sehen（看）一样，Denken（思）不是同一性，而是非差异，不是区分（distinction），而是最初之看的清晰（clarté）。

肉

1961 年 3 月

奇怪的是，说身体是看者，这只不过是说，它是可见者。当我探询，我说是身体在看意味着什么时，我只发现，在看的行为中，身体是“从某处”（从他人的视点——或者：从我的镜子中，比如在具有三个面的镜子中）看到的可见者——

更确切地说，当我说我的身体是看者时，在我对此具有的经验中就有某种东西，它奠定并宣告了他人对之所具有的视景，或者镜子给出的关于它的视景。也就是说，对于我来说，身体原则上是可见者，或者至少它属于我的可见者是其碎片之一的那种**可见者**，亦即就如下意义而言，我的可见者转向它，以便
328 “理解”它——可是，如果不是因为我的可见者完全不是我的“表象”而是肉，亦即，如果不是因为我的可见者能够拥抱我的身体，能够“看到”它，那我如何知道这一点？——正是首先通过世界我才被看到或被思考。

我的计划：I. 可见者
II. 自然
III. 逻各斯

1961 年 3 月

我的计划应该呈现为与人道主义没有任何妥协，此外也与自然主义，最后也与神学没有任何妥协——问题正在于指出，

哲学不再能根据这种划分进行思考：上帝、人、造物，——这是斯宾诺莎的划分。

那么，我们就不像笛卡尔那样 ab homine（从人）开始（第一部分不是“反思”），我们不在经院哲学的意义上看待**自然**（第二部分不是在己的**自然**，关于**自然**的哲学，而是对人－动物性交缠的描述），我们也不在**圣言**（Verbe）的意义上理解**逻各斯**和真理（第三部分既不是关于逻各斯，也不是关于意识目的论，而是对拥有人的语言进行研究）

应该将可见者描述为透过人得以实现的某种东西，但这完全不是人类学（所以反对马克思－费尔巴哈 1844[①]）

自然作为人之另一面（作为肉，而不是物质）

逻各斯也作为在人之中自行实现者，但它完全不是人的属性。

因此，我们将要达到的历史观完全不像萨特的历史观那样是伦理的。它更接近于马克思的历史观：**资本**作为事物（不是像萨特所呈现的那样，作为局部经验调查的局部对象），作为历史的“神秘”，表达了黑格尔逻辑的“思辨的神秘”。（商品作为“拜物教”的 Geheimnis[神秘]）（任何历史的对象都是拜物教）。

被加工的物质－人＝交错

① 这里指的显然是马克思的《1844 年经济学哲学手稿》，在该书中马克思明确表明自己是朝着费尔巴哈所开辟的唯物主义方向发展的。——译者注

《工作笔记》索引

1959 年 7 月

1959 年 8 月

1959 年 9 月

1959 年 10 月

1959 年 11 月

1960年11月

1960年12月

1961年3月

编后记

一位亲人或朋友的逝去，即使有时在意料之中，仍然会令 337
人如坠深渊。而当这种死亡没有任何预兆地向我们展露时就更是如此，我们既不能把该事件归咎于疾病，也不能归咎于高龄，也不是由于某种可见的周遭局势，尤其是，他去世之际正处于这样一个活跃的时刻，我们已经习惯于把我们的思想归结于他的思想，在他那里寻找我们所缺少的力量，并将他归入我们事业的最可靠的见证者之列。这就是莫里斯·梅洛-庞蒂的突然去世，这就是他的人格魅力，所有那些因友谊而与他联系在一起的人都因这一死亡带给他们生命的震惊而经历了这种不幸的苦涩真理。然而，在这样一个时刻，还是应该让他们听到一个已经静默下来的声音，这个声音总是带着个人的语调临到他们那里，它似乎一直就在言说，而从来没有停歇。

中断的话语把我们抛入了一种奇特的静默中——在这种静默中，我们忘记了这位作家的去世，而这只是为了通过另一条道路回到死亡中。这部作品已告结束，只是因为在它里面的一切都已经说了，我们突然地面对它的在场。尽管我们觉得，这个结束过早地到来，但这种遗憾丝毫不会影响这样一个明见性：作品是在它被合上的时刻诞生的。从此它就是它所说的一切，没有别的；是只与它自身相关的充实言语，它只栖息在它自身中，在那里，它抹去了对其起源的记忆。作家离去了，从此以后我们只能读他的作品了。我们把我们的期待安置在他的作品中，而不在他本人中。这是一种深刻的转变，因为我们并不怀疑，
338 期待和耐心就足以使这部作品中包含的、铭刻在它之中的意义来到我们这里。现在，一切都在诱发这种意义，甚至包括那些我们认为最有争议的思想，因为，它们也以它们的方式教导我们话语的真理。昨天，我们还以为，这位作家只是回答了我们向我们自己提出的那些问题，或者只是表达了我们在世界的共同处境中出现的那些问题。处于其目光尾端的事物，是与我们所看到的事物或我们从我们的位置所能看到的事物一样的。他的经验显然是独特的，但它是在与我们自己的视域同样的视域中发展起来的，得益于对传统真理的同一种拒绝和对未来的同一种不确定性。无论在我们的眼中他拥有什么样的威望，我们都清楚地知道，他的职能没有赋予他任何权力；他只是冒着给现在还没有名称的东西命名的危险，他的脚下出现的道路，也和我们着手前行时在我们脚下开启的道路一样。所以我们带着惊奇发现了他的作品，这种惊奇源于某种全新的东西，但在面对我们最赞赏的东西时，我们从来也没有放弃我们的某种保留意见，当我们不太确定它们让人思考的是什么，或它们会在我们身上展开什么样的结果时，当我们意识到作者自己也不知道他会走到哪一步时。不是要成为他的比肩者，我们接近他，因为我们在投身于同一个时代中时，都受制于同一种世界节奏，

都同样的缺乏支撑。一旦这部作品与其作者不再有更多的联系了，在它和我们之间就产生了新的距离，我们就成了另一种读者。不是说我们的批判权力变弱了。我们将有可能辨识其中的不确定、空隙、不一致，甚至是矛盾，总之，那些观念的变化和它们的产生对我们来说就触手可感了，比如，我们可以评估那将最后的文字与早年的著作区分开来的差异。但批评并没有让人怀疑作品的实存，它还是进入作品的一个手段，因为我们所观察到的这种运动，这些偏离（écarts），甚至这些矛盾都是从属于作品本身的。作品自身包含的晦涩与那些其意图毫无遮掩地显示出来的明晰段落同样重要。更一般地说，在作品中没有任何东西不在谈论它自身，不在表明它的同一性——它所陈述的东西，它在沉默中进行的东西，其命题的内容和它的风格， 339
它奔向其目标的坦率风格和它的迂回或离题之言。所有引人注意的一切都指示了通向作品的一条道路，这同样是通向作品之所是的入口。

当作家去世后，读者从何处看到这种目光的改变呢？作家的经验现在已经变成作品，它唯一的功能不再是去阐明那使它得以形成的现实。无疑，作品仍然是一个中介，我们在它之中寻找一条通达现在和过去的世界之入口的道路，我们向它学习如何评判我们的认识使命；然而，这个中介有这样一个独特之处，它从此以后就成了它所引向的世界的一部分。作者已经撤退的作品成了其他作品中的一部，成了我们的文化环境中的一部分，并促使我们相对于它而界定自己的处境，因为它只有在它的各种视域中才有其意义，并且当它呈现了其意义的某种独特形象时，它也使之如此这般地向我们呈现。这是一种因其自身而实存的事物，当然，如果它不在作家中有其源泉的话，它就将什么也不是；而如果读者对其不再感兴趣，它也将被忘记，然而，作品并不完全取决于作家和读者，作家和读者也取决于作品，因为对作家之所是的记忆只有通过作品才能延续，而人们只有在他让自己被作品所引导而走向作品曾一度确定下来的思想领域时才能发现作品。这一事物在作家探究过的精神世界的中心赢得了其本己的空间（就像我们在他之后也将探究那个精神世界一样），它与那个精神世界有着千丝万缕的联系，它朝着过去和未来的所有方向辐射光线，最后，只有当它证实自己是一种既没有起源也没有终点的思想的变调，是在一种总是重新开始的话语内部的勾连时，它才获得其真正的意义。因此作品生活在外部。就像自然事物一样，就像历史事实一样，作品是一个在外部的存在，它激起同样的好奇，要求同样的关注，同样的目光探索，以其唯一的在场允诺一种秩序的意义，这种秩序不同于封闭在陈述中的含义所在的秩序。它不像其余一切那样属于世界，因为它只是为了命名所是者以及使我们与之相联系的
340 纽带才实存。但在命名的同时，它相对于事物的在场而改变了自己的在场，它向事物假借了其客观性：它将自己印在了它所表达的东西中。我们被迫在作品中看世界，只是因为在作品将所有的事物都转变成被思考之物时，思想就与事物缔结了条约，它承载了它们的重量，任自己被它们的运动、绵延和外在性所捕获，而且只有通过与自己的起源相断裂，它才将事物据为己有。无疑，这种断裂在每部作品被写完时就已经显露出来，但只有在思想者不再在那里时才彻底完成。因为自此以后，那些刻画

了其生命的事件、那些属于其个人历史的事件——私人历史（读者总是知晓其中的某一件事，因为哪怕对其自身最谨慎的作家也不可能完全成功地遮掩它），或者关于其活动、发现、与同代人的瓜葛的历史——和那些属于公共历史的事件（在其失去我们赋予它们的那种历史有效性时，我们还在承受这些事件的后果）不再指引人们的目光，进入轶闻参考的状态，以便让位于只保留了这些事件之意义的作品的现实。被剥夺了其旧有的形象和旧有的权力，它们被记录在一种新的时间性中，开始为一种新的历史服务；被转变为它们的意义，它们从此以后就与我们知道同样地生活于过去作品深处的另一些事件维持着一种谜一般的对应关系；被改变成普遍的力量，它们使一个没有明确的日期和地点标示的存在领域处于其支配之下。

这样，事物从世界的隐退就伴随着对它们进行思考的思想者的隐退，而作品只有根据这双重的缺席才实存。当所有的事物变成思想和所有的思想变成事物时，它似乎突然就将整个存在引向自身，并只凭其自身，就使自己成为意义的源泉。

说作品比作者活得更长，说当作品的未完成性被遗忘时，我们就只知道其意义的充分性，这没有说出什么。这种意义的充分性只是理论上（de droit）的，作品似乎单独就有一种肯定的实存，因为，尽管它的命运取决于未来的读者决定是否让它说话，但至少，每当人们转向它时，它就开始像在第一天那样
把自己置入读者与他所面对的世界之间，迫使他在作品中探究 341
那个世界，并将他自己的思想带入到作品之所是中。

这是已完成的作品施加于其读者的诱惑，以至于它有时会把对作者之死的任何非难都变得毫无意义。当作者为自己酝酿

新的开端时他就消失了，创造被打断了，永远处于作品所已经宣告的表达之下，并永远应该从那里获得其最后的辩护；但是，无论考虑这荒诞结局的人的感受如何——尤其是这样一个人，他被赋予了这种令人哀伤的特权，以进入作家的工作房，用他的目光去评估这个被抛弃的工地，这些笔记，这些计划，这些到处带着一种生气勃勃的思想的可感痕迹、快要达成其形式的草稿，——作品仍然是与对一个突然被禁止去继续从事其事业的人的回忆联系着的。我们相信，一旦这种回忆消失，那么知道作者何时去世，在何种环境下去世，他是否还有能力继续这一事业就毫不重要了。因为，正如我们不能想象也没必要想象伴随其创作的那些思想活动，他内部的混乱，他的种种犹豫，使他陷入困境、付出许多代价仍无功而返的各种尝试，他的语言得以在其中形成的那些探索，同样，我们也不能在他的事业陷入其中的最终失败中找到对他的作品进行反思的材料。

可是，一部作品变得外在于其产生的条件，这意味着什么呢？难道不应该理解为它既不是完成的，也不是未完成的？而事实上，一部作品如何才是永久地完成了（就该词的通常意义而言）呢？为了这样思考，就应该假设作品的意义是严格地确定了的：它有朝一日可以通过一些命题的陈述而获得一种内在一致性，而任何新的言说都变得多余，应该在作品中看到一个长长的论证链条，以便在其最后的证明中发现其终端。可是这样一来，我们承认它所拥有的能无限地激起未来读者反思的能
342 力，能将他们向它提出的并产生自他们的本己经验的问题联系于同一种探究的能力，随即就将变得不可理解。一部已经完成

的作品将是这样一部作品：其作者完全使自己成为它的主宰，而基于这同一个理由，其读者又必须反过来接管它，因此，穿过所有那些阅读它的人，它将只拥有唯一的一个读者。因此我们将不能说，尽管这部作品自其产生时起已经过去了一段时间，但它仍面向人们呈现；这不是因为已被发现的真理应该不再有如此这般的效力，而是因为，一旦被一劳永逸地固定于这些总是可以重复进行的知识操作中，它们就构成了一种简单的获得物，再回到这种获得物是没有意义的。

我们说过，这部作品是迷人的，当作者去世后，它就将我们从他那里摆脱出来，迫使我们像未来的读者将会看它的那样来看它；但这并不意味着它获得了一种超越时间的确定身份。它远未从我们的时代中撤退，它没有从任何时代中撤退，它就在我们的眼皮底下侵入了过去和未来的场之中，它提前向着那尚未是者在场（présente à），而这种在场（présence）的意义部分地避开了我们。我们毫不怀疑，当我们不再在那儿聆听它时，它还将言说——就像过去的作品，尽管已经远离了它们的作者和最初的读者，却仍一直在言说那样——而且我们同样知道，他们将在它那里读出我们没有能力读出的东西，而即使是对它的最好解释也不会穷尽它的意义。尽管这部作品建制的时间不同于真实历史的时间，却也不外在于真实历史的时间，因为它在任何时候都实存于现在、过去和未来的三维之中；尽管它一直是同样的，它却也始终在期待着它自身的意义。不仅仅是它的形象会更新，它本身也在绵延持续，对它来说，绵延是本质性的，因为它就是为接受世界和他者思想之变化的检验而写的。单从这个观点来看，它就有了一种肯定的存在——这不是因为它一劳永逸地是其所是，而是因为它无限地让人思考，它永远不会缺乏探究者，在明天与在今天一样，它都会掺和到我们与世界的联系之中。

因此，作家的工作看起来是否达到了他的终点并不太重要，
343 只要我们面对这部作品，我们就暴露在同一种不确定之中；而且我们越是深入它的领域，我们的知识越是增加，我们就越是不能给我们的问题设置一个界限。最后我们必须承认，我们只是由于这种不确定才和它交流的，只是由于这份礼物没有名称，而作品自身又不自主地拥有其思想，而是停留在对它想要传达的意义的依赖中，所以我们才能真正接收它要让人思考的东西。

于是我们就不得不重新考虑这部作品的命运。我们认为我们已经将创作的中断所带来的不幸换成了已完成作品的安全和宁静。我们在它之中发现了意义的完满和存在的可靠。然而，它的在场诚然是令人放心的，因为它没有种种限制，因为它在过去的作品中有其正当的地位，而且它辐射得如此之远，以至于我们乐意在未来的方向想象它，因为它有朝一日可能淡出人们的记忆的观念不会改变这样的确定性，即只要文学仍然承载对我们与世界之关系的探究，这部作品就仍然是富有生命力的方位标。但是这种在场又将自己呈现为一个谜，因为作品呼吁人们转向它只是为了让某种特定的存在之不可能性变得可感。它赋予了这种不可能性以一种特殊的形象，不过它没有超越这种不可能性。对它来说，重要的是要见证这种不可能性，并与它自身保持分离，就像它与它想要抓住其意义的世界保持着分离那样。

这样，我们还在这部作品中发现了死亡，因为它的权力是

与它的最终无能相联系的，因为它开辟的并总是维持其开放的所有道路是并将是没有尽头的。这种死亡，我们徒劳地试图避开它的威胁：我们想象这部作品没有说而其他人会在将来说的东西，但它没有说的东西本来就是属于它的，它所唤醒的思想只在远离它后才会根据一个新的开端被记录在一部新的作品中。它所给予的意义始终是悬而未决的，它所勾勒的圆圈划出了一种特定的空无或一种特定的缺席。

也许，这就是我们在面对这部未完成作品时感到困惑的缘
由；它使我们突然地面对一种我们通常更愿意绕过去的本质的 344
含混性。令人困惑的不是我们无法看到话语的最后一部分，或作家所要接近的目标从此以后将是不可通达的（因为这个目标事实上就是永远不会达到的）；而是我们发现了铭刻在这部作品中的必然性——它的深层运动（通过这种运动，它得以安置在言语中，以便向一种对世界的无尽解释开放），它临现于一种实存秩序中（它似乎永远地被建立在这种秩序中了）——但同时，使作品处于计划之这一边的这种黑暗的中止，将作品抛到了其表达的事实边界中，让人突然对它的事业的合法性产生了怀疑。我们完全可以确信，它将我们抛入其中的不确定性激发并维持了我们对世界的探究，我们确信当它沉默时也在说话，借助它所具有的能力以指出那在并总是在可表达者之外的东西，然而事实是，它仍然注定要对意义进行不断的揭示，它的全部真理就在这种揭示之中，而且如果没有面纱反过来遮掩它，如果它的道路没有迷失在晦暗中，它就不能达到其终点。

那个达到这些思想的人在面对莫里斯·梅洛—庞蒂的最后

著作时更不会轻易地忘记它们，因为他知道，这些思想属于梅洛–庞蒂，而且他仍然从后者那里学习着去看这些思想将会把他引向何处。比如说，如果人们重读“哲学家及其影子”、“间接语言与沉默的声音”以及为《著名哲学家》所写的文章[①]，或者仅仅读作家在他去世后留给我们的那些手稿，我们就会看到他从来没有停止过探究哲学作品之本质的问题。对他来说，这已经是理解将他的事业与前人的事业联系起来的奇特纽带了，而且，他比任何其他人都更好地阐明了那既向我们敞开又向我们掩盖的与（曾被他人思考之物的）真理之关系的含混性，他揭示了我们身后的意义的丰沛性，同时也揭示了现在与过去之间的一种不可逾越的距离——在这种距离中，哲学传统的意义消失了，那儿产生了一种要求，即在没有任何外援的情况下孤独地重新开始表达的工作。然而，当他转向哲学的未来，试图
345 评估他自己的言说的意义时，他对于过去所提出的那些问题如何不再吸引他了呢？承认过去的作品不管它们如何的富有意义，都绝不会完全地不可破解，都不会免除我们去思考世界的必要性，就好像它不得不第一次被思考那样，这与承认在我们之后到来的人反过来有权用新的目光去看，至少有权把哲学探究的中心带到别处是一回事。在质疑哲学家的事业可与体系的构造相重合的同时，基于同样的动机，他拒绝将他自己的经验上升为绝对并在其中寻找所有可能经验的法则。之所以相信这部作品仍然是意义的源泉，只是因为处在他的时代中，作家知道如何思考现在让他思考的东西；他相信，正是通过重新拥有先前

① 这三篇文章都收入《符号》中。——译者注

的现在我们才能与这部作品进行交流，但是，只要我们反过来必须从我们所处的视点来设想所有的事物，这种交流就总是会受到阻挠；他既相信其探索的正当性，也相信他为那些完全不知道其处境的人代言的权力的正当性，但是他也相信，他不能使那些给予他的问题以价值，且在本质上持有他的真理观的人以后也能处在同一种光明中。因此，他曾以为，我们的表达工作只有通过不由我们支配的道路才能与其他人的表达工作相遇，我们始终应该怀疑，其他人会在表达中寻求我们自己通过一种运动（在我们看来，这正是哲学真理的运动）所寻求的东西。当然，这样一种怀疑不会在他的心灵中摧毁一种哲学统一性的观念。这正是因为哲学在他看来是一种持续的探究，因为哲学每一次都要求不预设任何东西，忽视已经获得的东西并敢于冒险开辟一条不通向任何地方的道路。根据同一种必然性，每一项事业都表明自己既无可避免地是孤独的，却又与前面的所有事业和后继的所有事业衔接在一起。因此，不管表面看来如何，确乎有一种自行发展着的宏大话语，在其内部奠立了每个人的言语，因为尽管这些言语从来没有构成一种逻辑地勾连在一起的历史，但至少它们是在同一种语言推力中被获得并指向同一 346
种意义的。但是对有这样一种话语在支持着我们的肯定，不会使作品与作品之间的边界消失，不会使我们确信，当我们在我们的经验中发现那促使我们对它进行思考的东西时，我们是忠实于它的。含混性是永远不会被消除的，因为我们在任何时候都不能使探究完全脱离它在其中获得其形式的那些作品，因为正是通过穿透这些作品的包围，我们才真正地进入其中，最后，因为由我们来进行探究，这依然是在语言中谈论、寻找我们的研究尺度。因此，我们总是会遇到作品的事实和它的模糊性；我们关于世界的所有问题，我们认为是通过阅读我们的前人所发现的问题和我们认为是从我们自身中得出的问题，都必然伴生出关于语言和作品的存在问题：这个问题不会消除意义被给予我们的信念，但只要这个意义的基础以及作品与所是者的关系仍然是晦暗的，这个问题就会随同那种信念一道扩大。

既然梅洛-庞蒂已经逝去了，我们就应该把他的作品视作其他作品中的一种，就像他自己看待其他人的作品，以及他教我们看待其他人的作品那样，在某种意义上，这样说对我们没有任何帮助。并不是因为他禁止自己把意义还原为世界在现在让他思考的东西，并不是因为他事先指出了我们的自由的位置，使我们能更容易地接受它，并在哲学中确定他的任务是什么，我们的任务是什么。当这部作品的构成性矛盾对我们来说变得明显时——就是说，它想要如其所是地命名存在，它承认在它自己的存在中重复了它所遇到的谜，它要求探究的整体，但除了开辟一条道路外又没能做得更好，而这条道路的方向对于他人来说永远是不确定的——，当我们与作品的关系的含混性被揭示出来时——亦即我们学着在作品之中思考，并且在不能拥有其领域的情况下，不得不将我们的思想带到别处——，只是更增加了我们的优柔寡断。但，也许当我们重新回忆这些问题（它们也曾是我们的哲学家的问题）时，我们有更好的准备去接
347 受他的思想，尤其是这部他只刚刚开始的最后著作，有更好的准备去评判这一最后开始的事件（他的事业可能会在这里找到其终点），最后，也有更好的准备去理解其话语的意义是如何在

其作品的存在中得到证明的。

在其去世时，梅洛-庞蒂就在为《可见者与不可见者》这部著作而工作，但他只撰写了它的第一部分。这部分见证了他想为他的思想寻找一种新的表达的努力。这只需要读读他汇集在《符号》中的一些论文和他放在这些论文前的“前言”，以及《眼与心》——这些著作都属于其生命的最后时期——就足以相信,他的早期著作虽然很有名,却远没有构成其哲学的确定状态，而只是为他的事业打下了基础，并在他那里产生了要走得更远的必然性。而《可见者与不可见者》则应该将他从对观念论和经验论的双重批判使他走向新大陆以来所穿越的道路完全清晰地展示出来。在留给我们的书稿和与之相伴的工作笔记中，这样一个意图已变得显而易见，即要重新开始以前关于事物、身体、看者与可见者之关系的分析，以便驱除它们的含混性，并表明这些分析只有在心理解释之外，与一种新的存在论相联系，才能获得其全部的意义。现在，只有这种存在论才能建立这些分析的正当性基础，正如只有它才能通过揭示我们从此以后不可能再坚持意识的观点，而使对反思哲学、辩证法和现象学的各种批判——在此之前，这些批判是分散的，并明显从属于经验的描述——联接在一起。

毫无疑问，当梅洛-庞蒂着手进行这项工作时，他认定他会有他的作品在其前面，而不是在其后面。他没有想要给他此前的著作带去褒奖或修改，让它们变得更易为公众接受，或仅仅为它们辩护，反击那些针对它们的攻击，好像它们在他看来已经有了一种确定的身份。他已经做的事只限于这一单一的范围，即他在其中发现了一个任务的目的；他的成就之所以有价

值只是因为它提供了继续前进的力量，而这种力量只能以颠覆
348 先前的工作为代价，遵照新的维度对其进行重组才能实施。他最初的尝试不是徒劳的，这种确信只是基于这样一种必然性，即这些尝试让他重新回到它们那里，以便去思考它们，并承认它们所要求的东西的合理性。

当然，读者不可能完全分享这种感受。对他来说，被说之物具有某种重量，它使作家依附于它们，并将我们引向它们。当他读梅洛-庞蒂的早期著作时，他就已经发现了一种哲学。当这些著作在他那里唤起许许多多使他期待下文的问题时，甚至当这种期待使他处于——就像我们说过的那样——和作者相同的时间中时，他依然察觉到一些观念——如果不是一些论题——，这些观念的可靠性在他看来是毋庸置疑的。从此以后，他将带着这些观念去面对作家的言语，以便寻找对它们的确证，或者相反,寻找对它们的改变,甚至是否定。然而对于作家来说，被说的东西具有另一种重量，它对言语构成了一种低沉的压力，它是他必须担负起来的东西，是他总是应该依靠的东西，而不是一种实定的现实。他在其背后所拥有的观念是空洞的，它们因其缺乏让人思考的一切而更加有效。正是这种极其确定的空无在支撑着他的事业。并且毫无疑问，没有任何东西能让作家的视角和读者的视角重合，因为他们的幻想出于一些互补的动机。正如人们经常看到的那样，他们中的一个不能看到他所写的，而他写作是因为他看不到；另一个则相反地只能看。作者不能注目的作品在他看来就好像它并不实存一样，而且他总是在写作中寻找它所应是的确证，然而，当面对我们作为读者的目光时，作品则诱使读者将它看作其他事物中的一个，一个存

在着的事物，因为它被知觉到了，关于它，只有其属性有待被认识。这种从一个视角到另一个视角的距离随着哲学家的去世而突然无限地扩大了。因为正是其作品整个儿被转变成了被说之物，且从此以后以一种客体的显象给出自身。甚至当我们通过阅读他的个人文稿，发现他就其未来工作而为自己制作的形象时，这个形象也不会动摇我们面对一部作品的存在确信，而这最后的文稿——尽管未完成——再次提供了对作品进行评判并更好地把握它的机会，因为它给出了关于其本质的最终信息。349
然而我们发现这最后文稿的时候，也是我们的幻想动摇的时候。我们越是认为在它之中寻找即使不是终极意义，至少也是赋予其前期作品以最终意义的东西这样一件事情是自然而然的，就越是难以承认这个工作能在一篇导论性的著作中完成：在其中，问题增加了，而答案却总是在拖延，思想则一直依赖于一种未来的、从那时起就被禁止的话语。

事实上，这就是《可见者与不可见者》被还原到其中的这一百五十页手稿的功能，即引言。关键在于，要将读者引向一个其思维习惯使他不能立刻就进入的领域；尤其在于，要使他相信他经常使用的现代哲学的基本概念——比如说主体与客体、本质与事实、存在与虚无的区分，以及意识、形象、事物等概念——已经隐含着一种对世界的独特解释，当我们的目的正在于要使我们重新面对我们的经验，以便在其中寻找意义的诞生时，这些概念就不能宣称具有特殊的地位。为什么必须采取一个新的出发点，为什么我们不再能在各种旧体系的框架内思考，甚至也不能在我们看到旧体系（尽管它们的方向各异）在其中扎根的土壤上建造，这就是作者首先力图说明的。他呼吁对我们的状况进行一次考察，就好像它还处在科学和哲学依据其各自语言的要求对之做了翻译之前那样，而我们也还没有忘记科学和哲学本身也必须说明其自身的起源。不过这种考察没有被呈现，而只是被宣告了；只有一些标识点让人隐约看到了什么是忠实于经验的一种经验描述。话语的形式本身就是一种提醒。不断的保留，对后来将会说出的东西的暗示，有条件的表述，都不允许将思想封闭在现在的陈述中。作家实际上指出，当时机到来时，阐述的真正意义将会自行揭示；他还补充说，如果
350 不是急于首先指出其探索的主线的话，这个论证还将被进一步扩展。不过，将这些提醒当作一些策略来看是错误的，应该按照作者希望它们被阅读的那样来阅读他留给我们的这些手稿，就是说，在此所说的一切都还是暂时性的，既然我们对下文的期望不能被满足了，就应该按它们本来所是的样子，联系它们所缺的那些书页来阅读它：不管我们多么强烈地倾向于在话语的当前场中去寻找一种自足的意义，我们都不能无视包含在其中心的那种空白。这部作品是更加的敞开的，因为它在我们面前所呈现的形式只是为了指出什么对它来说已变得不可言说。无疑，对它来说最合理的就是像它所呈现的那样去看它，认识它将我们置于其中的缺失状态，评估它使之变得可感的那种缺失，最后是知道这种缺失是无可弥补的，没有任何人能表达那对它来说仍不可表达的东西。

不过，如果我们由此相信《可见者与不可见者》的第一部分具有引言的价值，也许我们会犯更严重的错误，我们想得出结论说它没有达到本质。这也许就已经误解思想作品的本质了，

因为在思想作品中，原创性始终是决定性的，过程的真理总是在最初的步伐中就已经被预期了；尤有甚者，在话语的某一环节，产生了一种在已被说的和尚未被说的东西之间的关系，这种关系使任何陈述成为双倍的，并在观念的连续之外催生了一种意义的深度，在这种深度中，诸观念共同实存，表明自己是实质性地共属一体的，而且在没有被停止铭刻在时间之中的情况下，同时性地被印入同一个场中——以致一旦这个维度被开启，我们就被置入作品的在场中，而作品则逃离命运加给它的残损状态幸存下来。但在特殊情况下，这尤其会让人误解作家的意图，他在其作品的一开始就力图让人感觉到所有哲学问题之间的联系，它们的相互蕴涵，哲学问题由之而来的探究的必然性，他也远没有沉溺于一些初步的思考，而是在最初的草案中就已聚集了大多数他随后想要搅动且再搅动的主题。比如说，
这第一部分提供给我们的就不是一种方法论的阐述：它毋宁包 351
含着一种警惕，以反对人们通常称之为方法的东西，也就是说，反对去界定一种独立于思想的有效发展而在己地有效的论证范畴的企图；它要求意义从经验的描述和经验描述所具有的困难中显现出来，而只要我们根据过去的哲学范畴来对经验进行思考，或者对它进行一般的思考，这种困难马上就存在；它不想提出一个或者一些允许对经验进行重构的原则，但它提议从所有的方向来探索经验，既探究我们与世界的关系（就像我们认为自己素朴地经历着它的那样），又探究这种关系铭刻于其中，并已获得其确定地位的文化环境。然而，为了使这个计划成形，我们就应该先对我们的处境有一个判断；我们应该——这正是梅洛–庞蒂在开始时为自己规定的任务——考察那推动着我们、

使我们依附于事物和其他人的运动，以及这种运动所显露出的含混性；为什么这种运动是不可抗拒的，而一旦我们要思考它，它就会变成一个谜团；我们应该将作家称之为我们的“知觉信念”的东西与科学真理相对照：我们发现，科学看起来至高无上地支配着它的对象，因为它从它的定义出发建构了对象，并使之符合它的测量理想，但它却没有能力阐明世界的经验，科学从这种经验中汲取了力量却没有说明这一点，最终当科学在其操作活动中碰到认识主体被牵扯进实在之中的痕迹时，它就表明自己和普通意识一样贫乏，不能给这种牵涉以地位；最后应该重新巡视作为现代哲学之路的反思道路——根据它，所有问题似乎都被解决了，因为现在思想在其整个范围上重复了知觉生活，并将在真与假、实在与想象之间的区分原则带到了知觉生活中——并且看这种“解决”是在什么样的条件下达到的，要以多大程度的伤害为代价，我们的处境才被转变成为知识的简单对象，我们的身体才被转变成像其他事物一样的事物，知觉才被转变成关于知觉的思想，言语则被转变成纯粹的含义，哲学家通过何种手段成功地向自己掩饰了他之内属于世界、历史和语言中。

352 这最初的阐释已经预设了在经验的描述与哲学知识的批判之间的一种往复，这不是因为我们应该相对于所是者来指出理论的错误，而是因为我们远不是为了建立一个基于白板之上的新体系而抛弃过去的哲学，我们是从过去的哲学中学习更好地看，而且，通过承担过去哲学的事业，只寻求将其贯彻到底，我们就从我们的处境让我们就世界所思考的东西出发来阐明我们的处境。这样，当我们认为自己刚开始起步的时候，我们却已被抛入充分的研究之中了，我们已经忙于耕耘我们的问题域，忙于把它们彼此相关地勾连起来，忙于发现支配着它们的那种必然性。

从某种意义上来说，确实有一个开端，但在另一种意义上，这种形象又误导我们。这是因为这两者都是真的：作者既呼吁要采取一个新的出发点，同时又禁止自己寻找一个允许开辟绝对知识之路的原初点。也许他的事业与前人的事业最深刻的差异就在于此。他如此坚信哲学不可能把自己建立为意义的纯粹源泉，以至于他想要首先揭露哲学的幻觉。这样，在引言的开头部分，他是从这种观察开始的：我们不可能在上帝、自然和人那里发现一个起源，这样一些企图事实上汇聚在对世界的总体解释的神话中，汇聚在思想和存在完全相即的神话中，而这种神话完全不考虑我们在我们所说的存在中的嵌入；而且在我们的时代，这种神话已不再支撑任何有生命力的研究，消除这种神话并不是重新跌入怀疑主义和非理性主义，而是第一次认识我们的处境的真理。这是他如此恒定的观念，我们在他去世前两个月写的最后的工作笔记中又发现了它，他说："我的计划……应该呈现为与人道主义没有任何妥协，此外也与自然主义，最后也与神学没有任何妥协——问题正在于指出，哲学不再能根据这种划分进行思考：上帝、人、造物，——这是斯宾诺莎的划分……"①

如果有重新开始的必要，那么这也是一种全新意义上的重 353
新开始。要设定一个新的基础，问题不在于要清除旧的废墟，

① 参本书边码第 328 页。——译者注

毋宁在于重新认识到，不管我们会对存在说些什么，我们都是通过整个自身寓居于存在之中，我们的表达工作也还是在存在之中的一种安身，最后，基于同样的理由，我们的探究是既无起点也无终点的，因为我们的问题总是诞生于更古老的问题，因为没有任何答案能消除我们与存在之关系的神秘。

卡夫卡已经说过，事物“不是通过它们的根，而是通过某一个朝向其环境的处境化的点”而向他呈现的。无疑，卡夫卡这样说是为了表达他的悲伤，但是，使自己摆脱“根”之神话的哲学家却坚定地接受置身于这个环境之中，并从这“某一个点”出发。这种限制是其依附的标志，正因为他使自己从属于某一个点，所以在消除了可见者之边界的内在迷宫里，他才被给予了从这一领域到另一领域的前进的希望——在那个迷宫里，任何关于自然的问题都导向了一个关于历史的问题，任何这类问题都导向了一个关于自然或历史的哲学问题，任何关于存在的问题都导向了一个关于语言的问题。在这样一项事业中，人们能够看到各个阶段，但是不能区分准备工作和探索本身。谈到其研究时，梅洛-庞蒂有一次曾说它涉及一种“就地提升”；更通常的是，他把它理解为描画一个圆，带着他一次又一次经过同样的站点。无论这个形象如何，这种研究禁止我们认为我们从一开始就不可能把握本质。完全相反，我们应该承认，引言就是第一次绕行这个圆圈，应该承认，即使到达终点，这部作品也不会就因此而越出各种界限，或终止运动，因为可以肯定的是，正是在这些界限内，并通过这种运动，作品发现了它的表达能力。

这样，下述两点同样为真：现在被归结为《可见者与不可见者》的这一百五十多页手稿构成了一个开端，而且仍然是作为一个引言呈现给我们的，但它们又不只是这些；它们包含着作品的意义，并呼唤我们在它们中发现这个意义，而作品的后 354 续部分应该完全不同于对在第一部分中提出的观念的阐释或评论，但这第一部分也预示了后续部分，并允许我们去设想它。

不过，如果我们看到这种矛盾如何建立在作品的语言中，建立在作家所构想的那样一种写作活动中，那也许我们会对这种矛盾更少一些惊讶。一个值得注意的事实是，如果我们想要重构作家所准备的这部作品的主要环节，我们就会发现这实际上是不可能完成的。当然，一些工作笔记，旧有的草稿，对写作计划的少数几处提示（极其简短，而且各处之间并不完全一致），这些可以让我们可以瞥见其探索的丰富。但是，知道应该它最终将重新回到知觉问题，尤其是留了大量篇幅给实验心理学和完形心理学的最新研究，知道对自然概念的分析可能要求对人体的组织、动物的行为进行一种描述并对进化现象予以检验，知道这些研究本身可能要求对作者称之为“西方哲学情结”的东西进行批判，而这种批判反过来也应当在新的历史观念和新的自然–历史关系的观念中找到自己的结果；最后，知道——这是所有假设中最没有疑问的地方——这部作品将会通过对语言和语言的这种特殊形式，即哲学话语进行反思而完成，并因此而在它的最后回到其起源的神秘之上——这些仍没有让我们知晓可能会遵循的道路，各阶段的秩序或思想的各种变革。那么，为何认为梅洛–庞蒂不愿意勾画其写作计划，不愿意以图示筹划他打算说的东西，并且不愿意遵守他的计划是一种性格特点呢？事实毋宁是，他作为哲学思考者的人的经验与他作为作家的经验是相重合的，这禁止他像那些可以一次性地完全拥有意义的人想象自己支配着其研究的人那样支配他自己的工作。从这个意义上说，他就应该在写作中进行证明。由于他确信自己不是处于全景式地揭示自然、历史、存在的优先地位，或者，
355 正如他经常说的那样，俯视的思维使我们脱离了我们的处境的真理，他同时就应该放弃将他自己的作品看作一幅画那样的幻想，他不得不在半黑暗的状态中摸索前进，以便找出他的问题的内在联系，并且完全认可此时此地要求被说的东西的正当性，而绝不陷于一种已被指出、已被思考的意义的安全性中。这样，基于唯一的和同样的理由，我们最终就被引向在已经写下的东西中寻找这部作品的本质，而禁止将话语的后续部分想象为其开端的简单延伸。哲学家的语言告诉了我们一种不是逻辑的而是本体论的必然性，因此，我们在它之中找到的就不止是一种意义，一种意义的意义，而且，一旦我们没有它，我们就会失去与那给予观念以深度、运动和生命的东西的联系。我们越是关注作家的言语，允许它在它所栖居的空间中的所有回响，我们就越是被禁止跨越这个空间的各个界限，并被禁止侵入包裹着这个空间的沉默区域。应该整体地聆听的正是这种言语和这种沉默——这种沉默继言语而来，它不是乌有，因为它还在依赖于言语，并且从此一直支持着言语。

梅洛-庞蒂已经在思考言语与沉默的关系了。他在一则工作笔记中写道：“在人们发现言语包裹着心理重合的所谓沉默后，应该有一种重新包裹言语的沉默，这种沉默将是什么呢？就像对于胡塞尔来说，还原最终不是先验的内在，而是对

Weltthesis（世界论题）的揭示那样，这种沉默将不是语言的对立面。”[1] 这是让我们明白言语是处在两个沉默之间的，言语为一种喑哑的、不知其自身意义的经验提供了表达，但这仅仅是为了让那种经验在其纯粹性中显现出来；言语只是为了向我们唤醒事物在场的真理，使事物的层次和将我们与事物联系在一起的纽带变得可感，才中断我们与事物之间的接触，把我们从我们与所有事物相混融的状态中拽出来。至少按照其本质进行言说的言语就是如此，但如果涉及的是哲学话语——这种不向雄辩的眩晕让步、不愿意自我满足、不愿意封闭在自身之中和 356
自己的意义之中，而是向外部开放并走向外部的言语呢？但是，如果说诞生于沉默的言语能够在沉默中找到其完成，能够使沉默不再是其反面，这是因为，在经验和语言之间原则上有交流；这是因为经验不是人们可以与之重合的乌有，因为经验带着超越，因为经验在其自身中就已经是分化、勾连、结构化，因为在某种程度上，它呼唤着语言；这是因为语言也是经验，因为就像梅洛－庞蒂如此精彩地描写的那样，有一种语言的存在，在其中存在之谜被重复着，因为在纯粹含义的运动之外还保持着话语的沉默团块，那不属于可说者层次的东西，因为表达的最高价值就在于揭示从言语到存在、从存在到言语的这种连续过渡或者这两者之间的双向开放。对这种交流进行思考，这无疑是《可见者与不可见者》所要致力于完成的事。但让人困惑的是作家在其最后的文字、最后的几行中所提及的。梅洛－庞蒂写道：“在某种意义上，就像胡塞尔所说，整个哲学都在于恢

① 参本书边码第 233 页。——译者注

复一种符指的力量，恢复意义的初生状态或一种野性的意义，用那种尤其阐明了语言之特殊领域的经验来恢复对经验的表达。在某种意义上，就像瓦雷里所说，语言就是一切，因为它不是任何人的声音，它就是事物、水波和树林的声音本身。应该理解的是，从这两种观点的一种到另一种，没有辩证的颠倒，我们没必要把它们汇集在一种综合中：它们是作为终极真理的可逆性的两个方面。”[①]

尽管命运封印了这本书关于*终极真理*的内容，尽管它远没有达到它所瞄向的终点，而是结束于一种只是预示了这个终点的思想中，但读者不会在其中看不到一种征兆——可以说是作品在没有人的情况下能够听到的某种提醒的痕迹。但是这个征兆不会使我们忘记意义，而且，我们还应该认识到，在这里，在最后时刻所说的东西，能够阐明哲学作品——一般的作品和我们正在读的这部哲学作品——的问题。因为，经验和语言的可逆性正是在这部作品中被揭示出来的。这是因为它把表达的
357 任务带到或者打算带到其极限处，因为它想要收集经验的真理，就像它在被置入词语之前那样，而与此同时，它想要在它之中聚集并穷尽言语的所有力量，因此它发现要同时坚持这两种意愿是不可能的，它看到自己的活动在两个方向中彼此颠倒，最后因为它被迫见证了构成其实存的这种不确定性。哲学家所谈到的这种可逆性在他以作品的形式命名它之前就已被提出。更恰当地说：在命名它时他只是忠实地表达了他的事业的意义。因为他的事业如果不是徒劳的，那么它就预设了我们不能在经

① 参本书边码第 203—204 页。——译者注

验中发现一种绝对，也不能将语言构成为一种绝对，它预设了我们称之为经验或语言的匿名力量不是一种只满足于自身的肯定实在，它预设了在存在中有言语的需要，在言语中有存在的需要，而且这两者是不可分的，它预设了言说和生活同样是问题的源泉，而且这些问题是相互关联的。这样，《可见者与不可见者》所要达成的“终极真理”也是这部作品由之获得其起源的真理；这种真理不构成一个终点，它不是要为思想提供一种安息，它毋宁是指出了途经的点，这个点对于这部作品来说则是其持续奠基的一个点。

我们曾经问过：如何理解继言语之后的沉默？但如果我们能够理解这种沉默，这是因为言语永远不会消除它，因为言语在任何时刻都通向它自身之外，并禁止我们退回到被给定的直接意义的范围内。最终的沉默只是由这些被汇集的沉默构成，它超出话语之外，因为它一直在为话语提供基础，以至于聆听这种话语和这种沉默是一回事，知道在所说的边界停下和承认在语言与世界之间无边界也是一回事。

同样真实的是，如果说《可见者与不可见者》给出了一种聆听的能力，这是因为我们对这部作品提出的问题，它的未完成性与当作者不得不以这样一种方式来写作时向自己提出的问题汇合了，他的这种写作使下面这一点对他来说不再是反面，我们说的不是言语的一种突如其来的、不可预见的停止，而是他的事业的终结（le terme），无论这种终结是什么，都不应该仅仅是一种终结，而且也应该意指任何终结的缺席。在某个时 358
刻，当他在创作过程中自忖哲学表达能够是什么时，他让人瞥见了这一任务的意义："……最具哲学性的言语并不必然地是那些包含了其所说的一切的言语，而毋宁是那些最有活力地向**存在**开放的言语，因为它们最切近地给出了整体的生命，并动摇了我们的习惯性明见直至其解体。因此，问题就在于知道，哲学，作为对原生的或野性的存在的重获，是否能够通过雄辩的语言来实现，或者哲学是否不应以这样一种方式来使用语言，它为了使哲学与它依然想说的东西相匹配，而剥夺了其当下的或直接的含义所具有的潜力。"① 无疑，这是一段谜一般的话。答案没有伴随问题。它没有说一部被剥夺了雄辩言语之手段的作品是什么，哲学的"间接语言"——重新采用作者在另一种情况下所用的一个表述——是什么。我们只知道，他从来没有停止为这部作品谋求一种独特的表达方式，但一点也没有想过用艺术的和诗的语言来代替它。然而，当我们阅读这位作家时，这种隐情就显明了，因为他自己的言语已经表明没有封闭它们所说的东西，它们的意义总是溢出当下的或直接的含义，最终它们向存在开放的力量是与激活它们的探究力量联系在一起的。难道我们不明白哲学的语言恰恰就是探究的语言？如果连这一点都不能以肯定的词语被断定，那是因为没有任何表述能让人理解探究是什么。梅洛-庞蒂确实能够——有好几次——命名探究，能够说出它不是什么——各种问题的陈述，这些问题像所有认识问题一样，在答案面前就自行消失了——以及为什么它在与我们的经验的接触中被无限地更新；不过，任何定义都会使我们偏离它，因为这使我们忘记探究正是在生命和语言中

---

① 参本书边码第 139 页。——译者注

展开的，或者更恰当地说，它只是生命和语言，这种被接受的生命和语言。为了合理地看待探究，哲学家不应只满足于宣称它是不可终止的，人永远不会停止追问他在世界上的处境，因 359
为尽管这个观念是真的，但它太一般了，以至于没有可靠性，哲学家还应该有效地引导探究，为它安排一条道路，从而使人知道在作品中，由问题引出的答案绝不是要终结反思，从一个经验领域到另一个经验领域的通道总是被保留着的，意义在我们不可能驻留于任何一个地点这样的不可能性中揭示出来，最后，全部话语就像一个唯一且同一的句子那样，在这个句子中，人们确实能够区分环节、勾连和停顿，但是它在每个命题中的内容是和总体的运动分不开的。

事实上，《可见者与不可见者》从头到尾都试图使探究保持开放。这不是一种系统的和有意识的怀疑练习——主体会从这种练习中获得使自己摆脱一切事物的幻觉，它也会为一种确信自身之正当性的思想复辟做好准备——而是对我们的知觉生命和知识生命的持续探索；不是否定共同的确信，摧毁我们对于事物和其他人之实存的信念，而是坚持这些确信，这种信念，以至于坚持去拥抱事物和其他人，这本身就揭示了它们不可分割地既是确定的，又是不确定的，既是信念又是非信念；这在某种程度上是通过意见去融入它所包含的含混性的道路；不是对哲学家的理论的拒斥，而是回到作为它们的起源的地方，以便发现这些理论导向了它们所带来的答案之外；最后，这是总与自身相关的探究，它没有对探究者的状况视而不见，它知道自己被拖入存在之中，却致力于去表达它。

如果说哲学通过这种语言发现了“与它仍想去说的东西相

匹敌”的方法，那是因为我们时间性的秘密是由作品的时间性来表达的，作品告诉我们，要承认经验的连续性、不可分性，它的每一时刻都在同一种时间推力下与所有其他的时刻结合在一起，同时要承认这种运动，它禁止固定事物——可见的或可不可见的——的意义，它让世界的潜在内容在现在的所予之外不断地显现出来。

360 然而，当作品达到对其自身的这种意识时，当它知道它是且仅是探究的地点时，它不就与它的目的暗合了吗？因为在探究中追问到底的人只能发现并使我们发现言语的偶然性。对他来说，直面他的思想由之而来的那个晦暗区域和直面他的思想注定要在其中消失的那个区域是一回事。而对于我们来说，到处看到其在场的符号和感到它紧迫的缺席也是一回事。真正的探究是死神的造访，所以，这位很少提到死亡之名的哲学家在其最后的著作中却有如此巨大的力量使我们转向它，我们对此毫不惊讶。

克洛德·勒福尔

译后记 “有”之为“有”：梅洛－庞蒂的存在论道路探析

一

《可见者与不可见者》是梅洛-庞蒂的一部遗稿。在其生命的最后几年，梅洛-庞蒂对他早年的现象学有了越来越多的反思，并一直在探索一种新的存在论，这种反思和探索就反映在该遗稿中；但他的突然离世使这种探索永远处在了一种未完成的草案状态。不过，从另一个角度来看，这种未完成性倒也符合梅洛-庞蒂的思想本性，因为正是他一而再、再而三地提醒我们：每一个肉身化的主体都像一本敞开的笔记本；世界的神秘永远不可穷尽，正是这种神秘规定了世界；知觉和视看是一种持续的诞生，而真正的哲学则总在于重新学着去看世界；一种自诩已经完成的思想，只是思想的幻觉或者意味着思想的死亡。而正是思想所具有的这种总是在路上的始动特性，使得它不断地驱使我们一道去思，并在这种思中开启更多的有待去思的领域。

应该说，在梅洛-庞蒂那里，从现象学到存在论，这种思想的深入或转变并不是突然发生的，而是一种漫长的探索的结果。

早在1952年，在他作为法兰西学院候选人期间，他曾向时任法兰西学院教授的盖鲁（M. Guéroult）提交过一份研究报告，在该报告中，他陈述了自己自《知觉现象学》（1945）以来就在进行的“一系列新的研究”：

这些研究将明确地规定我的那些早期著作的哲学意义，而后者也将反过来决定这些新的研究的路线和方法。我们相信已经在被知觉世界的经验中发现了在精神与真理之间的一种新型关系。被知觉事物的明见性存在于它的具体方面，存在于它的诸性质的结构（texture）本身中，存在于它的所有可感属性的等值中——这使得塞尚说，我们甚至能够画出气味来。在我们的未分化的生存面前，世界是真实的，或它实存着。它们的统一、它们的关联是浑然一体的。这就是说，我们拥有关于世界的一个整全的观念，对它的清点永远无法完成，我们在世界中形成了某种真理的经验，这种真理透过我们而显示，或者说包围着我们，而不是被我们的精神所掌握和限定。然而，如果我们现在超出被知觉物来思考严格意识上的知识领域，即精神想要在其中拥有真理，规定它的对象本身，并因此通达一种普遍的、不系于我们的处境之特殊性的智慧的领域，那么，被知觉物的秩序难道不是呈现为单纯外观的构形（figure）？纯粹知性难道不是知识的一种新泉源（与之相比，我们与世界的知觉亲熟性只不过是一种未成形的草图）？我们不得不首先通过一种真理理论，然后是一种主体间性理论来回答这些问题，在诸如《塞尚的疑惑》《小说与形而上学》等不同的文章中，以及涉及历史哲学的《人道主义和恐怖》(1947)中，我们已经触及了这些理论，但我们还应更严格地建立这些理论的哲学基础。我目前正致力于两本以真理理论为目标的书。[①]

梅洛-庞蒂在此提到了他计划中的两本新书，并且还拟定了这两本书的书名，一是《真理的起源》，一是《世界的散文导论》。这两本书，前者会涉及有关语言和形式化思维的问题，进而形成一种真理观，后者则会涉及在人际间关系中经由表达而实现的象征联系和社会建制，从而形成某种社会或历史哲学。而它们的共同点则是，它们都从被知觉的世界和作为行动的身体出发，在此基础上建立一种关于精神和表达的具体理论，以“说明与他人的沟通以及思想如何重新占有并超越那把我们秘密引向真理的知觉”[②]。就此而言，这两本书尽管看起来相去甚远，但它们都奠基于梅洛-庞蒂的早期著作(《行为的结构》和《知觉现象学》)所确立的思想框架之上，只不过是由那一基础出发而采取了一条上行的路线，即由知觉上升到表达，由被知觉世界上升到语言和文化的世界，最后再上升到有关精神和真理的层次。在当时，梅洛-庞蒂似乎尚未对作为其理论基础的知觉和知觉主体的有效性产生怀疑。

不过，当时计划中的这两本书最后都没有完成，尽管关于《世界的散文》一书，他已经有了一个初步的样稿(虽然仍未完

① Merleau-Ponty, *Parcours deux, 1951-1961*, pp. 41-42, Verdier, 2000.

② Ibid., p. 37.

成），但他最后仍然中止了它。中止的原因就在于，他对其早期思想的哲学基础产生了怀疑，认为它仍然从属于传统的意识哲学范畴，它需要有一个更深的存在论基础。而他最初计划中的《真理的起源》一书，却逐渐变成了《可见者与不可见者》一书。

二

从附录于《可见者与不可见者》一书后面的“工作笔记”中可以看出，在1959年年初时，梅洛-庞蒂仍将他计划要撰写的新书命名为“真理的起源”，但在同年5月的一条笔记中，他已悄然地将他的书名改作了《可见者与不可见者》。关于此书的框架结构，也有好多次的改变，本书的编者克洛德·勒福尔在《告读者》中就为我们提供了先后不同的六个框架方案，而构成当前文本的主体内容则是根据最后一个方案的框架来编排的。关于这个方案的笔记（即勒福尔所标示的笔记f），大概是在1960年11月或12月，其框架如下：

I. 可见者与自然

哲学探究：

  探究与反思；

  探究与辩证法；

  探究与直观（目前正在写的部分）

可见者

自然

古典存在论与现代存在论

II. 不可见者与逻各斯[①]

我们可以看到，在这则笔记中，梅洛-庞蒂明确地将他的书按“可见者与不可见者”分成了两部分，其中第一部分的章节细目较为具体，而第二部分则只是列了一个大标题，并没有更详细的章节目录。在第一部分“可见者与自然”这一大标题下，梅洛-庞蒂又划分了“哲学探究”、“可见者”、“自然”和“古典存在论与现代存在论”等四个子标题。从这个框架来看，我们目前所拥有的《可见者与不可见者》遗稿其实只相当于该计划中第一部分第一章的内容；若从其内容来看，则甚至可以说它只相当于全书的导论部分（相当于《知觉现象学》的“导论：古典成见与回归现象”），因为它更多地还只是聚焦于对传统观点以及梅氏自己早年立场的批判，还没有真正进入正题；直到最后的“交缠-交错”这一节才涉及与框架目录中的“可见者”相关的内容，但这个标题并不见于上述笔记中。因此，勒福尔说，这一节既可以作为“哲学探究”的最后一节，也可以作为“可见者”的第一节。至于计划中更后面的内容，则完全阙如，与之相关的思想我们只能通过其同时期留下的一些文章和讲课笔记去略窥一斑。

然而，笔记 f 所勾勒的框架结构会是最终方案吗？恐怕也未必。恰恰在本书附录的“工作笔记”的最后一条笔记（1961 年 3 月）中，梅洛-庞蒂再次提到了他的写作框架：“我的计划：

---

① Merleau-Ponty, *Le Visible et l'Invisible*, p. 11, Gallimard, 1964.

I. 可见者；II. 自然；III. 逻各斯。”[1]这个框架极其简略，尽管梅洛-庞蒂对这里提到的每一个关键词都作了进一步的解释，但并没有提供更详细的章节安排。不过，值得注意的是，他将其主体的框架划分成了三大部分，这显然不同于笔记 f 中的方案。笔记 f 明确地按“可见者”与“不可见者”这两者而分成两大部分，其中，“自然”是与可见者并列而被归在“可见者”之中的，它并没有构成一个独立的部分；而在 1961 年 3 月的这条笔记中，“自然”却已从“可见者”中被分离出来，单独构成了第二部分；而原先标题中的“不可见者与逻各斯”，则只剩下了“逻各斯”，“不可见者”的字样消失了。这些都意味着，梅洛-庞蒂的思路是在写作进程中不断调整的，我们在此拥有的，只是一个初步的草案。

当然，这种调整主要还是枝节上的，其总的进路则仍是一贯的。相比于他在 1952 年的计划，最根本的一个变化是，梅洛-庞蒂为他的哲学提供了一个更深厚的基础。他不但要从他在《知觉现象学》中建立的实存哲学出发导向一种伦理学和历史哲学，也要导向一种更本源的存在论。如果说 1952 年的计划主要呈现为一条上行之路，那么，他的存在论转向则既是一条上行之路，也是一条下降之路；更确切地说，它首先是一条下降之路，然后才是一条上行之路。以上述 1961 年 3 月的最后那条笔记为例，从“可见者”到“自然”，就是一条下行之路，因为“自然”在此直接与梅洛-庞蒂所要建构的“现代存在论”相关（这从笔记 f 的框架中也能看出来）；而从“自然”到“逻各斯”，则

① Merleau-Ponty, *Le Visible et l'Invisible*, p. 328.

是一条上行之路。逻各斯不仅与传统认识论意义上的真理有关，也与更广泛的社会、历史的内在逻各斯有关，这里就隐含着一种奠基于新的存在论之上的新的社会历史观。正如梅洛-庞蒂在同一则笔记中所指出的："我们将要达到的历史观完全不像萨特的历史观那样是伦理的，它更接近于马克思的历史观……。"[①] 就此而言，勒福尔的看法是有道理的，他说，梅洛-庞蒂尽管中断了《世界的散文》的写作，但这种中断应该不是放弃，"如果《可见者与不可见者》这一最后作品本身不是因为哲学家的去世而被中断的话，《世界的散文》（即便从它的某些分析的字面上看）应该能够在《可见者与不可见者》之结构内得以重生。"[②]

三

当然，梅洛-庞蒂后期工作（包括《可见者与不可见者》）的核心仍在于存在论的建构。梅洛-庞蒂对存在论的思考无疑受到了海德格尔的影响，但就他的早期著作缺乏这一维度而言，我们可以说，他之转向存在论更多的是源于其思想自身的内在发展。当然，《知觉现象学》中建构的实存哲学同样受到了海德格尔的"在世存在"思想的影响，但对它影响更大的似乎还是胡塞尔的"生活世界"观念；因为海德格尔在《存在与时间》中阐述的"在世存在"结构是以存在论为前提和目标的，而当

---

① Merleau-Ponty, *Le Visible et l'Invisible*, p. 328.

② 梅洛-庞蒂：《世界的散文》，"法文版'致读者'"，第 16 页，杨大春译，商务印书馆，2005 年。

梅洛-庞蒂说《存在与时间》"都出自胡塞尔的一个提示，而且从总体上看只不过是对晚年胡塞尔视之为现象学第一主题的'世界的世界概念'或'生活世界'的一种说明"[①]时，他看来是有意无意地忽视了海德格尔思想中的存在论意蕴。这也使得他在《知觉现象学》中构造的"身体－世界"系统有着某种根本的偶然性，因为他对于"身体－世界"结构的阐述只是对胡塞尔的意向性结构的改造。尽管梅洛-庞蒂批评胡塞尔的先验意识与生活世界之间存在着内在的矛盾[②]，但他自己所构造的身体主体与世界之间似乎有着同样的暧昧性。因为"身体－世界"系统中的每一项都是相对的，都预设了另一项并以之为前提：一方面，身体依托于世界，世界先于人而在，"在我能够对它进行任何分析之前就已经在那里了"[③]；"世界不是我拥有其构造规则的一个客体，它是自然环境，是我的全部的思维和知觉的场域"[④]。另一方面，人作为能动的筹划主体，又自然地将事物乃至世界本身作为他的意向对象，世界构成了身体及其行为意向的相关项，世界是在身体－主体的筹划和行动中展开并生成的。最终，身

① 梅洛-庞蒂：《知觉现象学》，第 2 页（译文略有改动），杨大春、张尧均、关群德译，商务印书馆，2023 年。

② 胡塞尔一方面认为，任何反思都应该回到生活世界之中，另一方面，却又通过反思使生活世界相对于一个先验意识被构成。在梅洛-庞蒂看来，只能两者择一：要么构造已经使得世界变得透明，那就不再需要生活世界；要么构造仍保留了生活世界的某种东西，这就意味着它永远不能消除生活世界的不透明性。参《知觉现象学》，第 501 页注 1。

③ 同上书，第 5 页。

④ 同上书，第 6 页。

体和世界只有借助一种辩证的关系才统一起来，但这种统一并不是很成功[①]，而且它也没法摆脱传统意识哲学的二元论嫌疑。尤其是，梅洛-庞蒂把海德格尔的“在世界之中存在”改成了“向着世界存在”，这一看似轻微的改动，却在某种程度上强化了身体主体与世界之间面对面的主客二元关系。正是因此，梅洛-庞蒂后来在反思自己的哲学时说：“在《知觉现象学》中提出的各种种问题是不可解决的，因为我在那里是从意识－客体的区别出发的。”[②]正是这些内在的问题促成了梅洛-庞蒂的存在论转向。

那么，梅洛-庞蒂的存在论与海德格尔的存在论究竟有何异同呢？

在1958—1959年于法兰西学院开设的“哲学之可能性”的课程中，梅洛-庞蒂曾详细讲解了海德格尔思想的前后变化。在他看来，海德格尔尽管在《存在与时间》的一开始就提出了存在论的计划，要求重思存在问题，但该书的实际展开却逐渐偏离了最初的任务。存在论变成了基础存在论，而基础存在论实际上是一种生存论，生存筹划掩盖了存在的运作。这就使《存

① 比如说，尽管自我是绝对的起源，世界被自我看作是它的身体性投射的相关项，“一个世界首先在我周围展现并开始为我存在”；但“客观”秩序中的某一特定事实（如大脑的损伤）却又能够扰乱甚至打断人与世界的关系，这似乎又证明了整个“意识”只不过是客观身体的一种功能（参 *Le Visible et l'Invisible*, p. 253）。这一悖论表明，意识哲学中有关主观/客观、主体/对象、身体/心灵、知觉/意识、内在性/超越性等两两相对的概念并不能有效地说明人与世界的关系。

② Ibid., p. 253.

在与时间》总体上呈现出一种哲学人类学的特征：存在根据时间并作为人的存在来理解，存在的终极性和整全性变成了死亡的终极性以及因对死亡之畏而产生的生存领会；相应地，此在向着存在的开放变成了此在向着事物、向着世界的开放。[①] 更重要的是，海德格尔尽管指出了存在的独特性，但存在究竟是什么，却仍是个难以回答的问题。按海德格尔的看法，这个问题的提法本身就是错误的，因为这种提问法以及对于这个问题的任何肯定性的回答，都把存在变成了某种存在者——传统哲学正是这样来看待存在的，于是哲学就变成了形而上学。但海德格尔始终强调，存在不是存在者，这也是他所谓的“存在论差异”的基本内涵。那么如何理解那不同于存在者的存在本身，如何才能使存在本身不至于成为另一种存在者呢？当海德格尔如此强调存在与存在者之间的差异时，这种强调是否同时正在把存在变成为不同于存在者的另一特殊存在者呢？

在梅洛-庞蒂看来，海德格尔早期主要是从虚无的角度去理解存在的。存在即虚无，更确切地说，这是一种无化着的无（nichtiges Nichts）。在《存在与时间》中，这种无化之无主要是通过死亡以及对死亡的领会来展开的；但在此后的《形而上学是什么？》（1929）一文中，作为无化之无的存在则得到了更明确的阐述。在梅洛-庞蒂看来，海德格尔在此文中的整个分析呈现为“肯定的、实际的**存在**（像各门科学所定义的）与它所预设的一种虚无视域的对立”，由此，他“看起来就把思想

① Merleau-Ponty, *Notes des Cours au Collège de France, 1958-1959 et 1960-1961*, p. 97, Gallimard, 1996.

设想为这样一种两者择一：要么虚无，要么完全肯定的存在”。[①] 换言之，海德格尔对存在之殊异性的强调最终似乎使存在成了在存在者之外、有别于存在者的另一个肯定者，即使这个肯定者只是一种不可界定的“无化之无”，一种纯粹涌动的、不确定的神秘力量。这也使得海德格尔的存在探索在某种程度上又变成了一种形而上学，因此，海德格尔在《形而上学是什么？》的末尾以莱布尼茨的方式重新提出“为什么竟是存在者存在而无倒不存在？”的形而上学问题并不是偶然的。海德格尔的思考重新导致了存在与存在者的二元对立：存在者是肯定的，存在是否定的；存在者是有限的，存在则是无限的；存在者是静态的，存在则是动态的；存在者是有，存在则是无。后来的萨特正是基于这一洞见，将海德格尔意义上的“存在”变成了纯粹虚无的意识，并由此建构了其《存在与虚无》中的二元论的现象学本体论。

不过，梅洛–庞蒂仍清楚地看到了海德格尔的思想“转向”：“（正如）他的起点不是人类学，他的终点也不是神秘。”[②] 比如在《真理的本质》（1930）一文——该文也被看作是海德格尔前后期思想转向的标志——中，海德格尔就呈现了一种全新的真理观。真理不是传统所谓的正确性，也不是知与物的相符，这种表象的真理观其实预设了一个敞开域及相应的敞开状态。存在者只有在这一敞开域中成其本质，才有相符性和正确性可

---

① Merleau-Ponty, *Notes des Cours au Collège de France, 1958-1959 et 1960-1961*, p. 102.

② Ibid., p. 93.

言。因此，海德格尔说，要把“陈述之正确性的内在可能性追溯到作为其‘根据’的‘让存在’的绽出的自由”，以此表明，“真理之本质并非某种‘抽象’普遍性的空洞的‘一般之物’，而是那种独一无二的历史所具有的自行遮蔽着的唯一东西”；换言之，“真理之本质的问题起源于本质之真理的问题”。[①] 海德格尔还特别强调，这里的“本质”一词要作动词性的理解，即这不是一种现成的、固定的本质，而是“本质化”或“成其本质”[②]；相应地，真理也就不再能根据确定的本质性来定义，而应被定义为“无蔽”（ἀλήθεια）；“无蔽”才是原初意义上的真理。但“这种无蔽不是明见性——它维持着距离——它暗示着对我们所见者的一种超越（au-delà），一个**存在**，即在去蔽中的一种遮蔽。”[③] 所谓“去蔽中的一种遮蔽”正表明这既不是一种纯粹的肯定，也不是一种纯粹的否定，而是在存在者之存在中发生的一种显隐之二重性的运作游戏。这样，存在与虚无之间的二元对立就被消解了。不再有神秘的“无化之无”：有的只是 nicht-Seiend（无化着的存在者）。[④] 而且，不能把这个“无化着的存在者”简单地等同于人，人的主体性在此被更彻底地抛弃了[⑤]，因为在存在

① 海德格尔：《路标》，第 231 页，孙周兴译，商务印书馆，2000 年。

② 这个观点完全被梅洛-庞蒂接受下来了，我们在《可见者与不可见者》中就经常可以看到梅洛-庞蒂对于动词化的“Wesen”，即“成其本质”的强调。

③ Merleau-Ponty, *Notes des Cours*, p. 99.

④ Ibid., p. 94.

⑤ 尽管海德格尔在该文（《论真理的本质》）的最后说，《存在与时间》就已经做到了这一点，但实际上，在那里，此在更多地是通过对死亡的

所开启的“让存在”的“自由”中，“人并不把自由‘占有’为特性，情形恰恰相反，是自由，即绽出的、解蔽着的此之在占有人，如此源始地占有着人。”① 在这个意义上，此在就不再是一个独立的环节；只是因它向着**存在**开放，它才是此在。“此在就成为存在透过人而进行的一种运动，存在拥有人”。②

这个“无化着的存在者”可以“是任何东西，但它不会设定无化着的无”。③ 因此，这不是存在本身，而是存在者的存在，它具体体现在海德格尔对于物，尤其是对于艺术作品的分析中。凡·高画的农鞋不是时空个体化意义上的一个物品，而是作为“显现”而存在于它的什么、它的不可分割的“这个”中；而在这种显现中，就发生着动态的“成其本质”的过程，就此而言，它是使世界世界化，使事物事物化的东西。④ 又如一栋中学大楼的存在，不是通过对其客观位置及相关特征的描述而被确定的，而是在一个曾在其中学习生活过的人对其特定气味的回忆、在由此而涌现的特殊情感中“在”起来的。⑤ 海德格尔后来更进一步把事物描述为对天、地、神、人四重因素的一种聚集，在这种聚集中，事物事物化，并使天、地、神、人四者共属一体

领会而奠立自己的自由的。

① 海德格尔：《路标》，第219页。

② Merleau-Ponty, *Notes des Cours*, p. 99.

③ Ibid., p. 102.

④ Ibid., p. 107.

⑤ 参海德格尔：《形而上学导论》，第38页，王庆节译，商务印书馆，2018年。梅洛-庞蒂在《可见者与不可见者》中两次提到这个例子，参p.154 note 1, p. 301。

地逗留于事物之中。比如一座桥，它就以某种方式聚合了这四重因素，并使自身成为这四重元素在其中逗留游戏的一个场所。在梅洛-庞蒂看来，这就是一种“无化着的存在者”。海德格尔其转向之后的好长一段时期内，都对“存在”采取了一种特殊的表达方式，如 Seyn 或~~存在~~（~~Sein~~），它们所意指的也是这种无化着的具体存在者。相比于作为“无化之无”的存在，这个打叉的存在可以说是一种“弱化的”存在，它“并非什么都不是的乌有，而是 es gibt，‘有’（il y a），是我们拥有其入口的开放的‘某物’，是我们由之而处在真理中的某物”。[1]

这也是梅洛-庞蒂所接受的存在观。存在是“有”（il y a），而非“无”。当然这个“有”不是单纯“肯定主义”的“实是者”（ce qui est），而是一个融虚无于其中的存在。不过，当梅洛-庞蒂说，“有”即是 es gibt 时，也隐含着他对于海德格尔的某种异议。因为在《关于人道主义的书信》中，海德格尔其实明确地说：“用法文的 il y a 译德文的 es gibt（有）并不准确。因为这里‘给出’的‘它’（es）乃是存在本身。而这个‘给出’却命名着那个给出着的、允诺着存在之真理的存在之本质。这种与存在本身一道进入敞开域中的自行给出就是存在本身。”[2] 海德格尔似乎认为，es gibt 要比 il y a 更源初，后者是作为“存在本身”的 es 所“给出”的结果。但梅洛-庞蒂却并不接受海德格尔对于 il y a 与 es gibt 的这种区分，他认为：“法语 il y a 很好地说明了 es gibt，（1）因为它不是离心的，（2）因为 es

① Merleau-Ponty, *Notes des Cours*, p. 102.

② 海德格尔：《路标》，第 393—394 页。

gibt 并不意味着给出……。Il y a 恰恰就是当海德格尔特别地引用歌德的诗‘群峰之巅是寂静’（über allen Gipfeln ist Ruh）时所想表达的那种意思。”① 这句诗中的“是”(ist)意味着“笼罩”(règne) 和 “有”。这样看来，es gibt 与其说意指一种明确的存在之“给出”动作，毋宁意味着一种支配性的存在状态或一种弥散性的存在态势，这也是梅洛-庞蒂赋予 il y a 的含义，“有”处于运作的态势中，“有”是“有”起来的。

不过，在海德格尔与梅洛-庞蒂对于这两个词的不同理解中，还有着一种更深的差别。在海德格尔对于 es gibt 的解释中，我们能隐约地感觉到，他对于 es gibt 与 il y a 的区别似乎对应着存在与存在者的区别，存在者之“有”（il y a）是在 es gibt 的“给出”动作中“给出”的，因此，es gibt 更强调的是不同于存在者的“存在本身”的运作。存在自行“给出”一个“敞开域”，海德格尔将此敞开域称作“澄明”（Lichtung）：“澄明本身就是存在。”② 在更后来的《哲学的终结和思想的任务》中，他对作为“澄明”的存在作了更详细的说明：“我们把这一允诺某种可能的让显现和显示的敞开状态命名为澄明。”③ 澄明是“原现象”或“原-事情”④，它比光更源初：“光可以涌入澄明之中并且在澄明中让光亮与黑暗游戏运作。但绝不是光才创造了澄明。

① Merleau-Ponty, *Notes des Cours*, pp. 113-114. 海德格尔所引用歌德的诗，参《形而上学导论》，第 101—102 页。

② 海德格尔：《路标》，第 390 页。

③ 海德格尔：《面向思的事情》，第 92 页，陈小文、孙周兴译，商务印书馆，2014 年。

④ 同上书，第 94 页。

光倒是以澄明为前提的。……澄明乃是一切在场者与不在场者的敞开场。”[①] 在该文的最后，海德格尔再次将澄明与 es gibt 联系起来，并追问：“但澄明从何而来？如何有澄明？在这个‘有/它给出’（Es gibt）中什么在说话？”[②] 可以说，澄明就是自行给出的存在本身——海德格尔也将之称作“本有”（Ereignis）。但显然，作为澄明的存在既不同于其早期的作为“无化之无”的存在，也不同于中期作为“无化着的存在者”的存在。不过总体而言，它还是更接近于前者，因为它们都显现为在存在者之外的某种特殊存在，尽管相比于前者，它似乎缺少了那种涌动着的神秘力量，变得更加的空明，更加的寂然，但它同样与在它之中在场显现的东西（存在者）有着明确的区别，因此有着同样的形而上学特征。

《哲学的终结和思想的任务》写于 1964 年，梅洛-庞蒂已没有机会看到这篇文章了，但他对于海德格尔的这种思想趋势似乎已经有所察觉。在他的海德格尔讲座的结尾处，他得出的结论之一就是：“海德格尔寻求对存在的直接表达，尽管他在别处表明存在是不接受直接表达的。应该尝试间接的表达，即让人透过生命、科学等等的各种暗示而看到存在。”[③] 这种“间接

---

① 海德格尔：《面向思的事情》，第 93 页。海德格尔在此对“澄明”与“光亮”的区分可联系于前面提到的他对于 es gibt 与 il y a 的区分。另可参照《圣经·创世纪》的第一章，上帝第一天创造了“光”，第四天才创造了“日月星辰”，前者可理解为“神性之光”（启示），后者可理解为“自然之光”（理性）。

② 同上书，第 104 页。

③ Merleau-Ponty, *Notes des Cours*, p. 148.

的表达”正是梅洛-庞蒂所寻求的存在论立场，也就是说，他更近海德格尔中期那种作为“无化着的存在者”的存在，存在与存在者虽有差异但不可区分，因此应该透过具体的存在者，在存在者之中探究存在。“因为这或许就是存在论的法则，即始终是间接的，并且只有从诸存在者出发才通向存在。”①

四

当梅洛-庞蒂从自然的角度来进入存在论时，他涉及的就是这样一种无化着的具体存在。梅洛-庞蒂的存在论首先是一种自然存在论，这从我们前面提供的写作框架中就可以看出来；而他于 1956—1957 年在法兰西学院开设的关于“自然的概念”的课程，也是重在探讨自然存在论的。

那么，自然是否能胜任我们让它扮演的这一存在论的角色呢？梅洛-庞蒂说：“如果我们强调自然的问题，那是带有双重信念的：它不能单独成为存在论问题的解决办法，但它也不是这种解决办法的附属的或次要的因素。”② 对这句话我们可以这样来理解：自然之所以不能单独解决存在论问题，是因为没有单纯意义上的自然，自然总已经与文化、历史交织在一起了；但另一方面，又只有经由自然，才能通达本源意义上的存在，就此而言，自然处于存在论问题的核心。

---

① Merleau-Ponty, *Résumés de cours, Collège de France 1952-1960*, p. 125, Gallimard, 1968.

② Ibid., pp. 91-92.

海德格尔同样强调了自然的本源性，但他是主要是从“自然”一词的词源学角度来入手的。他指出，希腊人以 φύσις 来命名存在者，这个词在被翻译为拉丁文时就成了 natura，后者有“生出”、“诞生”的意思，它其实已经“排挤了 φύσις 这个希腊词的源始内容，毁坏了它本来的哲学命名力量”。而在其未遭损毁的命名力量中，φύσις “说的是从自身而来绽开着的（例如，玫瑰花的绽放），自身开放着的展开，是在这样的展开进入现象中保持与停留在这种展开中，或者简略地说，是既绽放又持留的存在力道。”[①] 由此可见，这个始源意义上的自然（φύσις）是与存在同义的，但它更强调的是存在中较为具体性的一面。

梅洛－庞蒂对“自然”概念的探讨则侧重于它在近代以来的命运。换言之，他并不像海德格尔那样“在源始的意义上将 φύσις 理解为既绽放同时又持留着的存在力量，而是在后来和现今的意义上将之理解为自然。”[②] 他尤其看重对现代思想具有奠基作用的笛卡尔的自然观，因为“无论是对还是错，它直到今天仍然主导着我们的各种自然概念”。[③]

笛卡尔的自然观是梅洛－庞蒂所说的“古典存在论”的典范，它其实不像人们通常所以为的那么简单，只是一种关于现成存在者的存在论。[④] 事实上，梅洛－庞蒂把笛卡尔的存在论称作一种“存在论复合体”（un complexe ontologique）[⑤]，之所以说它

① 海德格尔：《形而上学导论》，第 16—17 页。

② 同上书，第 18 页。

③ Merleau-Ponty, *Résumés de cours*, p. 97.

④ 参《存在与时间》第 21 节。

⑤ Merleau-Ponty, *Résumés de cours*, pp. 98, 126.

是一个“复合体”，是因为在笛卡尔那里，“自然”一词有着两种不同的含义，一种是“自然之光”意义上的自然，一种是“自然倾向”意义上的自然，由此也相应地勾勒出两种不同的存在论：关于客体的存在论和关于实存者的存在论。[①]前者基于自然的事实性。笛卡尔承认上帝创造了我们这个世界，但上帝是遵循那些能为理性所把握的自然规则来创造这个世界的。因此，世界从其涌现的那一刻起就必然地是我们所看到的那个样子，“它是没有犹豫、没有涂改、没有弱点的东西，它的实在性不包含缺陷也不包含裂缝”[②]。这个意义上的自然完全是机械论的，它没有神秘和掩饰，也符合自然知性对它的理解。然而，承认上帝创造了世界或自然，就意味着有一种创世之前的状态，无论它是虚无还是混沌；而这个熟悉世界的产生，即使它是出于上帝的意志，对我们（或对于知性）来说仍是偶然的。意识到这一点，就“使一种有别于纯粹知性的视角合法化了”，而“我们则不仅仅通过纯粹知识，也通过我们与自然的特殊部分，即我们的身体之间的生命关联，通过‘自然倾向’（其教诲不能与纯粹知性的教诲相一致）进入了这种视角之中”。[③]经由自然倾向所呈现的存在论可以说是一种生命存在论，它与前一种存在论处于无法弥合的差异之中。但这两者共同存在于笛卡尔的哲学中，他最后也许只是通过借助上帝才勉强地把它们构成了一个“存在论的复合体”。

① Merleau-Ponty, *Résumés de cours*, pp. 125-126.

② Ibid., p. 97.

③ Ibid., p. 100.

梅洛-庞蒂认为，笛卡尔的存在论卷入其中的这种运动或许是整个西方存在论都要经历的。[①]不过，这种双重存在论并不可怕，在某种程度上，它也许是西方哲学的活力之所在。只有当人们漠视这种存在论的复杂性，片面地强调其中的某一方面（梅洛-庞蒂把这称作“存在论的斜视”[②]），或者听任构成这个复合体的两方面渐行渐远，视同陌路[③]时，才是哲学的危机。然而，问题在于，像笛卡尔所尝试的那种存在论复合其实已不再可能。因为他的复合说到底仍是基于对上帝的存在信仰，而“上帝的存在对于我们来说乃是深渊”；而且，笛卡尔的尝试并不是没有代价的，因为它最终使他的存在论从属于形而上学。“这就是笛卡尔式平衡的秘密所在：一种为我们不再从事形而上学提供了决定性理由的形而上学，它通过限制我们的各种明见性而使之生效，它开启了我们的思想却又没有撕裂它。”[④]

“难道不存在一种‘存在论的复视’（布隆代尔语）？在进行了如此多的哲学努力之后，我们不可能指望对这种复视进行理性的还原，因此，问题只在于完整地拥有这种复视，就像目光拥有两个单眼视像以便将它们构成为一个唯一的视觉那样。”[⑤]不应该将这最后的半句话单纯地看作比喻。新的存在论

---

① Merleau-Ponty, *Résumés de cours*, p. 126.

② Merleau-Ponty, *Le Visible et l'Invisible*, p. 219.

③ Merleau-Ponty, *L'Œil et l'Esprit* (Gallimard, 1964.), p. 58：“我们的科学和我们的哲学就是笛卡尔主义的两个既忠实又不忠实的继承者，是从其解体中生长出来的两个怪物。”

④ Ibid.

⑤ Merleau-Ponty, *Résumés de cours*, p. 127.

取决于一个新的自然概念。这个自然像在笛卡尔那里那样包含着异质性的不同层面，却又不像笛卡尔那样到自然的背后去寻找一个外在的整合原因，它们的统一应该是内在的，或者说是有机的。而且，要发现这样一个自然，也不需要像海德格尔那样到早已消逝的古希腊人那里去追溯一种源初的自然之思，甚至不一定要到那些非哲学的诗人和艺术家那里去寻找灵感。现代思想自身中就蕴含着无比丰富的存在潜能。因此，与海德格尔那种溯源式的返回步伐不同，梅洛-庞蒂的探究更侧重于现当代的思想本身，他不但在现当代的那些思想大家（除了海德格尔外，还有谢林、柏格森、胡塞尔等人）中重新挖掘被“存在论的斜视”所忽视的某些潜能，也在同时代的自然科学、生物学所呈现的自然观念中寻找转机的可能性。事实上，科学的最新发展已经日益显明，“自然不仅仅是客体，是在认识的面对面中意识所面对的伙伴，它还是我们从其中涌现出来的客体，我们的各种前提条件已经一点点地在其中被设定，并最终凝结成一个实存，而它继续维持这一实存并为之供应各种物质。”[①]在梅洛-庞蒂看来，科学最终所显明的东西其实已经隐含在我们普通的知觉信念中了，“知觉世界向我们揭示了自然的这种事实性。不论知识必然给它带来什么修正，这个世界都重新具有了它在古典科学中失去的存在论含义。”[②]可以说，科学对自然的理解预设了知觉信念，它是“从被当作源泉的甚至是普遍源

① Merleau-Ponty, *Résumés de cours*, p. 94.

② Ibid., p. 132.

泉的体验世界出发而被构成的”[1]，但尽管科学逐渐承认了这一点，却依然没有阐明这一源泉。对此的阐明离不开哲学，因此我们还是要回到哲学本身。

五

梅洛-庞蒂指出，在传统存在论所产生的经验深处，欧洲哲学发现自己正在重新面对一个既是导向性的又具有盲目的生产力的自然。自然不再是像纯粹事物那样的绝对实定者或必然存在，正如谢林所说:“在自然中有某种东西，它使自然把自己作为上帝运作的独立条件强加给上帝本身。”[2]他把这个蕴含着“野蛮的”本源力量的自然称作“第一自然”，第一自然“能够被超越但永远不会像未曾存在过的那样”,而且对这个自然来说，重要的不是去思考它，而且是去“经历并体验它”[3]。因此，这个自然就不是纯粹的存在本身，而是一个在我们之中并通过我们的肉身存在与之有真实交流的存在。同样,在柏格森的思想中,也隐含着一个生机论的自然。柏格森描述了自然的“生命冲力”以及它所产生的创造性的进化；但另一方面，他也探讨了我们通过知觉与自然建立的某种辩证关系，由此，“自然在他那里就不单单是现实知觉的令人迷惑的被知觉物，而更是一个我们已经远离的视域，一种原初的和已失去的未分性，是已发展的宇

① Merleau-Ponty, *Le Visible et l'Invisible*, p. 35.

② Merleau-Ponty, *Résumés de cours*, pp. 95-96.

③ Ibid., pp. 106-107.

宙的各种矛盾以其各自的方式所要否定和表达的统一体。”[①] 在这个意义上，梅洛-庞蒂认为柏格森是与谢林一脉相承的。

不过，对梅洛-庞蒂来说，最重要的可能还是胡塞尔，因为他自己的存在论建构，在很大程度上仍是依赖于对胡塞尔思想的反思和推进。在其“工作笔记”的第一条中，他如此勾勒他的“存在论纲要”：

> 存在论纲要：被设想为原生**存在**以及逻各斯的存在论。通过拓展我关于胡塞尔的那篇论文，描画出野性**存在**的图景。但只要我们没有根除“客观哲学”（胡塞尔），则对于这一世界、这一**存在**的揭示就仍是一纸空文。需要一种 Ursprungsklärung（起源阐释）。[②]

这里提到的关于胡塞尔的论文,就是收入《符号》中的《哲学家及其阴影》一文。对于我们的考察来说，这篇文章尤其值得注意，因为正是在该文中，梅洛-庞蒂通过挖掘胡塞尔思想中“一种仍有待思考的非思”[③]，揭示了一条从现象学通向存在论的可能道路。从该文也可以看出，尽管存在论的现代观念是由海德格尔提出来的，但梅洛-庞蒂本人的存在论道路，却似乎与胡塞尔的关系更为密切。

梅洛-庞蒂在胡塞尔那里发现了一种类似于笛卡尔的存在

---

① Merleau-Ponty, *Résumés de cours*, p. 100.

② Merleau-Ponty, *Le Visible et l'Invisible*, p. 219.

③ Merleau-Ponty, *Signes*, p. 208, Gallimard, 1960.

论复视，如同笛卡尔那里存在着自然之光与自然倾向的二元性，胡塞尔那里也有着自然主义与自然态度的二元性。这里的自然主义不仅指各种自然科学在面对它所设定的纯粹事物时所持的客观主义设定，也包括胡塞尔的先验还原所导向的某种结果：当哲学家通过先验还原使自己成为一个不偏不倚的纯粹认识者，而把它所面对的所有事物作为意向对象以便毫无遗漏地展开它们，客观化它们，进而对之获得一种理智的拥有时，这同样是一种特殊的自然主义态度。但与此同时，还原也显明了它据以出发的自然态度，以及与自然态度相关的整个前理论世界。这样，在还原所导向的理论态度与它所重新发现的自然态度之间就凸现了一种张力：一方面，还原逾越了自然态度，导向了一种以自然为意向对象的精神或绝对意识，但另一方面，还原的逾越仍保留了自然态度下的整个世界，一个超越的世界。这种张力类似于笛卡尔那里的自然理性与自然倾向之间的张力，但笛卡尔最后是借助上帝统一这两者的，而胡塞尔则似乎是借助了他所说的一种双重意义上的奠基方式："前客观的秩序并不是第一位的，因为它只有通过在逻辑客观性的创立中获得实现才能够被规定，而且真正说来才能够完全开始实存；然而逻辑的客观性并不是自足的，它只局限于接受前客观层次的工作，它只作为感性世界的逻各斯的结果才存在，并且只是在其支配下才有价值。"这两种秩序的互相奠基导致了一种含混的状态，"我们不能说这两种秩序中的一种相对于另一种是第一位的"。[①] 它

① Merleau-Ponty, *Signes*, p. 218. 梅洛-庞蒂在《知觉现象学》中也谈到过这种双重意义上的奠基，参该书第 539 页。

还进一步导致了胡塞尔分析中的各种循环，如事物与他人经验之间的循环：“完全客观的事物被建立在他人经验的基础之上，他人经验被建立在身体经验的基础之上，而身体本身在某种方式上是一种事物。”又如自然与人之间的循环：在一种方式下，自然（无论是自然科学意义上的自然，还是在胡塞尔看来“作为第一性真理的原呈现者”的自然）是世界整体，它把人包括在内，但在另一种方式下，人却包含了他们共同构造的作为客体的自然。①

然而，如果将这种双重意义上的奠基方式视作最终的解决，那我们其实并没有前进多少，因为这不过是我们一开始提到的“身体－世界”关系在纵向层面上的翻版而已。然而，“我对存在的看法无法与存在共外延”②，前客观的秩序、原初的生活世界并不是与逻辑规定的秩序和先验意识构造的世界同外延的，它们意指的是“先于任何论题和任何理论，在认识的诸客观化之下的‘世界论题’”③：

> 这一在我们的诸论题和我们的理论之下的基础结构、诸秘密的秘密，如何反过来会取决于绝对意识的诸行为？向我们的“考古学”领域下降难道没有让我们的分析工具受到损坏？它难道一点没有改变我们关于意向活动、意向相关项、意向性的观念，

---

① Merleau-Ponty, *Signes*, p. 222，我们前面提到的在先验意识与生活世界之间的看似矛盾的关系其实也是这种循环式的互相奠基的结果。

② Merleau-Ponty, *Le Visible et l'Invisible*, p. 87.

③ Merleau-Ponty, *Signes*, p. 228.

没有改变我们的存在论？[1]

梅洛-庞蒂指出，尽管胡塞尔并没有完全地厘清这些问题，但他的探究打开了一个能够引导人们进一步去思考的“非思”领域，而且他的探究遵循着确定的方法步骤，其中最重要的就是他的还原。还原本是现象学的最基本方法，但梅洛-庞蒂却看到，它也是通向存在论的基本途径：“对于胡塞尔来说，还原最终（通向的）不是先验的内在，而是对世界论题的揭示”[2]，或者说，“他至少在先验发生的背后隐约发现了一个在那里一切皆同时存在（*ὅμον ἤν πάντα*，万物一体）的世界”[3]。正是有鉴于此，梅洛-庞蒂自己的计划也是通过还原来进入存在论，如他在“笔记”中所言：“只有在进行了本书所展开的一系列还原——所有这些还原都在最初的还原中进行，但只有在最后一个还原后才真正完成——之后，我才能最终采取一种立足于存在论的立场……”[4]

什么是最初的还原，什么是最后的还原？梅洛-庞蒂不是曾说过，“还原的最大教益是完全还原的不可能性”[5]吗？从根本上说，还原其实涉及意识与自然态度的关系。还原是对自然态度的超越，从直向的自然态度及其相应的存在设定中退出，反过来考察自然态度的意识生成。由此，“在还原的机制中，存

① Merleau-Ponty, *Signes*, p. 206.

② Merleau-Ponty, *Le Visible et l'Invisible*, p. 233.

③ Merleau-Ponty, *Signes*, p. 226.

④ Merleau-Ponty, *Le Visible et l'Invisible*, p. 233.

⑤《知觉现象学》，第 10 页。

在的就只有意识，它的各种行为及其意向对象，这使得胡塞尔可以这样描述：有一种自然之于精神的相对性，自然是相对项，精神则是绝对者。”①

但在梅洛-庞蒂看来，这并不是最后的还原。还原在超越自然态度的同时，也保留了“自然态度下的整个世界”。关键是要看到，这个世界并不是由意识所构造的，意识并不能将这个世界包含在一个封闭而透明的意识领域中；恰恰相反，意识自身的构造活动始终受到这个原初世界的滋养。因此，还原最终将承认世界的超越性，并使意识认识到它自身的有限性，认识到它对于由它的反思所揭示的这个未被反思的原初世界的依赖。梅洛-庞蒂指出，“从《观念 II》起，胡塞尔的反思就避开了纯粹主体与纯粹事物之间的这种直接对立，它在下面寻找作为基础的东西。”② 这个“作为基础的东西”是反思中的“未被反思项”，它构成了意识活动与意向对象之外的第三维，是这些“相关项”之外的“非相关项”，一个“开端性的事实”③。对这一抵制着反思把握的基础层的发现，才是最后的还原，这是一种“考古学式下降”的垂直还原，一种存在论的还原。它最终确认了完全还原的不可能性，确认了还原自身的条件和依赖。这个作为基础的东西就是胡塞尔称作“原呈现者”的东西，就是梅洛-庞蒂所说的“原生的和野性的存在”，或者说“垂直的存在”，就是谢林所谓的作为“野蛮的本源”的自然：“事实上，自然‘处

① Merleau-Ponty, *Signes*, pp. 204-205.

② Ibid., p. 206.

③ Ibid., p. 211.

于第一天'。它总是作为已在那儿者呈现在我们面前，但它在我们的眼里又始终是新的。这种远古在当下之中的蕴含，这种远古对最新当下的召唤，使反思性思维迷失了方向。"①

反思对于自身有限性的认识，还原对于这样一个作为"野蛮本源"的自然的揭示，表明那个想要通达纯粹意识的哲学家始终无法摆脱那拖曳在其背后的身影。现象学在此遭遇了它自身的极限："现象学的可能性或许对于现象学本身变成了一个问题，或许存在着一种'现象学的现象学'，所有那些预先分析的最后意义都取决于它，而完整的或自身封闭的或停留在自身中的现象学则仍然是有问题的。"② 所谓"现象学的现象学"就是一种存在论的现象学（现象学存在论），或甚至一种形而上学的现象学（现象学形而上学）。梅洛-庞蒂事实上发现，在胡塞尔那里，"意向分析将我们同时引向了两个对立的方向：一方面它向**自然**下降，向纯粹原呈现者的领域下降，而另一方面，它被引向人格和精神的世界。"③ 而正如我们前面指出的，这两个方向其实也是梅洛-庞蒂自身努力的方向。不过我们在此关注的首先是前一个方向。

只有经过最后的还原，我们才能通达一种存在论的立场。然而，正因为这种存在论的立场是经由还原达到的，所以我们面对的就不是存在本身，而是一个相对于我而言的"有距离的

---

① Merleau-Ponty, *Résumés de cours*, p. 94, cf., Merleau-Ponty, *Le Visible et l'Invisible*, pp. 320-321.

② Merleau-Ponty, *Signes*, p. 224.

③ Ibid.

存在”；不但是“有距离的存在”，而且是一个在深度中的“垂直存在”，一个“充斥着非存在和可能性”的存在。这也是梅洛–庞蒂有别于海德格尔的地方：“我们不能构造直接的存在论。我的‘间接’方法（诸存在者中的存在）是唯一与存在相符的——‘否定哲学’一如‘否定神学’。”①

六

对我们来说，这个有距离的存在是“一种先在之‘有’”（un « il y a » préalable）②，它在我们的自然态度中就已经被设定了，还原只是重新发现了它而已。而这种发现也使我们重新肯定了自然态度：自然态度的意见是一种原意见（Urdoxa），它是我们的实存之原初性的体现，它有着决定性的优先资格。③在这个意义上，自然态度就是人的一种存在论状态，梅洛–庞蒂则称这种态度为“知觉信念”。《可见者与不可见者》正是从“知觉信念”开始的，梅洛–庞蒂省略了明确的“还原”步骤，但依据我们刚才引用的“笔记”，则这种还原应该是一个必要的前提。④

---

① Merleau-Ponty, *Le Visible et l'Invisible*, p. 233.

② Merleau-Ponty, *L'Œil et l'Esprit*, p. 12.

③ Merleau-Ponty, *Signes*, p. 207.

④ 其实也不能说是省略，因为当他随后对科学主义、反思分析的方法等进行批判时，他实际上就践行了这种存在论的还原，即回到“世界的厚度”，回到我们与世界的一种“更低沉”的、密契（initiation）式的关系中。

那么，“知觉信念”与“知觉”有什么差别呢？梅洛-庞蒂对此并没有作出说明，但我们还是可以说，知觉信念处于比知觉更基础的层次。在《知觉现象学》中，梅洛-庞蒂曾谈到，知觉是匿名的某人与世界之间缔结的一个约定。[①]而这种约定就是以一种基本的相信为前提的：相信有世界、有某物，相信这个世界的可靠性，相信我与世界之关系的可能性……这种相信就是知觉信念。这是一种自然的信念，甚至可以说是自然的赠礼，它不需要我们着意地去相信，而是生命的一种自然本能（因而它不是信仰）。事实上，任何知觉都预设了一种对“那儿有……”（il y a）的信念，即使知觉有可能出错，而成为错觉，甚至成为幻觉，但出错的也只是对“那儿所有”的“什么”的把握，而不是对“有”本身的否定。由此可见，知觉是知觉信念的具体化，知觉总是对“什么”（“某物”）的知觉，而知觉信念则是对“有”本身的信念；至于“有什么”的“什么”，则是在“有”的基础之上显现出来的。因而，知觉信念与知觉其实是不可分的，知觉信念内在于任何一种知觉中，这一整体的知觉就意味着“向……的开放”。相信“那儿有……”，就是向着那个“有”开放，就是归属于那个“有”，但同时又使那个“有”籍此而“绽现出来”（ek-stase），并在这一“绽现”中成其为“有这个”、“有那个”的具体之“有”。在这个意义上，“有”就代表了一种原始未分化的感性一般（sensibilité en général）。不过，虽是未分化，却仍有“某种根本的差异（écart）、某种创制性的不一致”在其内：“当胚胎的机体开始知觉时，并不是通过在

① 《知觉现象学》，第 351 页。

己的身体创造了一个为己，并不是一个预先存在的灵魂降临到了身体中，而只是胚胎发生的漩涡突然集中在它所准备的内在凹陷中”[①]，如此便形成了一种特殊的肉之构型，一个有着“非存在之湖”、“以虚无为衬里”的存在。最终，知觉就是存在之肉的分化所形成的特定的格式塔结构。

我们可以看到，梅洛-庞蒂在此的描述完全抛弃了传统意识哲学的那些概念，知觉不再是主体对于客体的一种意识，而是作为特殊物的身体与其他事物之间的某种交缠和回绕关系，而身体与事物又是由同样的材料构成的，如此，知觉就是那“先在之有”所生成的某种拓扑学形态或格式塔结构。

不过，说“先在之有”就已经带有某种推定的意味了，因为严格地说，只是相对于前面提到的还原来说，“有”才是“先在”的，而对于知觉或知觉信念来说，它们则是同时性的。知觉信念是对“那儿有”（il y a）的信念[②]；“那儿”意味着距离和差异，而“有”则是在这种间距所敞开的虚无中伴随着信念而共显的。正是因此，“有”既不是一种纯然的在己（en soi），也不是一种纯然的为己（pour soi），而只能说是一个内蕴差异却又原初

① Merleau-Ponty, *Le Visible et l'Invisible*, p. 287.

② 前面曾提到海德格尔区分了 es gibt 与 il y a，现在我们可以更清楚地理解他的这种区分以及他与梅洛-庞蒂的差别了。es gibt 所“给出”的就是这个“先在之‘有’”，而 il y a 只是“那儿有……”。作个也许不特别恰当的比较，这两者的区别就相当于《圣经·创世纪》中第一章与第二章的区别：前者是纯上帝（存在本身）的视角，而后者则是人的视角，即使它主要讲的仍是上帝的作为，但这也是从人的视角中显现的上帝作为。

一体的感性存在。[1]这里我们要强调一下"感性"一词。感性即意味着一种基本的知觉信念或知觉活动，只是那个知觉着的主体仍"从属于盲目地被指认的事物本身，它只是相对于事物的差异……作为尤里西斯意义上的'无人'，作为逃入世界中的匿名者，它还没有在其中勾勒其痕迹。"[2]

当梅洛-庞蒂用"肉"或"原生的和野性的存在"等词语来描述这个原始的感性之"有"时，他所要强调的就是这种未分化的状态。但感性之"有"中所蕴含的那个作为"非存在之湖"的虚无和那种"创制性的不一致"却会推动它进行更复杂化的构型运动，这就是人之表达活动的开始，亦是人类文化和文明的创始。如梅洛-庞蒂在一则笔记中所说：

我在涉及绘画时谈到的"无定型的"知觉世界，——让绘画一再开始的永恒源泉，——它不包含任何表达法，可是它召唤所有的表达法，它需要所有的表达法，并且在每个画家那里重新激起一种新的表达的努力，——这个知觉的世界从根本上

---

① 在此可以指出，列维纳斯将 il y a 视作令人恐怖的存在并不是存在论的原初事实，在他那里，il y a 是在黑夜失眠的焦虑中呈现出来的，也就是说，只有当人从存在中脱落且无法回到存在中时，这种陌异的存在面相才会呈现出来，就此而言，它是一种黑格尔式的苦恼意识的表现。可以比较梅洛-庞蒂对于睡眠与存在之关系的描述：睡眠是将我的呼吸与某个外在的存在"巨肺"相通。参《知觉现象学》第 293 页。

② Merleau-Ponty, *Le Visible et l'Invisible*, p. 254. 王阳明的名言"你未看此花时，此花与汝心同归于寂"中所谓"同归于寂"的状态就相当于此处之前客观的感性存在。

说是海德格尔意义上的**存在**，它比任何绘画、任何言语、任何“态度”都更多，它在其普遍性中被哲学所把捉，它显现为将要被说出的一切的包纳者，但同时又让我们创造它（普鲁斯特）：这就是呼唤 λόγος προφορίκος（被说出的逻各斯）的 λόγος ἐνδιαθετος（内在的、沉默的逻各斯）。[①]

在此就可以更清楚地看到，感性之“有”之所以是“原生的和野性的存在”，就是因为它还没有上升到语言或符号层次，因而这是一个沉默的世界，但它已经盈溢着含义或意蕴，“一些非语言的含义或意蕴”[②]。不过，既然它们还没有被说出，则这些意蕴就仍是“无定型的”，它们是“一切对一切的侵越，普遍的混杂”[③]，它们期待着被说出，被确定。一个有待进入语言的世界就是知觉世界或自然世界，这里有自然的声音，“它就是事物、水波和树林的声音本身”[④]。但自然的声音还只是感性的显发，唯当我们依循这种自然的“分环勾连”（articulation）进行表达时，我们才与自然一道进入创制的层次，最终甚至能反过来将这种自然的创制力量据为己有，这是在我们如今所处的技术时代正在发生的事。不过，现象学的使命始终在于在更高的层次上恢复与自然的这种原初和谐。“在某种意义上，就像胡塞尔所说，整个哲学都在于恢复一种符指的力量，恢复意义的

① Merleau-Ponty, *Le Visible et l'Invisible*, pp. 223-224.

② Ibid., p. 225.

③ Ibid., p. 287.

④ Ibid., p. 204.

初生状态或一种野性的意义，用那种尤其阐明了语言之特殊领域的经验来恢复对经验的表达。”① 其实又何止是哲学呢？文学、诗歌、音乐、绘画等同样如此，它们都是以其各自的方式应和着知觉世界的“沉默逻各斯”而成其自身的“被说出的逻各斯”。

梅洛-庞蒂在此重又提到了海德格尔：“这个知觉的世界从根本上说是海德格尔意义上的存在。”不过，就像我们前面说过的，所谓“海德格尔意义上的存在”只能是那个“有距离的存在”，即存在者的存在。说存在是“有距离的”，就是说存在无法被我们直接把握和拥有，因为我们已经从存在中绽现出来，但由于知觉信念，我们又归属于存在，于是存在就透过我们而被知觉，我们的知觉因此是存在的“自我知觉”。② 所谓“存在者的存在”正是将这种距离（即虚无）纳入存在自身中，造成其内在的“间距”（écart）和“不一致”，而这种间距和不一致对于存在来说又有着“创制性的”功能，存在正是籍此而自行差异化并自行缠结，从而产生特定的世界构型和事物构型。这就是存在论的运作，而我们则通过知觉、表达而一道参与了这种运作，甚至可以说，我们的知觉、表达本就是存在运作的产物。

前面我们讲到的经由还原发现存在的过程是一种下降的运

① Merleau-Ponty, *Le Visible et l'Invisible*, p. 203.

② 因此“存在者的存在”就是感性存在，前客观的存在。海德格尔借着 Angelus Silesius 的诗所分析的那朵不需要理由而自行绽放的玫瑰（“玫瑰是没有为何的；它绽放，因为它绽放，/ 它并不留意它自身，也不问，人们是否看到它。”参海德格尔：《根据律》，第五课，张柯译，商务印书馆，2018 年；亦参 Merleau-Ponty, *Résumés de cours*, pp. 154-155）。一如王阳明所说的那棵在山中自开自落的花树，原不出“心”（知觉信念）之外。

动，而现在由存在而知觉、由知觉而表达的过程则是一种上升的运动，这两者合起来就是黑格尔意义上的绝对者“返回自我”与“离开自我”的同一性。[①]

七

上升的道路是通向本质，通向观念或理念，通向精神的道路[②]。一直以来，这也是哲学的道路。然而，现象学却指出，并不存在一个像柏拉图的理念世界那样预先存在的纯粹本质的天堂。本质是在事物中、在实存中、在经验中显现出来的。在前语言的知觉世界中，已经有非语言的意蕴在分泌，在流溢，并通过分环勾连而形成一种格式塔化的结构。在梅洛-庞蒂看来，图形—背景的格式塔结构是最基本的知觉意义形式；知觉，就意味着“向……的敞开”，就意味着在目光之下的图形—背景结构的形成，就意味着一个“闪光的某物”在这一开放视域中的绽出；最后，这个“某物”又在言说中得到把握。而这就是一个“成其本质”的过程，因此，“本质”是与语言密不可分的。在前语言阶段，尽管已经有意义或意蕴，但这是一种不确定的、含混的意蕴状态（梅洛-庞蒂说这是一种“坏的含混性”），只有借助语言，这些流变的意义才会变得确定，进而成为本质（一种“好的含混性”）。不过，为了达到纯粹本质，还需要对在语

---

① Merleau-Ponty, *Signes*, p. 204.

② 至此就涉及了梅洛-庞蒂在他的笔记 f 中所拟定的“不可见者与逻各斯”部分的内容。

言中被把握的事物进行进一步的抽象，事物是个别化的“这个”或“那个”（dass），而本质则是对诸个别化事物中的共性（即诸事物之 Was）的析取，经由如此这般的抽离，意义就与具体的事物分离，转而以语言为载体，凝结成一个个的观念晶体。事物与事物之间的关系就转变为观念与观念之间的关系。一个本质的世界就这样产生了。哲学与科学向来就是与这个本质世界打交道的。但在此容易产生一种幻觉，即以为这些本质是一直如此、始终如此的；以为它们先于人、先于世界而在，因此是它们规定了人和世界；进而以为，把握了这些本质，就是把握了真理，依本质而活，就是活在真理中。可以说整个现代的世界，尤其是现代的技术世界，就是基于这样的本质观和真理观而发展起来的，而它最后导致的致命结果却是意义的消失和人的危机。

然而，由我们刚才的描述可知，诸本质不是第一位的，不是建立在其自身中的，它们首先是基于事物、事实、实存和经验的一种创制和建构。本质是事物的“内在意义”，是“意义的意义”，是这种“原则性的必然性”，甚至是事物中如果缺少它就不可能存在的东西。[①] 但这并不意味着，本质能独立于事物而存在。终极性的本体力量属于事实和经验。“诸本质、本质的诸必然性、内在的或逻辑的可能性，无论它们在精神的目光之下如何地牢固和不可质疑，都只是由于所有我的思想和他人的思想被纳入到唯一一个存在的织体中才最终具有其力量

① Merleau-Ponty, *Le Visible et l'Invisible*, p. 145.

和雄辩。”[①] 而本质则不过是存在和世界的方式或风格，它们是 Sosein 而非 Sein。[②] 在这个意义上，甚至不能说本质是普遍的，尽管它们可能具有普遍性的支配力量。

其次，本质也依赖于语言，它们是在语言之肉中形成的某种“分凝”。如同知觉是因存在的开裂而在我的身体与事物之间形成的特定构型；诸本质则是在此之上的进一步的开裂和重构，因为它们不仅涉及存在与我们之间的关系，而且涉及“言说与思维的开裂”[③]。因此，它们是“有”之升华，是以语言为介质而形成的意义装置，它们“是自恋的、充满爱欲的，具有把其他含义吸引到自己网中的天然魔力”。[④] 本质一旦形成，就反过来重组了事物和世界，它们构成了事物的内在骨架，构成了“存在的关节和肢体”。[⑤]

最后，本质尤其取决于人的某种决定性的创制，取决于目光的某种转向。在原初的自然态度下，所有人眼中的事物和世界应该具有类似的一致风格，但如果想要由此过渡到“诸本质”，那么，就需要某种人为的干预：“我必须积极地介入，使事物和场域发生变化，但不是通过某种操纵，而是不触及它们，通过假设改变这种关系或这种结构，或使之不起作用，观察这对其他事物的影响，以这种方式，辨析它们中可与事物相分离的东西，以及相反地不能被取消或改变的东西，除非事物本身停止其存

① Merleau-Ponty, *Le Visible et l'Invisible*, p. 148.

② Ibid., pp. 147-148.

③ Ibid., p. 157.

④ Ibid., p. 158.

⑤ Merleau-Ponty, *Signes*, p. 228.

在。本质从这种检验中显现出来，它因此不是一个实定的存在。”[①] 这是梅洛-庞蒂对胡塞尔所倡导的本质变更法的阐述，但其实这种方法隐含在整个西方哲学和科学的传统背后，只不过它采取了一种更加激进的步骤而已。因为，既然本质是在特定的经验场中生成的，它就隐含着事物与人的特殊关系，但这也意味着本质是不纯粹的，而要获得一种“完全不受事实污染和干扰的纯粹本质”，就必须通过“一种总体变化的尝试”：“为了真正将一种经验还原为其本质，我们应该和它保持一定距离——这段距离将经验整个儿置于我们的目光之下，连同那些在经验中起作用的感觉或思想的意蕴，应该将经验也将我们整个儿过渡到想象物的透明中，应该在没有任何土地支撑的情况下思考它，简言之，应该退回到虚无的深处。”[②] 在这种极端的纯化背后隐含着一种要将人归于虚无的疯狂，且不论这样一种无限的距离拉伸是否可能，至少在梅洛-庞蒂看来，它即使可能，如此获得的本质也将丧失经验自身所具有的丰富蕴藉，丧失“在世界与**存在**的厚度中所具有的这种一致性；而没有这种一致性，本质就是主观的疯狂和傲慢”。[③]

梅洛-庞蒂没有否认在本质的建构后面隐含着某种权力意志：“本质的可靠性和本质之本质性正是由我们具有的使事物

---

① Merleau-Ponty, *Le Visible et l'Invisible*, p. 149.

② Ibid., pp. 149-150. 这种类似的尝试贯穿于整个西方哲学的传统中，如泰勒斯的仰观星空，柏拉图的走出洞穴，笛卡尔的绝对怀疑，康德的哥白尼式转折，等等，其最终的结果就是我们熟悉的本质与经验的二分。

③ Ibid., p. 151.

发生变化的能力（pouvoir）来衡量的。”[①] 不过，他没有因此就否定本质的可能性甚至可靠性，因为本质同样源出于事物的要求，事物要求我们对它们的存在作出回应，并要求在我们的目光下成其自身：“它们在那儿……直立着，坚挺着，以它们的棱角刺痛目光，每个事物都要求一种不与其他事物的在场共可能的绝对在场，然而它们又依据一种‘构型的意义’而共同在一起，而‘理论的意义’并不能为我们提供关于这种构型意义的观念。”[②] 最后半句正表明了本质构造的限度及其依赖：理论或本质构造只是对经验中呈现的“构型”意义的析取和把握，但它不可能穷尽，更不可能取代经验自身的意义；进而这也表明，不存在能与事实或经验完全分离的本质，本质携带着它得以生成的视域或地平线，所谓的纯粹本质只是基于某种思想实验而设定的“极限观念”。如果我们重新审视事实与本质的反题，那么，一种恰当意义上的本质恰恰处于“经验之于经验的这种缠绕中心”[③]。本质本质化，它是“有”之意义的升华和结晶，为此，梅洛-庞蒂还专门从海德格尔那里借鉴了Wesen一词，并不断地强调它是在动词的意义上使用的：

立方体的“含义”（就像几何学为它下的定义那样）、本质、柏拉图式理念、客体都是有的具体化，是动词意义上的Wesen（成其本质），即本质化（ester）——每一个that（那个）都包

① Merleau-Ponty, *Le Visible et l'Invisible*, p. 149.

② Merleau-Ponty, *Signes*, p. 228.

③ Merleau-Ponty, *Le Visible et l'Invisible*, p. 151.

含着一个 what（什么），既然 that（那个）不是乌有，因而就是 etwas（某物），因而就是 west（成其本质）。①

不过，尽管本质不是“实定的”，而是由人创建的，但本质一旦产生，就不可能再消失，就像是事物中原本重叠的一层折子被打开了，或者就像它生成了新的皱褶，从而改变了自身的构造那样。本质栖息在词语中，而“所有风景都受到了词语的浸渗，就像被入侵一样”②。在这个意义上，如同纯粹的本质是一个极限观念，纯粹的事物或事实也是一个理想极。就像柏格森的纯粹记忆，需要借助当前知觉的契机才能被打开，并因此而受到当前知觉的限定或“污染”，同样，那宣称要像第一次睁眼看见世界那样画画的画家，那宣称要像第一次开口说话那样写作的作家，最后他们所看到的、所说出的都不是纯粹的或原初的事物，而是新的事物。没有纯粹的本质，也没有纯粹的事实。同样，尽管我们前面讲到了哲学的下降和上升的运动，讲到了离开自我与返回自我的过程，但没有单纯的上升和下降，没有单纯的离开和返回，而是下降同时伴随着上升，离开同时伴随着返回。这一切正如同梅洛-庞蒂在谈到绘画时所说：“通过展现诸沉默含义的肉感本质和有效相似的梦幻般的宇宙，绘画模糊了我们有关本质与实存、想象与实在、可见与不可见等所有这些范畴。”③

① Merleau-Ponty, *Le Visible et l'Invisible*, p. 256.

② Ibid., p. 203.

③ Merleau-Ponty, *L'Œil et l'Esprit*, p. 35.

八

至此，我们可以回到本书的标题“可见者与不可见者”，并对它来略作解释了。

显然，可见者与不可见者同样是密不可分地交织在一起的。可见者在此指的是经验性的事物，梅洛-庞蒂也将它称作“可感者”或“感性物”；而他之所以更通常地用“可见者”一词，是因为视觉是所有感官中最具典范性的，因为本质直观、精神直观都是基于视觉形式而生成的，是对视觉的一种升华形式，而“思想也已经预先蕴含于视觉之中”了。[①]

但除了视觉外，梅洛-庞蒂也经常地提到触觉形式。事实上，视觉和触觉是他的书中出现得最多的两种感觉形式。在某种程度上，触觉更比视觉要更原始，因为它更接近于事物本身，“当我的右手触摸我的正在触摸事物的左手时——通过这种触摸，‘正在触摸’的主体就过渡到被触摸之列，下降到事物之列，以至于触摸在世界之中自行发生，仿佛是在事物中形成的。”[②]在我们前面提到的那篇关于胡塞尔的著名论文中，在向前客观的感性层次还原时，梅洛-庞蒂就主要借助双手触摸的例子（这其实是胡塞尔自己提供的例子）来进行的：正如在双手之间触摸与被触摸的可逆性关系是以一个统一的身体为前提的，是身体所执行的一种“反思性艺术”的体现；我的手与他人的手的触摸及对这种触摸的感受，同样是一种更原初的感性“共存”

① Merleau-Ponty, *Le Visible et l'Invisible*, p. 191.

② Ibid., p. 176.

或“共现”的体现，“我和他就像是唯一的交互身体性的器官”①。在《可见者与不可见者》中，梅洛-庞蒂也把原生的视觉（vision brute）视作目光与事物之间的一种触摸关系：当这种视觉发生之际，“有的既不是先与其自身同一、随后把自己提供给看者的诸事物，也不是一个首先空空如也、随后才向事物开放的看者，而是我们不可能比通过目光的触诊更能接近于它的某物，是我们不可能指望‘完全赤裸’地看到它们的诸事物，因为目光本身就裹卷了它们，以它的肉为它们着装。”② 因此，我们可以看到，视觉和触觉代表了身体感觉的两种不同的运动，视觉是向上的，向着本质和观念的维度敞开，最后导向一种精神直观，而触觉则是向下的，是对事物本身，对原初的感性之“有”的探索。然而，无论是观念之“粹”，还是存有之“邃”，它们都超出了可见者、可感者的实显层面，而进入了不可见者的层面，视觉和触觉在此似乎分别标示了不可见者的两个维度：观念性（或理念性）与深度。

什么是不可见者？在一则笔记中，梅洛-庞蒂提供了他对于不可见者的几种解释：

---

① Merleau-Ponty, *Signes*, pp. 212-213.

② Merleau-Ponty, *Le Visible et l'Invisible*, p. 173. 值得注意的是，在《眼与心》中，梅洛-庞蒂认为笛卡尔的视觉模式就是触觉，因为笛卡尔说，盲人是“用手来看”的。（Merleau-Ponty, *L'Œil et l'Esprit*, p.37）不过，不能将梅洛-庞蒂对笛卡尔的断语与他自己的视觉模式混为一谈，因为在笛卡尔对视觉与触觉的混同中，隐含着它们与思想的根本差别，因为无论是视觉还是触觉，都只是主体与广延物发生相互关系的方式，而唯有思想才能理解和把握事物。

不可见者是：

1. 并非实际可见的，但可能存在的东西（事物隐藏的和非现实的方面——隐藏的、位于“别处”的事物——“这里”和“别处”）

2. 与可见者相关，但不是像事物那样可以被看见的东西（可见者的各种实存因素，它的诸维度、其非-具象的内在骨架）

3. 只在触觉或运动觉等方面实存的东西。

4. λέκτα（意谓，所说的东西），我思。①

显然，不可见者并不是绝对的、完全的非可见者（le non-visible），它总是隐含在可见者中，透过可见者侧显出来，或甚至构成了可见者之可见性的前提。在此提到的这四种不可见者（或者说不可见者的四种含义）中，第四种就是我们刚刚阐述过的意义、本质、观念等。第一种则是侧重于经验层面而言的，它指事物的另一面，被当前可见的一面遮掩的其他侧面，也许只要换个位置，那现在不可见的东西就能成为可见的了。第二种不可见者则是指那些自身虽不明显可见，却能使可见者变得明显的东西，如光线、阴影、深度等，这些都是属于背景层面的东西，是在显现的事物中自行隐藏的“诸实存因素”，因此可以说是一些相对的不可见者。这尤其是画家们喜欢探索的主题。第三种不可见者似乎是指一些非视觉性的东西（如声音），但更可能是指视觉的某种触觉伴随或动觉伴随，如果没有这种伴随，视觉甚至就是不可能的，但这种伴随对视觉本身来说又是不可

① Merleau-Ponty, *Le Visible et l'Invisible*, pp. 310-311.

见的。比如梅洛-庞蒂谈到过视网膜中的盲点，它使我们得以有视觉，而它自身却是微细不可见的[①]；他也谈到，知觉实际上是与一种它所没有知觉到的自身运动密切相关的，而这是一种“原则上的不可见者”：“我不能看到自己在运动，不能见证自己的运动。然而这种原则上的不可见者其实意味着 Wahrnehmen（知觉）和 Sich bewegen（自己运动）是同义词：正是由于这个原因，Wahrnehmen 从来没有与它想把握的 Sich bewegen 相结合：它是另一种自己运动。”[②] 在这个意义上，知觉就是非知觉，这种非知觉实际上隐含在每一种感觉中：“触摸之不可触摸者，视看之不可见者，意识之无意识……是可感**存在**的*另一面*或*反面*（或另一种维度性）；我们只能说它就在*那儿*，尽管确定地有它*所不是*的一些点——它是通过投入另一维度性中的在场，一种具有‘双重背景’的在场而在那儿的。”[③] 这种“触摸之不可触摸者，视看之不可见者，意识之无意识”就是我们前面讲过的那种蕴含于可感存在中的“内在间距和不一致”，它是非存在、非知觉或不可见的，但对知觉来说，却有着根本的创建性作用。

这四种不可见者其实是密切相关的，但对我们当下的讨论来说，最重要的可能还是第二种不可见者，因为这也是梅洛-庞蒂讨论最多的。在他的《眼与心》中，他就着重探讨了现代

---

① Merleau-Ponty, *Le Visible et l'Invisible*, p. 301. 佛学中谈到眼识有其“净色根”，“无见有对”，靠着它才有视觉，与此庶几近之。

② Ibid., p. 308.

③ Ibid., pp. 308-309.

画家在探索这些视觉中的“不可见幽灵”上所作的努力。当像笛卡尔这样的理性主义哲学家想要将这些视觉中的暧昧因素从其思想中驱逐出去，构建一个毫无歧义的透明世界时，画家们却通过其持续的视看，一直在孜孜不倦地探索事物的具象表现。当塞尚反复不断地画他的圣维克多山时，他与其说是想要画那座山本身，不如说是要籍此探索那些使山向他显现的手段：

揭示那些手段，那些可见的而非别的手段，通过这些手段，山使自己成为我们眼里的山。光线、亮度、阴影、反光、颜色，所有这些探求的客体都不完全是实在的存在：就像那些幻影（les fantômes）一样，它们只有视觉上的实存。它们甚至只处在外行视觉的阈限之上，它们通常都不被人看到。画家的注视向它们询问，它们是如何操作的，从而使某物、使此物突然出现，从而构成了这个世界的秘符，从而使我们看到了可见者。[①]

在梅洛-庞蒂看来，画家的这种努力之所以值得重视，是因为它们昭示了一种新的哲学观念。如同画家想要探索事物生成的手段，揭示可见性的奥秘，哲学家也应该去探究那暗中支持着思想，推动着思想，使思想得以可能的“非思领域”和“待思领域”。正如他在关于胡塞尔的著名论文中所说：

思考不是拥有某些思想对象，而是通过它们来划定一个我们因而尚未思考的待思领域。就像被知觉的世界只有通过事物

① Merleau-Ponty, *L'Œil et l'Esprit*, pp.28-29.

之间的各种映像、阴影、层次和视域——它们既非事物，也非什么都不是，相反它们只是为在同一事物和同一世界中的各种可能变化的场划定了范围——才能够维持下去；同样，一个哲学家的作品和思想也是由被说诸物之间的一些关联构成的——对于这些关联，不存在客观解释和任意解释的两难，因为它们不是思维的对象；因为就像阴影和映像，当我们使之从属于分析性的观察和孤立的思考时就瓦解了它们；因为我们只能通过重新思考它们，才能忠实于它们和重新发现它们。①

这一永远有待思考的“非思领域”其实就是我们的知觉世界，就是这一作为原初之“有”的感性世界。回到这个世界，就是回到我们最单纯的知觉信念。哲学探究知觉信念，或者说，哲学就是正在探究其自身的知觉信念。②它将在这一沉默的知觉中呈现的分节化的意蕴转化为明确的词语和观念，又将那些早已形成的本质和观念与这种前语言的意蕴对质，因此，哲学就是在沉默与言语之间的相互转换。哲学家想要言说这种沉默，但他最终将不得不承认，沉默无法消除，因为他的言说本身受到沉默的滋养，是沉默在透过他言说自己：

哲学家言说，而这是他的一个弱点，一个不可理解的弱点：他应该沉默，与沉默融为一体，并把一种已在那里被构成的哲学结合到**存在**中去。但所发生的一切则相反，就好像他想要把

① Merleau-Ponty, *Signes*, p. 202.

② Merleau-Ponty, *Le Visible et l'Invisible*, p. 139.

他在自身中聆听到的某种沉默放到词语之中。他的全部“作品”就是这种荒谬的努力。他写作是为了说出他与**存在**的接触；他没有说出它，也不可能说出它，因为这是关于沉默的。于是，他又重新开始……因此，应该相信语言不仅仅是真理和重合的对立面，应该相信有或可能有一种关于重合的语言，一种让事物自身言说的方法——这正是他所寻找的。这将是这样一种语言：他不是它的组织者，他也不汇集词语，而是词语透过他、经由其自身意义的自然交错、经由隐喻的神秘交易而统一在一起，——重要的不再是每个词语和每个形象的显白意义，而是被蕴涵在其转账和交易中的各种侧面联系，亲缘关系。①

* * *

最后，补充说一下翻译的情况。《可见者与不可见者》已经有了一个中译本，译者早先对该书的研读，也曾极大地受惠于该译本，不过，也正是在深入的阅读中，感觉到原有译本中诸多不尽人意或与意不契的地方，于是就有了重译该书的念头，于是就断断续续地将该书的主体部分译出。后面的笔记也零零星星地译了好多。当时也没有明确想要出版的想法，直到后来，很后来，因受到拙作《隐喻的身体》在崇文书局再版的鼓励，我便也向该书的编辑黄显深先生自荐了这个译稿，没想到立刻就得到了接受，并很快签订了出版合同。于是我又对照原文对原先的译稿进行校订，并补充漏译的内容。没想到在此过程中

---

① Merleau-Ponty, *Le Visible et l'Invisible*, pp. 166-167.

又发现了大量的错误，真是译事无止境啊！译稿交上去后，黄编辑又对照着原文校了一遍，再次指出了一些错误，尤其是他还帮我添加了一个关于弗洛伊德的注释(原书第287页)。因此，无论是本书的出版还是完善，黄编辑都是功莫大焉，在此我要对他表示最诚挚的谢意！当然，译文中肯定还是存在着许多与意不契或不尽人意的地方，其责任都应在我，也请读者方家不吝批评指正！

在翻译过程中，译者添加了一些注释，其中部分注释参考了该书的英译本和意大利语译本。对一些关键术语的翻译，亦多有借鉴，如将 en soi 和 pour soi 译作“在己”和“为己”是采取了杨大春教授的建议，将 être brut 译作“原生存在”，是采用了曲晓蕊的译法，将 articulation 有时译作“分环勾连”，是采用了《存在与时间》中译本中的译法（不过此词的翻译并未统一），等等，不再具述。

2025 年 7 月 10 日

崇文学术文库·西方哲学

01. 靳希平　吴增定：十九世纪德国非主流哲学——现象学史前史札记
02. 倪梁康　现象学的始基：胡塞尔《逻辑研究》释要（内外编）
03. 陈荣华　海德格尔《存有与时间》阐释
04. 张尧均　隐喻的身体：梅洛-庞蒂身体现象学研究（修订版）
05. 龚卓军　身体部署：梅洛-庞蒂与现象学之后
06. 游淙祺　胡塞尔的现象学心理学
07. 刘国英　法国现象学的踪迹：从萨特到德里达[待出]
08. 方红庆　先验论证研究
09. 倪梁康　现象学的拓展：胡塞尔《意识结构研究》述记
10. 杨大春　沉沦与拯救：克尔凯戈尔精神哲学研究
11. 刘胜利　身体、空间与科学——梅洛-庞蒂的空间现象学研究（增订版）[待出]

崇文学术文库·中国哲学

01. 马积高　荀学源流
02. 康中乾　魏晋玄学史
03. 蔡仲德　《礼记·乐记》《声无哀乐论》注译与研究
04. 冯耀明　“超越内在”的迷思：从分析哲学观点看当代新儒学
05. 白　奚　稷下学研究：中国古代的思想自由与百家争鸣
06. 马积高　宋明理学与文学
07. 陈志强　晚明王学原恶论
08. 郑家栋　现代新儒学概论（修订版）[待出]
09. 张　觉　韩非子考论
10. 佐藤将之　参于天地之治：荀子礼治政治思想的起源与构造
11. 任剑涛　伦理政治研究：从早期儒学视角的理论透视[待出]
12. 栾调甫　墨子研究论文集[待出]
13. 容肇祖　明代思想史

崇文学术·逻辑

1.1 章士钊：逻辑指要　　1.2 金岳霖：逻辑
1.3 傅汎际 译义，李之藻 达辞：名理探
1.4 穆　勒 著，严复 译：穆勒名学　　1.5 耶方斯 著，王国维 译：辨学
1.6 亚里士多德 著：工具论（五篇 英文）
2.1 刘培育：中国名辩学　　2.2 胡　适：先秦名学史（英文）
2.3 梁启超：墨经校释　　2.4 陈　柱：公孙龙子集解
2.5 栾调甫：墨辩讨论　　2.6 谭戒甫：墨经易解
3.1 窥基、神泰：因明入正理论疏　因明正理门论述记（金陵本）
3.2 王恩洋、周叔迦：因明入正理论释（二种）

崇文学术译丛·西方哲学

01.〔英〕斯退士 著，鲍训吾 译：黑格尔哲学
02.〔英〕斯退士 著，庆泽彭 译：批评的希腊哲学史
03.〔法〕笛卡尔 著，关文运 译：哲学原理 方法论
04.〔德〕康德 著，关文运 译：实践理性批判
05.〔英〕休谟 著，周晓亮 译：人类理智研究
06.〔英〕休谟 著，周晓亮 译：道德原理研究
07.〔美〕迈克尔·哥文 著，周建漳 译：于思之际，何所发生
08.〔美〕迈克尔·哥文 著，周建漳 译：真理与存在
09.〔法〕梅洛-庞蒂 著，张尧均 译：可见者与不可见者
10.〔日〕慎改康之 著，叶晨阳 译：米歇尔·福柯：一种挣脱自我的哲学尝试

语言与文字

01.〔法〕梅耶 著，岑麒祥 译：历史语言学中的比较方法
02.〔美〕萨克斯 著，康慨 译：伟大的字母
03.〔法〕托里 著，曹莉 译：字母的科学与艺术
04.〔英〕麦克唐奈（Macdonell）：学生梵语语法
05.〔法〕迪罗塞乐（Duroiselle）：实用巴利语语法
06.〔美〕艾伦（Allen）、格里诺（Greenough）：拉丁语语法新编
07.〔英〕威廉斯（Williams）：梵英大词典
08.〔美〕刘易斯（Lewis）、肖特（Short）：拉英大词典
09.〔丹麦〕叶斯柏森（Jespersen）著：语法哲学
10.〔瑞士〕索绪尔（Saussure）著，〔美〕巴斯金（Baskin）译：普通语言学教程

中国古代哲学典籍丛刊

1.〔明〕王肯堂 证义，倪梁康、许伟 校证：成唯识论证义
2.〔唐〕杨倞 注，〔日〕久保爱 增注，张觉 校正：荀子增注
3.〔清〕郭庆藩 撰，黄钊 著：清本《庄子》校训析
4. 张纯一 著：墨子集解

唯识学丛书（26种）

禅解儒道丛书（9种）

徐梵澄著译选集（6种）

其他

〔英〕修中诚（Hughes）译：古典时代的中国哲学（英文）
〔英〕策纳（Zaehner）译：印度圣典（吠陀 奥义书 薄伽梵歌，英文）
谢 观：中国医学源流论